组网技术与配置

杨洪涛　刘业辉　主编

北京理工大学出版社
BEIJING INSTITUTE OF TECHNOLOGY PRESS

图书在版编目（CIP）数据

组网技术与配置/杨洪涛，刘业辉主编. —北京：北京理工大学出版社，2016.12
ISBN 978-7-5682-2967-8

Ⅰ.①组…　Ⅱ.①杨…　②刘…　Ⅲ.①组网技术　Ⅳ.①TP393.032

中国版本图书馆 CIP 数据核字（2016）第 202915 号

出版发行／北京理工大学出版社有限责任公司
社　　址／北京市海淀区中关村南大街 5 号
邮　　编／100081
电　　话／（010）68914775（总编室）
（010）82562903（教材售后服务热线）
（010）68948351（其他图书服务热线）
网　　址／http：//www.bitpress.com.cn
经　　销／全国各地新华书店
印　　刷／北京泽宇印刷有限公司
开　　本／787 毫米×1092 毫米　1/16
印　　张／19
字　　数／447 千字
版　　次／2016 年 12 月第 1 版　2016 年 12 月第 1 次印刷
定　　价／52.00 元

责任编辑／封　雪
文案编辑／封　雪
责任校对／孟祥敬
责任印制／李志强

图书出现印装质量问题，请拨打售后服务热线，本社负责调换

组网技术与配置

编　委　会

前　　言

计算机网络技术的发展，从最普通的办公局域网、家庭 ADSL 上网到较为复杂的带路由功能的跨区域公司局域网或国际互联网，正时时刻刻地影响着人们的生活。随着 Internet 技术的发展，IP 网络技术得到越来越广泛的应用，网络设备不断涌现，人们越来越期望了解和掌握组网技术和配置。本教材从网络的基本原理谈起，结合华为设备进行详细的讲述，使学生掌握 IP 技术的网络技术原理、网络产品的数据配置和维护知识。

本书根据内容要求，分为基础篇、任务篇、案例篇三个模块。其中：

一、基础篇设计的主要目的是夯实学生基础，主要介绍了网络的基本知识、OSI 参考模型与 TCP/IP 协议族、计算机网络组网设备。

二、任务篇设计立足行业需求，以研究型任务为驱动，设置了大量经典实用性内容，主要介绍了网络线缆认知和基本操作、交换机的配置和路由器的配置三个模块。

网络线缆认知和基本操作包括双绞线的制作与测量和光纤的选择与光功率的测量。

交换机的配置包括 VRP 平台基础知识、交换机的基本配置及应用、虚拟局域网 VLAN 的配置、STP 生成树协议的配置及应用、链路聚合配置及应用、端口镜像的配置与应用。

路由器的配置包括路由基本原理与应用、RIP 协议的配置及应用、OSPF 协议的配置及应用、DHCP 服务的配置与应用、ACL 的应用与配置、NAT 的配置与应用、远程管理网络设备、PPP 协议的配置与应用、VRRP 协议的配置与应用。

三、案例篇设计以现实应用为导向，结合现网经典项目和工程实践，将课程中包含的各种知识点融合在一起，旨在培养学生的设计能力、计划能力、合作能力、表达能力。教学过程中，以知识点为单位，从主拓扑图中拆分出相应的任务加以练习，最终将各个任务整合在一起，完成整体的配置。

本书由杨洪涛、刘业辉任主编，王巍、宋玉娥任副主编。方水平、赵元苏、王笑洋、朱贺新、郭蕊、王英卓、潘国强、郝亮参加了书稿编写工作，这里一并向他们表示感谢。编写过程中得到了北京高通正华科技发展有限公司的大力支持，在此深表感谢。

本书内容完整、新颖、实用，可作为高等院校计算机网络、通信电子类相关专业的教材或自学用书，也可供从事计算机网络、通信电子行业的工程技术人员作为参考用书和工具用书。

本书在介绍数据组网时以华为公司的产品为例，具有一定的代表性，读者可以举一反三。由于作者水平有限，书中难免存在疏漏之处，恳请读者批评指正。

编　者

本书中常用图标图示

AR 路由器

S5700 交换机

S3700 交换机

PC

二层交换机

服务器

AR 路由器

AR 路由器

目　录

基础篇

任务篇

案例篇

基 础 篇

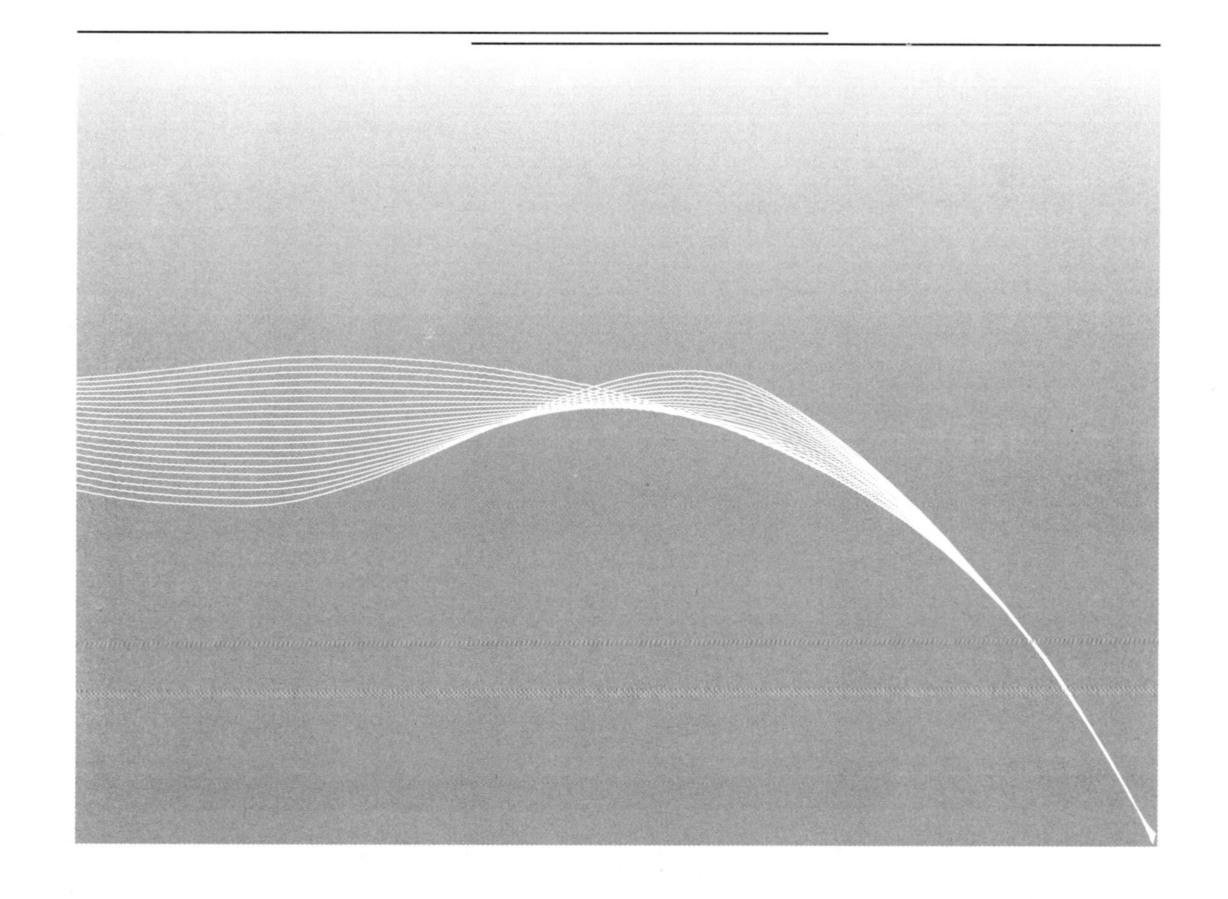

第 1 章

计算机网络预备知识

内容概述

本章作为理论基础，设计的主要目的就是让读者了解什么是网络，网络有哪些功能，网络的一些基本概念和几种典型的网络技术。

通过本章的学习，不仅能帮读者了解这些预备知识，还能为学习后续的章节打下良好的基础。

知识要点

1. 计算机网络的功能；
2. 计算机网络的发展历程和发展趋势；
3. 计算机网络的组成；
4. 计算机网络的分类；
5. 几种典型的局域网技术；
6. 几种典型的广域网技术。

1.1 计算机网络的概念

1.1.1 计算机网络的定义

计算机网络由一组计算机及其相关设备与传输介质组成，可以相互通信、交换信息、共享外部设备（如硬盘、打印机）、共享储存能力与处理能力，并可访问远程主机或其他网络。人们通常所说的数据通信网络就是指计算机网络。

1.1.2 计算机网络的功能

一般来说，计算机网络可以提供以下主要功能。

1. 数据通信

数据通信功能实现了服务器与工作站、工作站与工作站间的数据传输，是计算机网络的基本功能。典型的例子就是通过 Internet 收发电子邮件，可以很方便地实现异地交流。

2. 资源共享

资源共享是构建计算机网络的核心。主要资源共享包括以下几个方面：

（1）文件资源共享。

主要包括程序共享、文件共享等，可以避免软件的重复开发与大型软件的重复购买。在局域网中客户机可以调用主机中的应用程序，调看相关的文件，单机用户一旦连入计算机网络，在操作系统的控制下，该用户可以使用网络中其他计算机资源来处理用户提交的大型复杂问题。

（2）硬件资源共享。

利用计算机网络，可以共享网络中的硬件设备，避免重复购置，提高计算机硬件的利用率。如可以使用网络上的高速打印机打印文档、报表，可以使用网络中大容量的存储设备存放用户的资料。

（3）数据共享。

数据共享，可以避免大型数据库的重复设置，最大限度地降低成本、提高效率。如人才市场的人才库系统、学校的毕业生档案系统等。如果人们能够很好地利用计算机网络，做好电子注册，并将相关信息共享，就能够很好地解决社会上很多问题。

3. 分布式处理

分布式处理是将大型信息处理问题分散到网络中的多台计算机中协同完成，解决单机无法完成的信息处理任务。

（1）分布式输入。

将需要处理的大量数据分散到多个计算机上进行输入，以解决数据输入的“瓶颈”问题。如我国进行多次的人口普查，各地方收集到的数据由各地方进行数据输入。

（2）分布式处理。

一些大型综合性问题，分别交给不同的计算机进行处理。

（3）分布式输出。

将需要输出的大型任务，选择网络空闲的输出设备进行输出。

4. 提高可靠性

在一个系统中，单个部件或计算机的暂时失效是随时都有可能发生的。建立计算机网络后，重要的资源可以通过网络在多个地点互做备份，用户可以通过几条路由来访问网内的资源，从而可以有效地避免单个部件、计算机等故障影响用户的使用。

5. 综合信息服务

网络的一大发展趋势是多元化，在一套系统上提供集成的信息服务，包括来自政治、经济、生活等各个方面的资源，同时还能够提供多媒体信息。Internet 上的一些综合性的网站主要提供这种综合信息服务。

6. 计算机网络在日常生活中的具体应用

（1）电子邮件。

（2）电子数据交换。

电子数据交换是计算机网络在商业领域的一种重要的应用形式，它以共同认可的数据格式，在贸易伙伴的计算机之间传输数据。

（3）联机会议。

利用计算机网络，人们可以通过个人计算机参加会议讨论。

（4）网络游戏。

网络游戏拓展了计算机网络的功能，扩大了网络用户群，给人们带来了一种全新的休闲理念。

（5）网络教育。

网络教育是现在与将来人们学习知识的重要途径。网上大学就是利用计算机网络传输知识，扩展了办学规模与办学模式。

（6）信息查询。

信息查询是因特网提供给广大网民的一种新的资料搜寻方式。

1.1.3 计算机网络的发展历程及发展趋势

1. 计算机网络的发展历程

按照计算机网络的发展历史，可以把计算机网络的发展大致划分为以下四个阶段。

第一阶段：诞生阶段。20 世纪 60 年代末到 20 世纪 70 年代初为计算机网络发展的萌芽阶段，其主要特征是为了增强系统的计算能力和共享资源，把小型计算机连成实验性的网络。第一个远程分组交换网叫 ARPANET，是由美国国防部于 1969 年建成的，第一次实现了由通信网络和资源网络复合构成计算机网络系统，标志着计算机网络的真正产生。ARPANET 是这一阶段的典型代表。

第二阶段：形成阶段。20 世纪 70 年代中后期是局域网络发展的重要阶段，其主要特征是局域网络作为一种新型的计算机体系结构开始进入产业部门。局域网技术是从远程分组交换通信网络和 I/O 总线结构计算机系统派生出来的。1976 年，美国 Xerox 公司的 Palo Alto 研究中心推出以太网（Ethernet），它成功地采用了夏威夷大学 ALOHA 无线电网络系统的基本原理，使之发展成为第一个总线竞争式局域网络。1974 年，英国剑桥大学计算机研究所开发了著名的剑桥环（Cambridge Ring）局域网。这些网络的成功实现，一方面标志着局域网络的产生；另一方面，它们形成的以太网及环网对以后局域网络的发展起到了导航的作用。

第三阶段：互联互通阶段。整个 20 世纪 80 年代是计算机局域网络的发展时期，其主要特征是局域网络完全从硬件上实现了 ISO（国际标准化组织）的开放系统互连通信模式协议的能力。计算机局域网及其互联产品的集成，使得局域网与局域网互联、局域网与各类主机互联，以及局域网与广域网互联的技术越来越成熟。综合业务数据通信网络（ISDN）和智能化网络（IN）的发展，标志着局域网络的飞速发展。1980 年 2 月，IEEE（美国电气和电子工程师协会）下属的 802 局域网络标准委员会宣告成立，并相继提出 IEEE 801.5、802.6 等局域网络标准草案，其中的绝大部分内容已被 ISO 正式认可。作为局域网络的国际标准，它标志着局域网协议及其标准化的确定，为局域网的进一步发展奠定了基础。

第四阶段：高速网络技术阶段。20 世纪 90 年代初至今是计算机网络飞速发展的阶段，其主要特征是计算机网络化，协同计算能力发展以及全球互联网络的盛行。计算机的发展已经完全与网络融为一体，体现了“网络就是计算机”的口号。目前，计算机网络已经真正进入社会各行各业，为社会各行各业所采用。另外，虚拟网络 FDDI 及 ATM 技术的应用，使网络技术蓬勃发展并迅速走向市场，走进平民百姓的生活。

2. 计算机网络的发展趋势

计算机网络及其应用的产生和发展，与计算机技术（包括微电子、微处理机）和通信

技术的科学进步密切相关。由于计算机网络技术，特别是Internet/Intranet技术的不断进步，使各种计算机应用系统跨越了主机/终端式、客户/服务器式、浏览器/服务器式几个时期。今天的计算机应用系统实际上是一个网络环境下的计算系统。未来网络的发展有以下几种基本的技术趋势：

（1）朝着低成本微机所带来的分布式计算和智能化方向发展，即客户/服务器结构。

（2）向适应多媒体通信、移动通信结构发展。

（3）网络结构适应网络互联，扩大规模以至于建立全球网络。未来网络应是覆盖全球的，可随处连接的巨型网。

（4）计算机网络应具有前所未有的带宽以保证能够承担任何新的服务。

（5）计算机网络应是贴近应用的智能化网络。

（6）计算机网络应具有很高的可靠性和服务质量。

（7）计算机网络应具有延展性来保证对迅速的发展做出反应。

（8）计算机网络应具有很低的费用。

未来比较明显的趋势是宽带业务和各种移动终端的普及，如智能手机越来越多，这实际上对网络带宽和频谱产生了巨大的需求。整个宽带的建设和应用将进一步推动网络的整体发展。IPv6和网格等下一代互联网技术的研发和建设将在今后取得比较明显的进展。未来的几大网络趋势如下：

（1）语义网。

Sir Tim Berners－Lee（Web创始者）关于语义网的观点已经被人们重点关注很长一段时间了。事实上，它已经像大白鲸一样神乎其神了。总之，语义网涉及机器之间的对话，它使得网络更加智能化，或者像Berners－Lee描述的那样，计算机“在网络中分析所有的数据、内容、链接以及人机之间的交易处理”。此外，Berners－Lee还把它描述为“为数据设计的似网程序”，如对信息再利用的设计。一些公司，如Hakia、Powerset以及Alex的Adaptive Blue都正在积极地实现语义网，但是还得等上好些年，才能看到语义网设想的实现。

（2）人工智能。

人工智能可能会是计算机历史的一个终极目标。从1950年阿兰图灵提出测试机器如具备人机对话能力的图灵测试开始，人工智能就成为计算机科学家们的梦想，在接下来的网络发展中，人工智能使得机器更加智能化。从这个意义上来看，这和语义网在某些方面有些相同。人们已经开始在一些网站应用一些低级形态人工智能。由于电脑的计算速度远远超过人类，所以人们希望打破新的疆界，解决一些以前无法解决的问题。

（3）虚拟世界。

作为将来的网络系统，第二生命（Second Life）得到了很多主流媒体的关注。但在最近一次Sean参加的超新星小组（Supernova Panel）会议中，讨论了一些涉及许多其他虚拟世界的机会。

（4）移动网络。

移动网络是另一个发展前景巨大的网络应用。便携式智能终端（Personal Communication System，PCS）可以使用无线技术，在任何地方以各种速率与网络保持联络。用户利用PCS进行个人通信，可在任何地方接收到发给自己的呼叫。PCS系统可以支持语音、数据和报文

等各种业务。PCS网络和无线技术将大大改进人们的移动通信水平，成为未来信息高速公路的重要组成部分。它已经在亚洲和欧洲的部分城市发展迅猛。苹果iPhone是美国市场移动网络的一个标志事件。这仅仅是个开始，在未来的几年的时间将有更多的定位感知服务可通过移动设备来实现，例如当人们逛当地商场时，会收到很多定制的购物优惠信息，或者当人们在开车的时候，收到地图信息，或者跟朋友在一起的时候收到玩乐信息。人们也期待大型的互联网公司，如Yahoo、Google，成为主要的移动门户网站，此外还有移动电话运营商。

（5）在线视频/网络电视。

这个趋势已经在网络上爆炸般显现，但是它仍有很多待开发之处，拥有很广阔的前景。在未来，互联网电视将和我们现在看到的完全不一样，更高的画面质量、更强大的流媒体、个性化、共享以及更多其他优点，都将在接下来的几年里实现。从组织“中国互联网发展报告”的过程中可以看到，中国互联网的制造业在网络设备方面的研发已经取得了很多突破，包括现在在高、中、低端路由器产品方面都已经有具有自主知识产权的产品出现。还有许多邮件服务商、技术提供商在网络标准方面正进行积极的研究和开发。网络时代的到来，给人类教育带来的冲击是前所未有的，教育要面向现代化、面向世界、面向未来，首先要面向网络。教育只有与网络有机结合，才能跟上时代的发展。尽管对于网络安全技术的研究越来越深入，但是由于网络自身的特点，即简单性、便宜性，使得它的安全问题仍然很突出。尤其是在IPv6出现以后，尽管它的安全性、服务质量会有更大提高，但在将来一段时间针对IPv6的网络安全问题也会出现。PFP业务将来对网络结构和网络安全会产生重大影响，这是互联网技术开发和政策管制部门所关心的。网络教育将是下一个互联网业务的热点问题。网络搜索、大容量电子邮件、电子商务平台、移动互联网、无线局域网、网络资源信息开发等业务也都将成为互联网业务的热点问题。

计算机网络的普及性和重要性已经在不同岗位上引起对具有更多网络知识的人才的大量需求。企业需要雇员规划、获取、安装、操作、管理那些构成计算机网络和Internet的软硬件系统。另外，计算机编程已不再局限于个人计算机，而要求程序员设计并实现能与其他计算机上的程序通信的应用软件。

总之，计算机网络在今后的发展过程中不再仅仅是一个工具，也不再是一个遥不可及仅供少数人使用的技术专利，它将成为一种文化、一种生活，融入社会的各个领域，遍布世界的各个角落，而人们的使用也会将它的功能发挥到淋漓尽致。

1.2　计算机网络的组成

计算机网络是计算机应用的高级形式，它充分体现了信息传输与分配手段、信息处理手段的有机联系。从用户角度出发，可以把计算机网络看成一个透明的数据传输机构，网络上的用户在访问网络中的资源时不必考虑网络的存在。

（1）从网络逻辑功能角度来看，可以将计算机网络分成通信子网和资源子网两部分，如图1－1所示。

网络系统以通信子网为中心，通信子网处于网络的内层，由网络中的通信控制处理机、其他通信设备、通信线路和只用作信息交换的计算机组成，负责完成网络数据传输、转发等通信处理任务。当前的通信子网一般由路由器、交换机和通信线路组成。

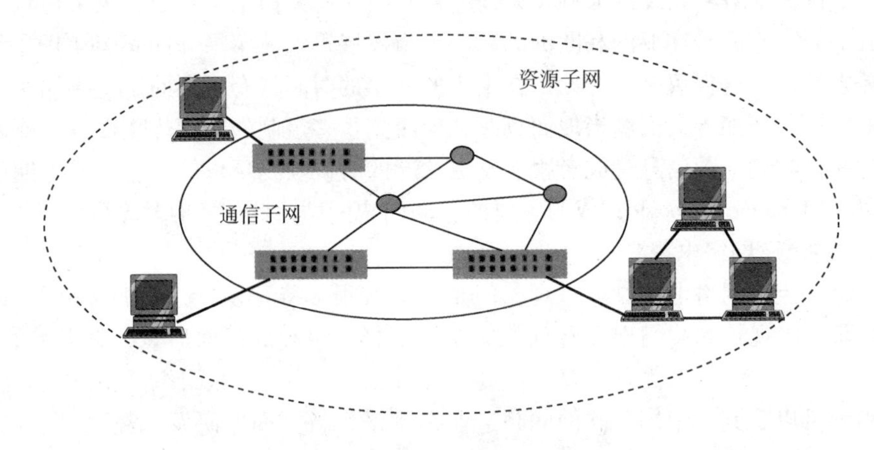

图 1－1　计算机网络组成

资源子网处于网络的外围，由主机系统、终端、终端控制器、外设、各种软件资源与信息资源组成，负责全网的数据处理业务，向网络用户提供各种网络资源和网络服务。主机系统是资源子网的主要组成部分，它通过高速通信线路与通信子网的通信控制处理机相连接。普通用户终端可通过主机系统连接入网。随着计算机网络技术的不断发展，在现代的网络系统中，直接使用主机系统的用户正在减少，资源子网的概念已有所变化。

（2）从网络组成的硬件和软件角度来看，可以将计算机网络分成网络硬件系统和网络软件系统。

网络硬件系统是指构成计算机网络的各种硬件设备，包括各种计算机系统、终端及通信设备。常见的网络硬件有主机系统、终端、传输介质、网卡、集线器、交换机、路由器等。

网络软件主要包括网络通信协议、网络操作系统和各类网络应用系统。常见的网络软件介绍如下：

①服务器操作系统，常见的有 Novell 公司的 NetWare、微软公司的 Windows NT Server 以及 UNIX 系列。

②工作站操作系统，常见的有 Windows Server 2003、Windows XP 及 Windows 7 等。

③网络通信协议，指为连接不同操作系统和不同硬件体系结构的互联网络提供通信支持，是一种网络通用语言。

④设备驱动程序，是一种可以使计算机和设备通信的特殊程序，相当于硬件的接口，操作系统只有通过这个接口，才能控制硬件设备的工作。

⑤网络管理系统软件，是能够完成网络管理功能的网络管理系统，简称网管系统。

⑥网络安全软件，指网络系统的硬件、软件及其系统中的数据受到保护，不因偶然的或者恶意的原因而遭受到破坏、更改、泄露，系统能够连续可靠正常地运行，网络服务不中断。

⑦网络应用软件，是指能够为网络用户提供各种服务的软件，它用于提供或获取网络上的共享资源，如浏览软件、传输软件、远程登录软件等。

1.3　计算机网络拓扑结构

网络拓扑（Network Topology）指的是计算机网络的物理布局。简单地说，就是指将一组设备以怎样的结构连接起来。基本的网络拓扑模型有总线型拓扑、星型拓扑、树型拓扑、环型拓扑和网状拓扑，绝大部分网络都可以由这几种拓扑结构独立或混合构成。了解这些拓扑结构是设计网络和解决网络疑难问题的前提。

1. 总线型结构

以一条共用的通道来连接所有节点，所有节点地位平等，如图 1－2 所示。为了避免“冲突”产生，就有一个解决“争用”总线问题的方式，以使各节点充分利用总线的信道空间和时间来传送数据并且不会发生相互冲突。

优点：成本低廉、布线简单。

缺点：故障查找困难。

2. 星型结构

以中央节点为中心向外成放射状，如图 1－3 所示。一般是由集线器（HUB）或交换机来承担中央节点功能，传输介质一般为双绞线。

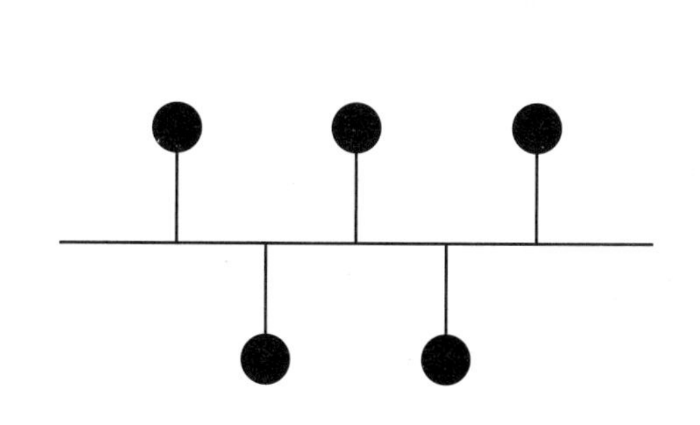

图 1－2　总线型拓扑结构

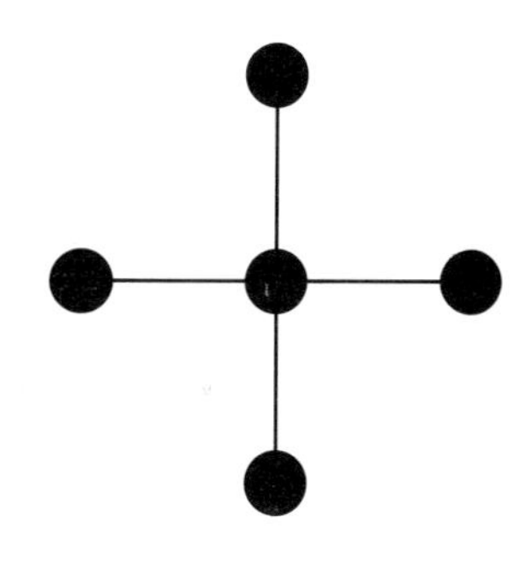

图 1－3　星型拓扑结构

优点：故障容易检查；新增或减少计算机时，不会造成网络中断。

缺点：当中央节点设备出现故障时，会引起整个网络瘫痪，所以可靠性较差。

3. 树型结构

树型结构是星型结构的扩展，是一种分层结构，具有根节点和各分支节点，如图 1－4 所示。

优点：费用比星型结构低，网络软件也不复杂，维护方便。

缺点：时延较大，资源共享能力差，可靠性也较差。

4. 环型结构

各节点通过一条首尾相连的通信链路连接起来形成一个闭合的链路环（Ring），环型结构中各工作站地位平等，网络中的信息流是定向的，传输延迟也是确定的，如图 1－5 所示。

优点：不会发生冲突情况；网络管理软件比较简单，实时性强。

缺点：软硬件设备成本较高；另外，若任一线路或节点故障，则整个环型网络便会瘫痪。

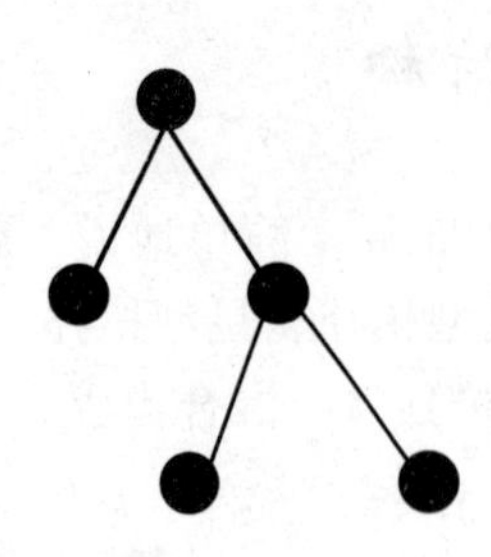

图 1-4　树型拓扑结构

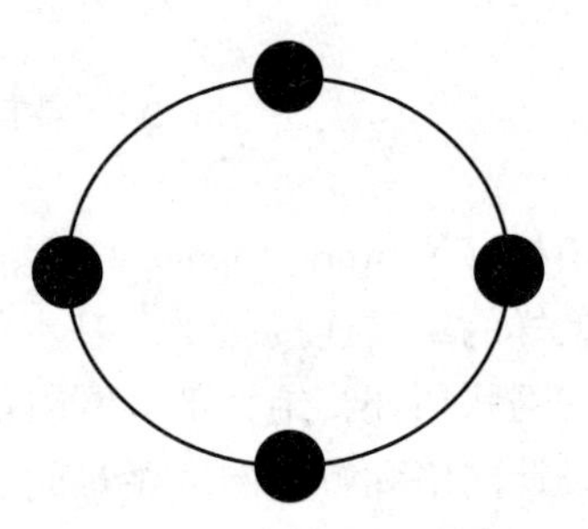

图 1-5　环型拓扑结构

5. 网状拓扑结构

网状拓扑结构无严格的布点规定，形状任意，节点之间有多条线路可供选择，如图 1-6 所示。它是一种广域网的拓扑结构。

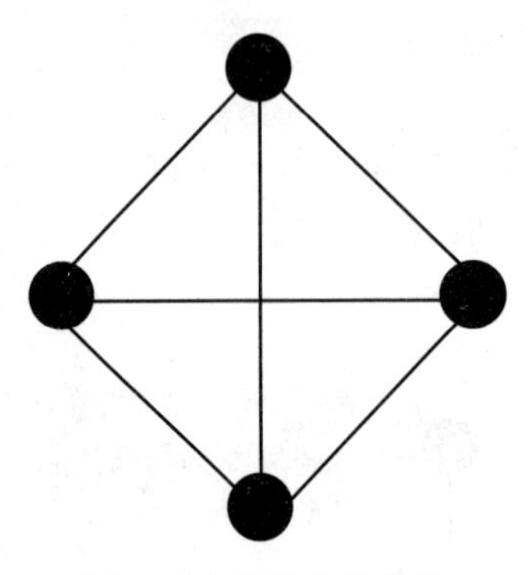

图 1-6　网状拓扑结构

优点：具有较高的可靠性，资源共享容易方便，可改善线路的信息流量分配及负荷均衡，可选择最佳路径，传输延时少等。

缺点：具有路径选择和信息流量控制机制，所以网络控制和管理复杂、布线工程量大、硬件成本较高等。

1.4　计算机网络的分类

网络分类方式繁多，一般有以下几种分类方式：

按地域范围分为：局域网、城域网、广域网；

按拓扑结构分为：总线型、星型、树型、环型、网状等；

按交换方式分为：线（电）路交换网、分组交换网、报文交换网等；

按网络协议分为：TCP/IP、SNA、SPX/IPX、AppleTalk 等协议的网络；

按应用规模分为：Intranet（企业内部网）、Extranet（企业外部网）；

按使用者分为：公用网、专用网；

按传输介质分为：有线网、光纤网和无线网。

以下主要对局域网、城域网和广域网进行介绍。

1.4.1　局域网

局域网（Local Area Network，LAN）是在一个局部的地理范围内（如一个学校、工厂和机关内），一般是方圆几千米以内，将各种计算机、外部设备和数据库等互相连接起来组成的计算机通信网。它可以通过数据通信网或专用数据电路，与远方的局域网、数据库或处理中心相连接，构成一个较大范围的信息处理系统。局域网可以实现文件管理、应用软件共享、打印机共享、扫描仪共享、工作组内的日程安排、电子邮件和传真通信服务等功能。局域网严格意义上是封闭型的。它可以由办公室内几台甚至成千上万台计算机组成。决定局域网的主要技术要素是网络拓扑、传输介质与介质访问控制方法。

局域网由网络硬件（包括网络服务器、网络工作站、网络打印机、网卡、网络互联设备等）和网络传输介质，以及网络软件组成。

局域网的名字本身就隐含了这种网络地理范围的局域性。由于地理范围的局限性，局域网通常要比广域网具有较高的传输速率。例如，局域网的传输速率为 10 Mb/s，FDDI 的传输速率为 100 Mb/s，而广域网的主干线速率国内仅为 64 Kb/s 或 2.048 Mb/s，最终用户的上限速率通常为 14.4 Kb/s。

局域网常用的拓扑结构是总线型和环型，这是由有限地理范围决定的，这两种结构很少在广域网环境下使用。

局域网还有诸如高可靠性、易扩缩和易于管理及安全等多种特性。

局域网一般为一个部门或单位所有，建网、维护以及扩展等较容易，系统灵活性高。其主要特点如下：

（1）覆盖的地理范围较小，只存在一个相对独立的局部范围内，如一座建筑或集中的建筑群内。

（2）使用专门铺设的传输介质进行联网，数据传输速率高（10 Mb/s ~ 10 Gb/s）。

（3）通信延迟时间短，可靠性较高。

（4）局域网可以支持多种传输介质。

局域网的类型很多，若按网络使用的传输介质分类，可分为有线网和无线网；若按网络拓扑结构分类，可分为总线型、星型、环型、树型、混合型等。

1.4.2　城域网

城域网（Metropolitan Area Network，MAN）是在一个城市范围内建立的计算机通信网，简称 MAN，属宽带局域网。由于采用具有有源交换元件的局域网技术，网中传输时延较小，它的传输媒介主要采用光缆，传输速率在 100 Mb/s 以上。

城域网的一个重要用途是用作骨干网，通过它可将位于同一城市内不同地点的主机、数据库以及局域网等互相连接起来，这与广域网的作用有相似之处，但两者在实现方法与性能上有很大差别。

城域网基于一种大型的局域网，通常使用与局域网相似的技术。城域网单独列出的一个主要原因是它已经有了一个标准：分布式队列双总线（Distributed Queue Dual Bus，DQDB），即 IEEE 802.6。DQDB 是由双总线构成，所有的计算机都连接在上面。

局域网或广域网通常是为了一个单位或系统服务的，而城域网则是为整个城市而不是为某个特定的部门服务的。

建设局域网或广域网包括资源子网和通信子网两个方面，而城域网的建设主要集中在通信子网上，其中也包含两个方面：一是城市骨干网，它与中国的骨干网相连；二是城市接入网，它把本地所有的联网用户与城市骨干网相连。

城域网络分为三个层次：核心层、汇聚层和接入层。

核心层：主要提供高带宽的业务承载和传输，完成和已有网络（如 ATM、FR、DDN、IP 网络）的互联互通，其特征为宽带传输和高速调度。

汇聚层：主要功能是给业务接入节点提供用户业务数据的汇聚和分发处理，同时实现业务的服务等级分类。

接入层：利用多种接入技术，进行带宽和业务分配，实现用户的接入，接入节点设备完成多业务的复用和传输。

1.4.3 广域网

广域网（Wide Area Network，WAN）也称远程网（Long Haul Network ）。通常跨接很大的物理范围，所覆盖的范围从几十千米到几千千米，它能连接多个城市或国家，或横跨几个洲并能提供远距离通信，形成国际性的远程网络。

覆盖的范围比局域网和城域网都广。广域网的通信子网主要使用分组交换技术。广域网的通信子网可以利用公用分组交换网、卫星通信网和无线分组交换网，它将分布在不同地区的局域网或计算机系统互联起来，达到资源共享的目的。因特网（Internet）是世界范围内最大的广域网。

广域网是由许多交换机组成的，交换机之间采用点到点线路连接，几乎所有的点到点通信方式都可以用来建立广域网，包括租用线路、光纤、微波、卫星信道。而广域网交换机实际上就是一台计算机，由处理器和输入/输出设备进行数据包的收发处理。

通常广域网的数据传输速率比局域网低，而信号的传播延迟却比局域网要大得多。广域网的典型速率是从 56 Kb/s 到 155 Mb/s，已有 622 Mb/s、2.4 Gb/s 甚至更高速率的广域网；传播延迟可从几毫秒到几百毫秒（使用卫星信道时）。

广域网能够适应大容量与突发性通信的要求，能够适应综合业务服务的要求，具备开放的设备接口与规范化的协议，拥有完善的通信服务与网络管理。

广域网连接相隔较远的设备，这些设备如下：

（1）路由器（Router）——提供诸如局域网互联、广域网接口等多种服务。

（2）交换机（Switch）——连接到广域网上，进行语音、数据及视频通信。

（3）调制解调器（Modem）——提供话音级服务的接口，信道服务单元是 T1/E2 服务的接口，终端适配器是综合业务数字网的接口。

（4）通信服务器（Communication Server）——汇集用户拨入和拨出的连接。

广域网可以分为公共传输网络、专用传输网络和无线传输网络。

（1）公共传输网络一般是由政府电信部门组建、管理和控制，网络内的传输和交换装置可以提供（或租用）给任何部门和单位使用。

公共传输网络大体可以分为以下两类：

①电路交换网络：主要包括公共交换电话网（PSTN）和综合业务数字网（ISDN）。

②分组交换网络：主要包括 X.25 分组交换网、帧中继和交换式多兆位数据服务（SMDS）。

（2）专用传输网络是由一个组织或团体自行建立、使用、控制和维护的私有通信网络。一个专用网络至少应具有通信和交换设备，它可以建立自己的线路服务，也可以向公用网络或其他专用网络进行租用。

专用传输网络主要是数字数据网（DDN），数字数据网可以在两个端点之间建立一条永久的、专用的数字通道。它的特点是在租用该专用线路期间，用户独占该线路的带宽。

（3）无线传输网络：主要是移动无线网，典型的有 GSM 和 GPRS 技术等。

广域网包括以下三种类型通信网：

（1）公用电话网。用电话网传输数据，用户终端从连接到切断，要占用一条线路，所以又称电路交换方式，其收费按照用户占用线路的时间而决定。在数据网普及以前，电路交换方式是最主要的数据传输手段。

（2）分组交换数据网。分组交换数据网将信息分“组”，按规定路径由发送者将分组的信息传送给接收者，数据分组的工作可在发送终端进行，也可在交换机进行。每一组信息都含有信息的目的“地址”。分组交换网可对信息的不同部分采取不同的路径传输，以便最有效地使用通信网络。在接收点上，必须对各类数据组进行分类、监测以及重新组装。

（3）数字数据网。它是利用光纤（或数字微波、卫星）数字电路和数字交叉连接设备组成的数字数据业务网，主要为用户提供永久或半永久型出租业务。数字数据网可根据需要定时租用或定时专用，一条专线既可通话、发传真，也可传送数据，且传输质量高。

1.5　几种典型的局域网技术

1.5.1　以太网

以太网技术是由 Xerox 公司创建，并由 Xerox、Intel 和 DEC 公司联合开发的基带局域网规范。以太网络使用 CSMA/CD（Carrier Sense Multiple Access/Collision Detect 即带冲突检测的载波监听多路访问）技术，并以 10 Mb/s 的速率运行在多种类型的电缆上。以太网与 IEEE 802.3 系列标准相类似。以太网不是一种具体的网络，是一种技术规范。

以太网是现有局域网采用的最通用的通信协议标准。该标准定义了在局域网中采用的电缆类型和信号处理方法。以太网在互联设备之间以 10 ~ 100 Mb/s 的速率传送信息包，双绞线电缆 10Base - T 以太网由于其低成本、高可靠性以及 10 Mb/s 的速率而成为应用最为广泛的以太网技术。直扩的无线以太网传输速率可达 11 Mb/s，许多制造供应商提供的产品都能采用通用的软件协议进行通信，开放性最好。

以太网的标准拓扑结构为总线型拓扑，但目前的快速以太网（100Base - T、1000Base - T 标准）为了最大限度地减少冲突，最大限度地提高网络速度和使用效率，使用交换机来进行网络连接和组织，这样，以太网的拓扑结构就成了星型拓扑，但在逻辑上，以太网仍然使用总线型拓扑和 CSMA/CD 的总线争用技术。

1.5.2 令牌环网和令牌总线网

令牌环网是IBM公司于1985年推出的，其主要技术指标是：网络拓扑为环型布局，基带网，数据传输速率为4~16 Mb/s，采用令牌通行（Token Passing）传递方法。

令牌（Token）也叫令牌通行证，它具有特殊的格式和标记，是一个由1位或几位二进制数组成的码。

如果令牌是一个字节的二进制数“11111111”，该令牌沿环型网依次向后继节点传递，只有获得令牌的节点才有权发送信包。令牌有“忙”和“空”两个状态，“11111111”为空闲令牌状态。当一个工作站准备发送报文信息时，首先要等待令牌的到来，当检测到一个经过它的令牌为空闲令牌时，即可以发送信包，并将令牌置为“忙”（“00000000”）标志附在信息尾部，向下一站发送。下一站用按位转发的方式转发经过本站但又不由本站接收的信息。由于环中已没有空闲令牌，因此其他希望发送的工作站必须等待。

信息接收过程为：每一站随时检测经过本站的信包，当查到信包指定的地址与本站地址相符时，则一边复制全部信息，一边继续转发该信息包；环上的帧信息绕网一周，由源发送点收回。按这种工作方式，发送权一直在源站点控制之下，只有发送信包的源站点放弃发送权，把令牌置“空”后，其他站点才有机会得到令牌发送自己的信息。

在轻负载时，令牌方式由于发送信息之前必须等待令牌，加上规定由源站收回信息，大约有50%的环路在传送无用信息，所以效率较低。然而在重负载环路中，在一个时间内只有一个站点有“通行证”，不会发生数据碰撞，故它比以太网的CSMA/CD具有更高的效率，也更适用于忙碌的网络。令牌以“循环”方式工作，故效率较高，各站机会均等。

令牌总线主要用于总线型或树型网络结构中。典型系统是1976年美国Data Point公司研制成功的ARCNET（Attached Resource Computer，Network），它综合了令牌传递方式和总线网络的优点，在物理总线结构中实现令牌传递控制方法，从而构成一个逻辑环路。

ARCNET把总线型或树型传输介质上的各站形成一个逻辑上的环，即将各站置于一个顺序的序列内（例如可按照接口地址的大小排列）。

逻辑环的形成方法：各站设一个网络节点标识寄存器NID，初始为本站地址。网络工作前，系统初始化以形成逻辑环路，其过程是从网中最大站点号n开始向其后继站发送“令牌”信包，目的站号为$n+1$，若在规定时间内收到确认信号ACK，则$n+1$站连入环路，否则再继续向下询问（该网中最大站号为$n=255$，$n+1$后变为0，然后按1、2、3……依序递增），凡是给予确认回答的站都可连入环路，并将给予确认应答的后继站号放入本站的NID中，从而形成一个封闭逻辑环路，经过一遍轮询过程，各站点标识寄存器NID中存放的都是其相邻的后继站点地址。

1.5.3 FDDI网络

FDDI为Fiber Distributed Data Interface的缩写，即光纤分布式数据接口。FDDI支持长达2 km的多模光纤，传输速率高达100 Mb/s。它推出后曾被作为很多高速网络的骨干。

FDDI的传输距离比Ethernet、ARCNET、Token Ring三种网络都远，每一个FDDI环可连结500个网络节点，工作站间的距离可达2 km，整个网络范围可达到100 km（若以双环结构来看，整个网络可达200 km）。

FDDI 网络与 Token Ring 网络只是形似，实际运行上有很大差异。FDDI 在传送数据时，是利用两芯线缆同时进行的，故称为“双环”。

FDDI 网络容错原理：FDDI 的主环在外，以逆时针方向传送；副环在内，以顺时针方向传送相同的数据。若主环某一点出现故障或断线，则会立即启动备用的副环，自动形成一条新的逻辑环路，隔离故障点，使数据传送不受影响。

FDDI 的主要优点：带宽高、传输量大，信道利用率在 80% 以上，相当于 75 ~ 85 Mb/s 数据流量；适合长距离的传输，具有极佳的容错能力与稳定性，也适合作广域网骨干；其标准历经多年反复推敲而成，技术成熟度最高。

1.5.4　ATM 网络

ATM 为 Asynchronous Transfer Mode 的缩写，即异步传输模式，综合了电路交换与分组交换各自的优势，采用统计时分复用技术。在 ATM 中，不再固定分配时隙给某一特定的呼叫，只要时隙空闲，任何一个允许接入的呼叫都能占用空闲时隙。这可通过在输入端加缓冲器来实现。呼叫的信息先存入缓冲器中等待，以便时隙一空闲就去占用，因此，相对于同步传输模式而言，特称这种交换方式为异步传输模式。

ATM 技术可兼顾各种数据类型，它将数据分成一个个的数据分组，这个分组称为一个信元，每个信元固定长 53 字节，其中 5 个字节为信头，48 个字节为用户数据。5 个字节的信头中包含了流量控制信息、虚通道标识符、虚信道标识符、信元丢失的优先级以及信头的误码控制等有用信息。

ATM 使用类似时分多路复用技术，按时间分成一个个时间片（也称为帧），每帧长 125 s，每帧又包含多个时隙，一个信元占用一个时隙，时隙分配不固定。某用户呼叫成功时，根据他的需要，在每帧中分配一个时隙或多个时隙给他使用。由于可以动态分配带宽，因此 ATM 非常适合传输突发性数据。

ATM 与时分多路复用同步传输模式的最大不同之处还在于，虽然每一帧内每个时隙的长度是固定的，但各个时隙并不需要紧紧相随，缓冲器中的数据准备好后，不需等待空闲时隙的开始，可以从空闲时隙的中间插入，但仍占用一个时隙的长度。在输出端不是时隙同步，而是靠信头标志来识别固定 53 字节的信元。

另外，在信元头中还可以携带标明该信元数据类型的信息。网络可以根据数据类型，优先安排传送那些对延时敏感的业务，即实时性强的语音、视频、图像以及多媒体业务。

1.6　几种典型的广域网技术

1.6.1　广域网连接技术的比较与选择

广域网连接技术比较如表 1 – 1 所示。

表 1－1　广域网连接技术比较

名称	传输速率	业务类型	优缺点
X. 25	2. 4 ~ 64 Kb/s	永久虚电路（PVC）和交换虚电路（SVC）	优点：经济可靠 缺点：传输时延大
DDN	19. 2 Kb/s ~ 2 Mb/s	高速数据专线	优点：高带宽、传输可靠 缺点：费用高昂
帧中继	64 ~ 512 Kb/s	永久虚电路（PVC）和交换虚电路（SVC）	优点：高带宽、费用较低 缺点：传输质量得不到保证
PSTN 拨号	≤56 Kb/s	模拟调制传输	优点：经济、普及、安装简便 缺点：速率低，仅满足个人用户
ISDN（一线通）	BRI：12 Kb/s FRI：2 Mb/s	话音、数据	优点：经济、多业务 缺点：速率低，适合办公室网络
ADSL	理论速率：2 Mb/s 实际速率：1 280 Kb/s	非对称用户线路	优点：经济、多业务 缺点：速率低，适合办公室网络

1. 6. 2　数字数据网

数字数据网（DDN）的传输媒介有光缆、数字微波、卫星信道以及用户端可用的普通电缆和双绞线。DDN 以光纤为中继干线网络，组成 DDN 的基本单位是节点，节点间通过光纤连接，构成网状拓扑结构，用户的终端设备通过数据终端单元（DTU）与就近的节点机相连。可提供点对点、点对多点透明传输的数据专线出租电路，为用户传输数据、图像和声音等信息。

DDN 向用户提供的是半永久性的数字连接，沿途不进行复杂的软件处理，因此延时较短。DDN 可根据用户需要，在约定的时间内接通所需带宽的线路，信道容量的分配和接续在计算机控制下进行，具有极大的灵活性，使用户可以开通种类繁多的信息业务，传输任何合适的信息。

1. DDN 的主要优点

DDN 采用了同步传输模式的数字时分复用技术，传输速率高，网络时延小。DDN 可达到的最高传输速率为 155 Mb/s，平均时延不大于 450 μs。DDN 可支持网络层以及其上的任何协议，从而可满足数据、图像和声音等多种业务的需要。

2. 常见 DDN 接入方式

DDN 接口很灵活，有话音接口、数字接口和数据接口等。数字接口支持 ITU－T G. 703，数据接口支持 ITU－T V. 24（RS－232）、高速 V. 35、X. 21 等接口。用户接入方式大体上分为用户终端设备接入方式和用户网络与 DDN 互联方式两种。

3. 用户终端设备接入 DDN 方式

（1）通过调制解调器接入 DDN，二线基带调制解调器采用 ITU－T V. 24（RS－232）接口，提供 19. 2 Kb/s 以下低速率接入；四线基带调制解调器采用 ITU－T V. 35 接口，提供

64 Kb/s到2 Mb/s（E1）的高速率接入。

（2）通过数据终端设备接入 DDN。

（3）通过用户集中设备接入 DDN，用户集中设备可以是零次群复接设备，也可以是 DDN 所提供的小型复接器。

1.6.3　帧中继

帧中继是由 X.25 分组交换技术发展起来的一种数字光纤传输技术。FR 技术以简化的方式传送数据，它把流量控制、纠错、重发等第三层（网络层）及更高层的功能转移到智能终端中，大大简化了节点机之间的网络资源。它以尺寸更大的帧为单位而不是以分组（Packet）为单位进行数据传输，而且，它在网络上的中间节点对数据不进行误码纠错。帧中继技术在保持了分组交换技术的灵活及较低的费用的同时，缩短了传输时延，提高了传输速度。

1. 帧中继优缺点

帧中继的优点如下。

（1）按需分配带宽，网络资源利用率高，提供高吞吐量，低时延，费用低廉。

（2）采用虚电路技术，适用于突发性业务的使用。在业务量较大时，通过带宽动态分配技术，允许某些用户利用其他用户的空闲带宽传送自己的突发数据。

（3）不采用存储转发技术，时延小，传输速率高，数据吞吐量大。

（4）兼容 X.25、SNA、DECNET、TCP/IP 等多种网络协议，可为各种网络提供快速、稳定的连接。

帧中继的缺点：潜在的拥塞（丢帧），传输性能会受其他用户影响，不能保证传输质量（QoS）。

2. 帧中继的基本业务类型

（1）PVC（永久虚电路）：在发送和接收用户之间建立固定的虚电路连接。

（2）SVC（交换虚电路）：根据用户的网络请求在发送和接收用户之间建立临时的交换虚电路。临时交换虚电路的建立包括：虚电路建立、数据传输、虚电路拆除三个阶段。

3. 提供帧中继业务的方式

（1）利用分组交换网提供帧中继数据传输业务。

（2）在数字数据网（DDN）上提供帧中继数据传输业务。

（3）组建帧中继网。目前，帧中继业务主要应用于 DDN，通过在 DDN 节点机上配置帧中继模块来实现，可以认为 DDN 上存在一个虚拟的帧中继网络（或 SDH）。

4. 用户网络接口及接入规程

帧中继业务是通过用户设备和网络之间的标准接口来提供的，该接口称为用户网络接口（UNI）。在用户网络接口的用户一侧是帧中继接入设备，用于将本地用户设备接入帧中继网。帧中继接入设备可以是 LAN 设备前端处理机、集中器及传统的 PAD 等。在用户网络接口的网络一侧是帧中继网络设备，用于帧中继接口与骨干网之间的连接。帧中继网络设备可以是电路交换，也可以是帧交换或信元交换。

5. 用户接入方式

(1) 局域网接入。

局域网用户一般通过路由器或网桥接入帧中继网，其路由器或网桥有标准的 UNI 接口规程。

(2) 计算机接入。

大部分计算机是通过帧中继接入设备，将非标准的接口规程转换为标准的接口规程后，接入帧中继网的。例如，若干台 PC 通过一个 PAD 接入。如果计算机自身具有标准的 UNI 规程，也可作为帧中继终端直接接入帧中继网。

(3) 用户帧中继交换机接入公用帧中继网。

用户专用的帧中继网接入公用帧中继网时，将专网中的一台交换机作为公用帧中继网的用户，以标准的 UNI 规程接入。

1.6.4 综合业务数字网

综合业务数字网即 ISDN，中国电信将其称为“一线通”。

ISDN 采用数字传输和数字交换技术，将电话、传真、数据和图像等多种业务综合在一个统一的数字网络进行传输和处理，向用户提供基本速率（2B + D，144 Kb/s）和一次群速率（30B + D，2 Mb/s）两种接口。基本速率接口包括两个能独立工作的 B 信道（64 Kb/s）和一个 D 信道（16 Kb/s），其中 B 信道一般用来传输话音、数据和图像，D 信道用来传输信令或分组信息。

ISDN 是以电话综合数字网为基础发展而成的通信网，能提供端到端的数字连接，可承载话音和非话音业务，客户能够通过多用途客户—网络接口接入网络。“一线通”依托于先进的网络，具有业务综合性强、通信可靠性高和费用低廉等特点。

1. ISDN 提供的三大类业务

(1) 承载业务：与客户终端类型无关，如电路交换的承载业务和分组交换的承载业务。

(2) 终端业务：数字电话、三类/四类传真、计算机通信、可视图文、多媒体桌面会议电视、局域网互联、Internet 接入、多媒体网接入、DDN 备份、远程教学和医疗等。

(3) 补充业务：主/被叫客户号码识别显示/限制、呼叫等待、遇忙呼叫转移、无应答呼叫转移、无条件呼叫转移、多客户号码、子地址和直接拨入。

2. ISDN 业务的特点

(1) 通过一根普通电话线可以进行多种业务通信，如用于电话、Internet、传真、可视电话、会议电视、DDN 备份和局域网互联等。

(2) 通过一根普通电话线同时进行两路通信，如边上网边打电话。

(3) 通过 ISDN 可以 64 Kb/s 或 128 Kb/s 的速率上网。

1.6.5 数字用户线路

1. 数字用户线路族

数字用户线路（xDSL）是一组利用现有电话线铜缆用户线中的两对或三对双绞线实现高速数据接入的技术。各种 DSL 的性能对照如表 1 - 2 所示。

表 1-2 各种 DSL 性能对照表

简称	含义	下行传输速率	上行传输速率	传输距离
ADSL	非对称 DSL	1.544 Mb/s（T1）	64 Kb/s	6 000 m
HDSL	高速 DSL	1.544 Mb/s（T1）	1.544 Mb/s（T1）	4 000 m
VDSL	甚高速 DSL	51 ~ 55 Mb/s	1.6 ~ 2.3 Mb/s	300 ~ 1 800 m
SDSL	对称 DSL	384 Kb/s	384 Kb/s	
RADSL	速率自适应 DSL	7 Mb/s	1 Mb/s	

2. ADSL（Asymmetric Digital Subscriber Line，非对称数字用户专线）

传统的电话线使用了 0 ~ 4 kHz 的低频段进行语音传送，而电话线理论上有接近 2 MHz 的带宽，ADSL 使用了 26 kHz 以后的高频带才提供了如此高的速度。ADSL 的传输速率如表 1-3 所示。

具体工作流程是：经 ADSL 调制解调器编码后的信号，通过电话线传到电话局后，再通过一个信号识别/分离器，如果是语音信号就传到电话交换机上，如果是数字信号就接入 Internet。

表 1-3 ADSL 的传输速率

端口类型（符号）	传输速率/(Mb·s^{-1})	传输距离/m	端口类型（符号）	传输速率/(Mb·s^{-1})	传输距离/m
T1	1.544	6 000	DS2	6.312	4 000
E1	2.048	5 000	E2	8.448	3 000

ADSL 的核心是编码技术——离散多音复用 DMT，DMT 使用 0 ~ 4 Kb/s 频带传输电话音频，用 26 Kb/s ~ 1.1 Mb/s 频带传送数据，并把它以 4 K 的宽度分为 25 个上行子通道和 249 个下行子通道。传输速度 = 信道数 × 每信道采样值位数 × 调制速度。理论上行速度为 25 × 15 × 4 kHz = 1.5 Mb/s，理论下行速度为 249 × 15 × 4 kHz = 14.9 Mb/s。与 ISDN 单纯划分独占信道不同的是，ADSL 中使用了调制技术，即采用频分多路复用（FDM）技术或回波消除（Echo Cancellation）技术实现在电话线上分隔有效带宽，从而产生多路信道，使频带得到复用。ADSL 的安装原理如图 1-7 所示。

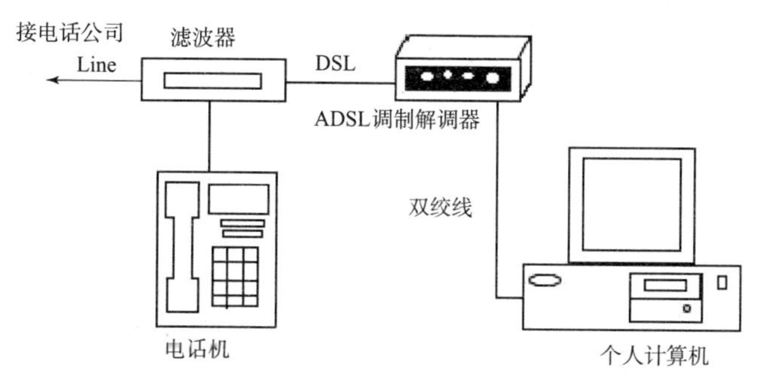

图 1-7 ADSL 安装原理图

1.6.6 广域网安全传输技术——虚拟专用网

虚拟专用网（VPN）是将分布于不同地方的机构和分公司局域网络连接起来的一种技

术，其实质是在公共网络链路上建立管道式的专用连接来构建专用网络。公共网络可以是DDN、FR、WDM、以太网等广域网和城域网。内部网络通过本地ISP的POP（Point of Presence，接入服务提供点）接入运营商网络，各部门可安全连接。VPN的应用示意如图1－8所示。

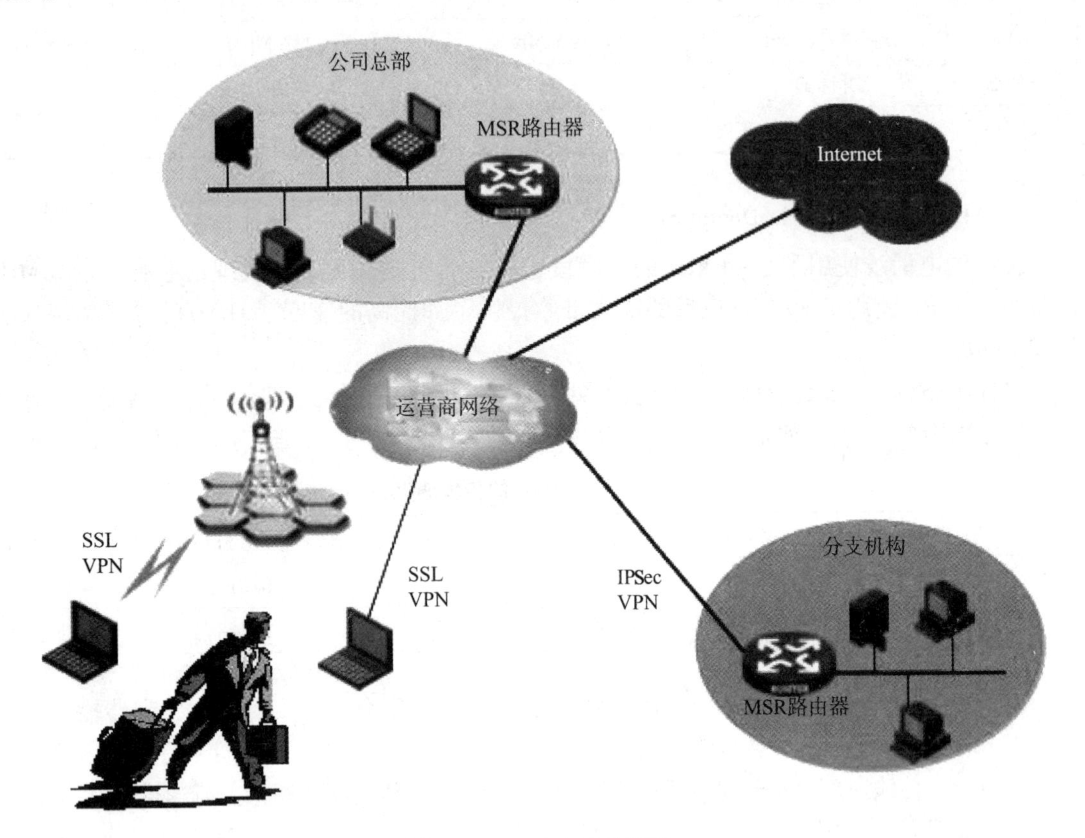

图1－8　VPN应用示意图

思考与练习

1. 结合日常生活，举例说明计算机网络有哪些功能。
2. 计算机网络的发展经历了哪几个阶段？以后的发展趋势是什么？
3. 按照覆盖范围，计算机网络可以分为哪几类？
4. 常见的网络拓扑结构有哪几种？各有什么特点？
5. 典型的局域网和城域网技术有哪些？

第 2 章

OSI 参考模型与 TCP/IP 协议族

内容概述

在本章节内容中，介绍了 OSI 和 TCP/IP 参考模型分层结构中每一层的功能以及两种参考模型的对比，还介绍了 TCP/IP 协议的应用。

知识要点

1. OSI 参考模型；
2. TCP/IP 参考模型；
3. 网络协议三要素；
4. TCP/IP 协议族；
5. 数据在 TCP/IP 中的传输；
6. IP 地址。

2.1 OSI 参考模型

计算机网络的通信过程非常类似于邮政服务的实现过程，只不过比这个过程要复杂得多。同样，计算机网络也采用了层次化设计方法，即把通信过程划分为多个层次，并为每个层次设计一个单独的协议，这些协议通过分层结构进行组织。每层通过特定的协议完成一种功能，多层叠加完成整个信息的发送和接收过程。同时，层与层之间通过层间接口联系起来，每一层可以从下层获得服务，并为上层提供服务。各层又具有相对独立性，各层只是简单的使用其他层的服务，但不需要知道其他层是如何实现相应功能的。

计算机网络的这种层次结构模型和各层协议的集合称为计算机网络体系结构。

计算机网络体系结构采用分层模型的优点如下：

（1）高层不需要知道低层是如何实现的，只需要知道低层所提供的服务，以及本层向上层提供的服务，各层独立性强。

（2）当任何一层发生变化时，只要层间接口不发生变化，那么这种变化就不会影响到其他层，适应性强。

（3）整个系统已被分解为若干易于处理的部分，这种结构使得一个庞大而又复杂的系统实现和维护起来更容易。

（4）每层的功能与所提供的服务都有精确的定义和说明，有利于促进标准化。

网络协议是计算机间进行通信时遵循的一些约定和规则。网络协议由如下三个要素组成：

（1）语法：用于确定协议元素的格式，即数据与控制信息的结构和格式。

（2）语义：用于确定协议元素的类型，规定了通信双方需要发出何种控制信息，完成何种动作以及做出何种应答。

（3）定时：用于确定通信速度的匹配和时序，即对事件实现顺序的详细说明。

协议分层表现为不同主机上的同一个层次称为对等层，对等层之间遵循相同协议。每一层都使用下一层提供的服务，同时也向自己的高层提供服务。

OSI 参考模型本身不是网络体系结构的全部内容，它并未确切地描述用于各层的协议和服务，它仅仅告诉我们每一层应该做什么。不过，OSI 参考模型已经为各层制定了标准，但它们并不是参考模型的一部分，它们是作为单独的国际标准公布的。

2.1.1 OSI 参考模型的层次结构

OSI 参考模型如图 2－1 所示。这一模型被称为 ISO 的开放系统互连参考模型（Open System Interconnection Reference Model，OSI），它是关于如何把开放式系统（即为了与其他系统进行通信而相互开放的系统）连接起来的模型，常简称为 OSI 参考模型。

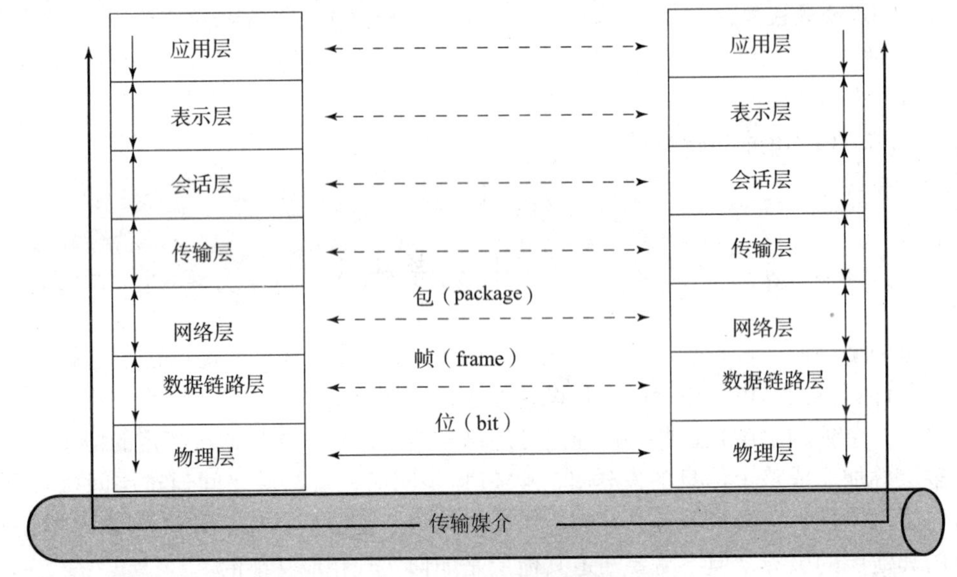

图 2－1　OSI 参考模型

OSI 参考模型具体划分原则如下：

（1）网络中各节点都有相同的层次。

（2）不同节点的同等层具有相同的功能。

（3）同一节点内相邻层之间通过接口通信。

（4）每一层使用下层提供的服务，并向其上层提供服务。

（5）不同节点的同等层按照协议实现对等层之间的通信。

2.1.2 OSI 参考模型各层次功能

OSI 参考模型中不同层完成不同的功能，各层相互配合通过标准的接口进行通信。

应用层、表示层和会话层合在一起常称为高层或应用层，其功能通常是由应用程序软件

实现的；物理层、数据链路层、网络层和传输层合在一起常称为数据流层，其功能大部分是通过软件和硬件结合共同实现的。

1. 物理层

物理层设计通信在信道上传输的原始比特流。这里的设计主要是处理机械的、电气的和过程的接口，以及物理层下的物理传输介质等问题。

2. 数据链路层

数据链路层的主要任务是加强物理层传输原始比特的功能，使之对网络层呈现为一条无错线路。数据链路层要解决的另一个问题是流量控制，通常流量控制和出错处理同时完成。如果线路能用于双向传输数据，数据链路软件还必须解决发送双方数据帧竞争线路的使用权问题。广播式网络在数据链路层还要处理共享信道访问的问题。数据链路层的一个特殊子层——介质访问子层，就是专门处理这个问题的。

3. 网络层

网络层关系到子网的运行控制，其中一个关键问题是确定分组从源端到目的端如何选择路由。如果在子网中同时出现过多的分组，它们将相互阻塞通路，形成瓶颈。此类拥塞控制也属于网络层的范围。网络层还常常设有记账功能。网络层还必须解决异种网络的互联问题。在广播网络中，选择路由问题很简单，因此网络层很弱，甚至不存在。

4. 传输层

传输层的基本功能是从会话层接收数据，并且在必要时把它分成较小的单元，传递给网络层，并确保达到对方的各段信息正确无误，传输层使会话层不受硬件技术变化的影响；传输层也要决定向会话层，并最终向网络用户提供了怎样的服务，而采用哪种服务是在建立连接时就确定的。传输层是真正的从源到目标（端到端）的层。源端机上的某程序，利用报文头和控制报文与目标机上的类似程序进行对话。除了将几个报文流多路复用到一条通道上，传输层还必须解决跨网络连接的建立和拆除。另外，还需要进行流量控制，主机之间的流量控制和路由器之间的流量控制不同。

5. 会话层

会话层允许不同机器上的用户建立会话关系。会话层服务之一是管理对话，会话层允许信息同时双向传输，或任一时刻只能单向传输；另一种会话层服务是同步，会话层会在数据流中插入检查点，这样每次网络崩溃后，仅需要重传最后一个检查点以后的数据。

6. 表示层

表示层以下的各层只关心可靠的传输比特流，而表示层关心的是所传输信息的语法和语义。表示层服务的一个典型例子是对数据编码。为了让采用不同表示方法的计算机之间能进行通信，交换中使用的数据结构可以用抽象的方式来定义，并且使用标准的编码方式。表示层管理这些抽象数据结构，并且在计算机内部表示法和网络的标准表示法之间进行转换。

7. 应用层

应用层包含大量人们普遍需要的协议。例如，定义一个抽象的网络虚拟终端，对每一种终端类型，都要写一段程序来把网络虚拟终端映射到实际的终端。应用层的另一个功能是文件传输。此外，还有电子邮件、远程作业输入、名录查询和其他各种通用和专用的功能。

分层的好处是利用层次结构可以把开放系统的信息交换问题分解到一系列容易控制的软硬件模块层中，而各层可以根据需要独立进行修改或扩充功能，同时，有利于各不同制造厂家的设备互联，也有利于大家学习、理解数据通信网络。

2.1.3 OSI 参考模型的数据封装过程

OSI 参考模型中每个层次接收到上层传递过来的数据后都要将本层次的控制信息加入到数据单元的头部，一些层次还要将校验和等信息附加到数据单元的尾部，这个过程叫作封装。

每层封装后的数据单元的叫法不同，在应用层、表示层和会话层的协议数据单元统称为 data（数据），在传输层的协议数据单元称为 segment（数据段），在网络层的协议数据单元称为 packet（数据包），在数据链路层的协议数据单元称为 frame（数据帧），在物理层的协议数据单元称为 bit（比特流）。

当数据到达接收端时，每一层读取相应的控制信息，根据控制信息中的内容向上层传递数据单元，在向上层传递之前去掉本层的控制头部信息和尾部信息（如果有的话）。此过程叫作解封装。

这个过程逐层执行直至将对端应用层产生的数据发送给本端的相应的应用进程为止。

以用户浏览网站为例说明数据的封装、解封装过程。

（1）当用户输入要浏览的网站信息后，由应用层产生相关的数据，通过表示层转换成为计算机可识别的 ASCII 码，再由会话层产生相应的主机进程传给传输层。

（2）传输层将以上信息作为数据，并加上相应的端口号信息，以便目的主机辨别此报文，得知具体应由本机的哪个任务来处理。

（3）在网络层加上 IP 地址，使报文能确认应到达具体某个主机，再在数据链路层加上 MAC 地址，转成比特流信息，从而在网络上传输。

（4）报文在网络上被各主机接收，通过检查报文的目的 MAC 地址，判断是否为自己需要处理的报文。如果发现 MAC 地址与自己不一致，则丢弃该报文；如果一致，就去掉 MAC 信息送给网络层判断其 IP 地址。然后根据报文的目的端口号确定由本机的哪个进程来处理，这就是报文的解封装过程。

2.2 TCP/IP 协议族

TCP/IP 是网络中使用的基本的通信协议。虽然从名字上看 TCP/IP 包括两个协议，传输控制协议（TCP）和网际协议（IP），但 TCP/IP 实际上是一组协议，它包括上百个各种功能的协议，如远程登录、文件传输和电子邮件等，而 TCP 协议和 IP 协议是保证数据完整传输的两个基本的重要协议。通常说 TCP/IP 是 Internet 协议族，而不单单是 TCP 和 IP。

之所以说 TCP/IP 是一个协议族，是因为 TCP/IP 协议包括 TCP、IP、UDP、ICMP、RIP、TELNET、FTP、SMTP、ARP、TFTP 等许多协议，这些协议一起称为 TCP/IP 协议，如图 2-2 所示。

2.2.1 TCP/IP 参考模型

TCP/IP（Transmission Control Protocol/Internet Protocol）是指传输控制协议/网络互联协

议，是针对 Internet 开发的一种体系结构和协议标准，其目的在于解决异种计算机网络的通信问题。

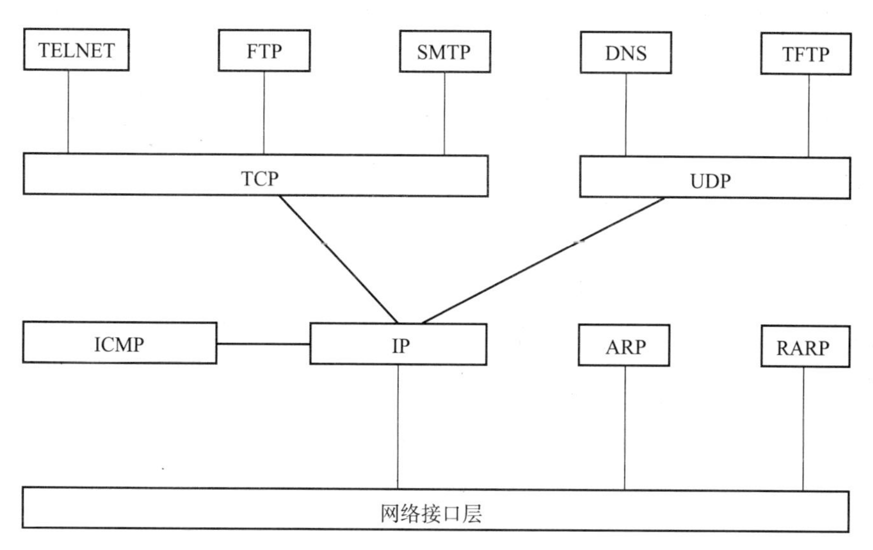

图 2－2　TCP/IP 协议族

TCP/IP 协议的结构和 OSI 参考模型一样，也采用分层体系结构，如图 2－3 所示，由下至上分别是网络接口层、网际层、传输层和应用层。

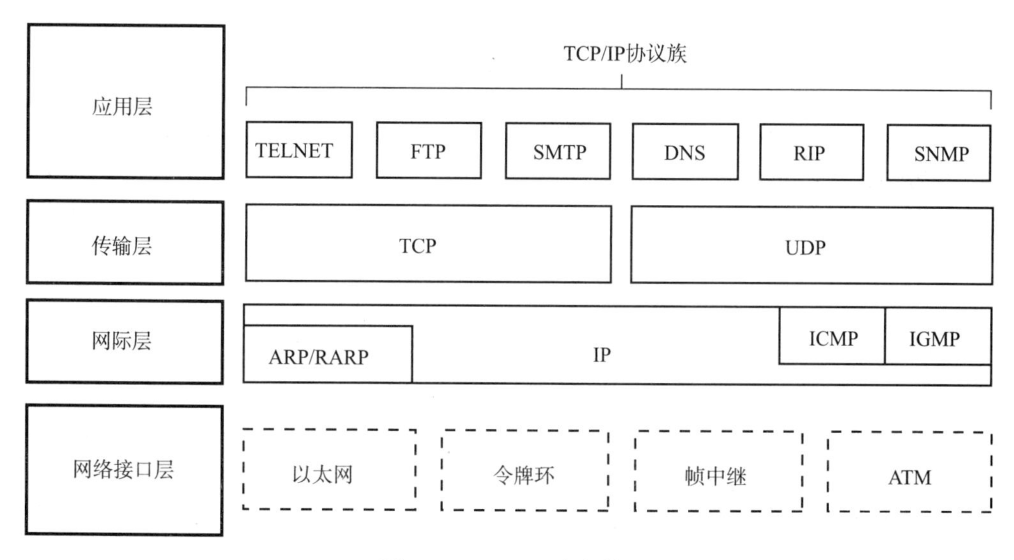

图 2－3　TCP/IP 参考模型

1　网络接口层

TCP/IP 参考模型的最低层是网络接口层，它包括了能使用 TCP/IP 与物理网络进行通信的协议，对应着 OSI 参考模型的物理层和数据链路层。

2. 网际层

网际层又称网络层，负责相邻计算机之间的通信。网际层主要完成源主机到目的主机传输路径的选择。

3. 传输层

TCP/IP 参考模型的传输层与 OSI 参考模型的传输层类似，它的根本任务是提供端到端的通信。传输层对信息流具有调节作用，能够提供可靠传输，确保数据能够正确到达。

4. 应用层

在 TCP/IP 参考模型中，应用层是最高层，它对应 OSI 参考模型中的会话层、表示层和应用层。它使用户的程序能够访问网络，并获得各种网络服务，如 Web 浏览、电子邮件等。

2.2.2 TCP/IP 参考模型与 OSI 参考模型的比较

OSI 参考模型与 TCP/IP 参考模型的比较如图 2-4 所示。

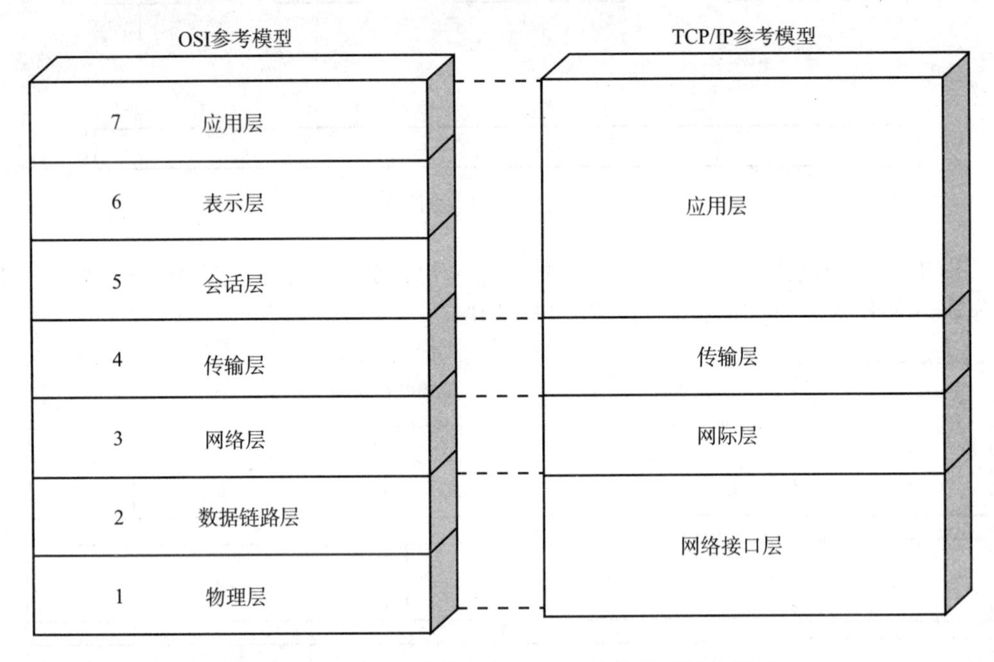

图 2-4 OSI 参考模型与 TCP/IP 参考模型的比较

1. 两种协议的相同点

(1) 都是分层结构，并且工作模式一样，层和层之间都需要很密切的协作关系。

(2) 有相同的应用层、传输层、网络层。

(3) 都是用包交换 (Packet-Switched) 技术。

2. 两种协议的不同点

(1) TCP/IP 参考模型把表示层和会话层都归入了应用程序。

(2) TCP/IP 参考模型的结构比较简单，因为分层少。

(3) TCP/IP 参考模型的标准是在 Internet 网络的不断发展中建立的，基于实践，有很高的信任度。相对而言，OSI 参考模型是基于理论上的，是作为一种向导模型。

OSI 参考模型与 TCP/IP 协议的对应关系如表 2-1 所示。

表 2－1　OSI 参考模型与 TCP/IP 协议的对应关系

OSI 中的层	功能	TCP/IP 协议族
应用层	文件传输、电子邮件、文件服务、虚拟终端	TFTP、HTTP、SNMP、FTP、SMTP、DNS、TELNET
表示层	数据格式化、代码转换、数据加密	没有协议
会话层	解除或建立与其他节点的联系	没有协议
传输层	提供端对端的接口	TCP、UDP
网络层	为数据包选择路由	IP、ICMP、RIP、OSPF、BGP、IGMP
数据链路层	传输有地址的帧以及错误检测功能	SLIP、CSLIP、PPP、ARP、RARP、MTU
物理层	以二进制数据形式在物理媒体上传输数据	ISO 2110、IEEE 802、IEEE 802. 2

2. 2. 3　TCP/IP 协议族应用层协议

应用层为用户的各种网络应用开发了许多网络应用程序，例如文件传输、网络管理等。这里重点介绍几种应用层协议。

（1）FTP（File Transfer Protocol，文件传输协议）：用于计算机之间的文件传送。

（2）TELNET（TCP/IP Terminal Emulation Protocol，TCP/IP 终端仿真协议）：是一种基于 TCP 的虚拟终端通信协议。

（3）SMTP（Simple Mail Transfer Protocol，简单邮件传输协议）：是一种提供可靠且有效电子邮件传输的协议。

（4）DNS（Domain Name Service，域名系统服务）：是一种分布式网络目录服务，主要用于域名和 IP 地址的相互转换。

（5）TFTP（Trivial File Transfer Protocol，简单文件传输协议）：是一种基于 UDP 的传输文件的简单协议。TFTP 只能从远程服务器上读、写文件（邮件）或者把读、写文件传送给远程服务器。

2. 2. 4　TCP/IP 协议族传输层协议

传输层协议有两种，分别为 TCP 和 UDP。虽然 TCP 和 UDP 都使用相同的网络层协议 IP，但是 TCP 和 UDP 为应用层提供完全不同的服务。

1. 传输控制协议 TCP

传输控制协议（Transmission Control Protocol），简称 TCP 协议，它在原有 IP 协议的基础上，增加了确认重发、滑动窗口和复用/解复用等机制，提供一种可靠的、面向连接的字节流服务。

（1）TCP 协议的报文格式。

整个报文由报文头部和数据两部分组成，如图 2－5 所示。

①源端口：16 位的源端口字段包含初始化通信的端口号。源端口和 IP 地址的作用是标识报文的返回地址。

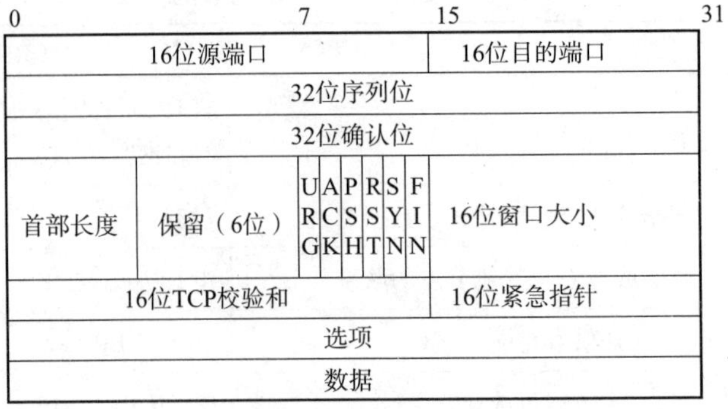

0　　7　　15　　31

16位源端口								16位目的端口
32位序列位								
32位确认位								
首部长度	保留（6位）	URG	ACK	PSH	RST	SYN	FIN	16位窗口大小
16位TCP校验和								16位紧急指针
选项								
数据								

图2-5　TCP段格式

②目的端口：16位的目的端口字段定义传输的目的。这个端口指明接收方计算机上的应用程序接口。

③序列号：该字段用来标识TCP源端设备向目的端设备发送的字节流，它表示在这个报文段中的第几个数据字节。序列号是一个32位的数。

④确认号：TCP使用32位的确认号字段标识期望收到的下一个段的第一个字节，并声明此前的所有数据已经正确无误地收到，因此，确认号应该是上次已成功收到的数据字节序列号加1。收到确认号的源计算机会知道特定的段已经被收到。确认号的字段只在ACK标志被设置时才有效。

⑤首部长度：这个4位字段包括TCP头大小。由于首部可能含有选项内容，因此TCP首部的长度是不确定的。首部长度的单位是32位或4个八位组。首部长度实际上也指示了数据区在报文段中的起始偏移值。

⑥保留：6位置0的字段。为将来定义新的用途保留。

⑦控制位：共6位，每一位标志可以打开一个控制功能。

URG（Urgent Pointer Field Significant，紧急指针字段标志）：表示TCP包的紧急指针字段有效，用来保证TCP连接不被中断，并且督促中间设备尽快处理这些数据。

ACK（Acknowledgement Field Significant，确认字段标志）：取1时表示应答字段有效，即TCP应答号将包含在TCP段中，取0则反之。

PSH（Push Function，推功能）：这个标志表示Push操作。所谓Push操作就是指在数据包到达接收端以后，立即送给应用程序，而不是在缓冲区中排队。

RST（Reset the Connection，重置连接）：这个标志表示连接复位请求，用来复位那些产生错误的连接，也被用来拒绝错误和非法的数据包。

SYN（Synchronize Sequence Numbers，同步序列号）：表示同步序号，用来建立连接。

FIN（No More Data from Sender）：表示发送端已经发送到数据末尾，数据传送完成，发送FIN标志位的TCP段，连接将被断开。

⑧窗口：目的主机使用16位的窗口字段告诉源主机它每次期望收到的数据段的字节数。

⑨校验和：TCP头包括16位的校验和字段用于错误检查。源主机基于部分IP头信息、TCP头和数据内容计算一个校验和，目的主机也要进行相同的计算，如果收到的内容没有错误，两者计算应该完全一样，从而证明数据的有效性。

⑩紧急指针：紧急指针字段是一个可选的16位指针，指向段内的最后一个字节位置，这个字段只在URG标志被设置时才有效。

⑪选项：至少1字节的可变长字段，标识哪个选项（如果有）有效。如果没有选项，这个字节等于0，说明选项结束；等于1表示无须再有操作；等于2表示下4个字节包括源机器的最大长度。

2. TCP建立连接/三次握手

TCP是面向连接的传输层协议，所谓面向连接就是在真正的数据传输开始前要完成连接建立的过程，否则不会进入真正的数据传输阶段。

TCP的连接建立过程通常被称为三次握手，过程如图2-6所示。

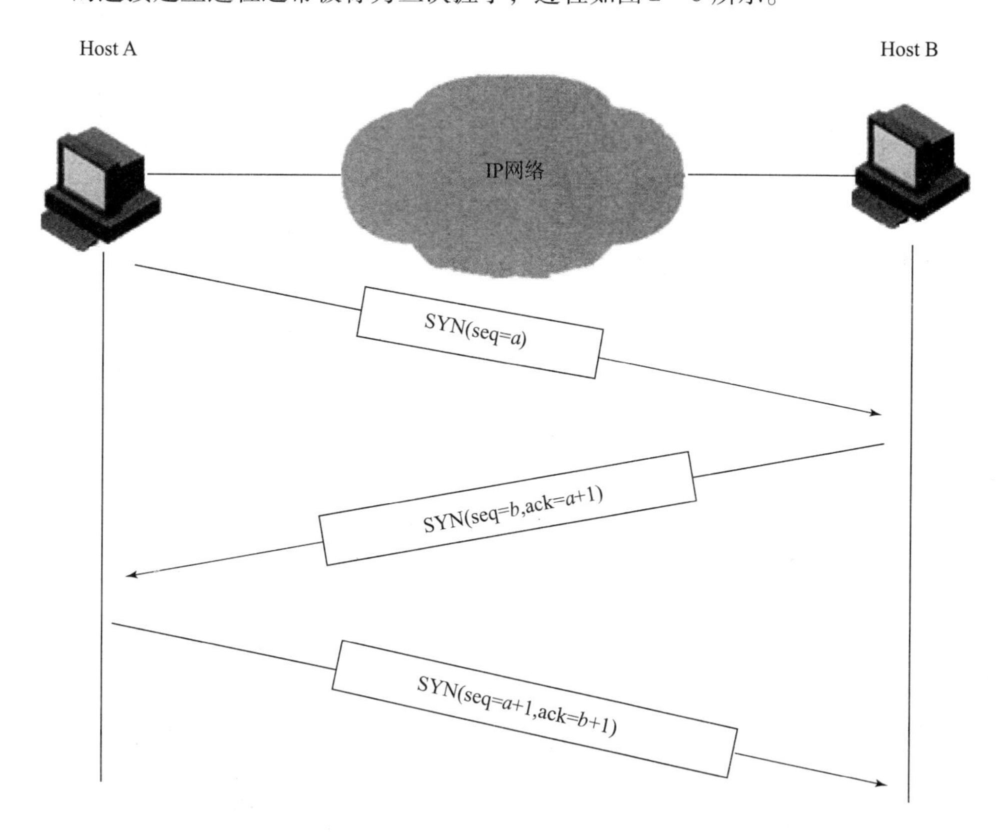

图2-6 TCP建立连接/三次握手

步骤1：请求（Host A）发送一个SYN（同步序列码）指明要连接的服务器的端口以及初始序号（seq）。

步骤2：Host B发回包含自己初始序号的SYN报文作为应答。同时，将确认序号设置为Host A的初始序号加1，以对Host A的SYN报文段进行确认。一个SYN占用一个序号。

步骤3：Host A必须将确认序号设置为Host B的初始序号加1，以对Host B的SYN报文进行确认。

3. TCP终止连接/四次握手

TCP终止连接/四次握手如图2-7所示。

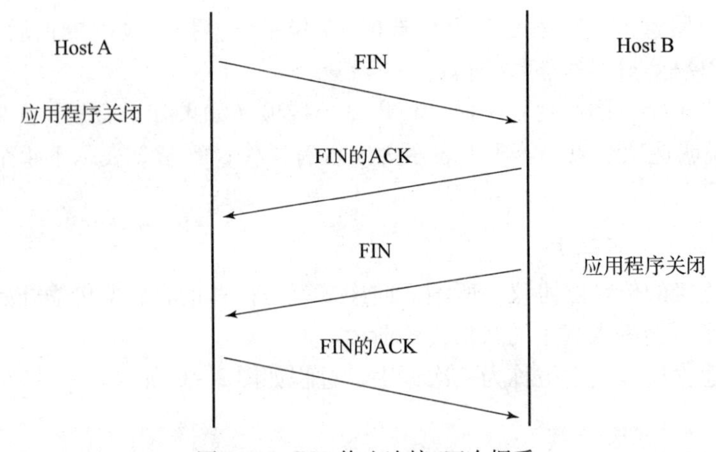

图 2-7　TCP 终止连接/四次握手

一个 TCP 连接是全双工，因此每个方向必须单独进行关闭。当一方完成它的数据发送任务后，就发送一个 FIN 来终止这个方向连接。当一端收到一个 FIN，它必须通知应用层另一端已经终止了该方向的数据传送。所以 TCP 终止连接需要四个过程，称之为四次握手过程。

4. 用户数据包协议（UDP）

用户数据包协议（UDP）：提供了不面向连接的通信，且不对传送数据包进行可靠的保证。适合于一次传输少量数据，可靠性则由应用层来负责，如图 2-8 所示。

0　　15　　31

16位源端口	16位目的端口
16位UDP长度	16位UDP校验和
数据	

图 2-8　UDP 段格式

相比 TCP 报文，UDP 报文只有少量的字段：源端口号、目的端口号、长度、校验和等，各个字段功能和 TCP 报文相应字段一样。

UDP 报文没有可靠性保证字段、顺序保证字段、流量控制字段等，可靠性较差。当然，使用传输层 UDP 服务的应用程序也有优势。正因为 UDP 较少的控制选项，在数据传输过程中延时较小，数据传输效率较高，适合于对可靠性要求并不高的一些实时应用程序，或者可以保障可靠性的应用程序，如 DNS、TFTP、SNMP 等，UDP 也可以用于传输链路可靠的网络。

5. TCP 与 UDP 的区别

TCP 和 UDP 同为传输层协议，但是从其协议报文便可发现两者之间的明显差别，因此它们为应用层提供两种截然不同的服务，如表 2-2 所示。

表 2-2　TCP 和 UDP 的区别

比较项目	TCP	UDP	比较项目	TCP	UDP
是否面向连接	面向连接	无连接	传输速度	慢	快
是否提高可靠性	可靠传输	不提供可靠性	协议开销	大	小
是否流量控制	流量控制	不提供流量控制			

（1）TCP是基于连接的协议，UDP是面向非连接的协议。

也就是说，TCP在正式收发数据前，必须和对方建立可靠的连接。一个TCP连接必须要经过三次“对话”才能建立起来。UDP是与TCP相对应的协议，它是面向非连接的协议，不与对方建立连接，直接就把数据包发送过去。

（2）从可靠性的角度来看，TCP的可靠性优于UDP。

（3）从传输速度来看，TCP的传输速度比UDP更慢。

（4）从协议报文的角度看，TCP的协议开销大，但是TCP具备流量控制功能；UDP的协议开销小，但是UDP不具备流量控制功能。

（5）从应用场合看，TCP适合于传送大量数据，而UDP适合传送少量数据。

2.2.5　TCP/IP协议族网络层协议

网络层为了保证数据包的成功转发，主要定义了以下协议。

IP（Internet Protocol，网际协议）：也称IPv4（Internet Protocol Version 4，网际协议第4版），它定义了IP数据包的格式，其中包含地址信息和控制信息，使得数据包可以在网络中路由。

ICMP（Internet Control Message Protocol，Internet控制信息协议）：用于传输在TCP/IP通信中出现的错误报告，以及通信控制信息和请求/应答信息。

ARP（Address Resolution Protocol，地址转换协议）：用于实现逻辑地址（即IP地址）向物理地址（即MAC地址）的转换。

RARP（Reverse Address Resolution Protocol，反向地址转换协议）：用于实现物理地址（即MAC地址）向逻辑地址（即IP地址）的转换。

1. IP数据包格式

IP数据包是网络传输的信封，它说明了数据发送的源地址和目的地址，以及数据传输状态。一个完整的数据包由首部和数据两部分组成。首部前20字节属于固定长度，是所有IP数据包必须有的，后面是可选字段，其长度可变，首部后面是数据包携带的数据，如图2－9所示。

（1）版本号（4位）。

IP协议版本已经经过多次修订，1981年的RFC0791描述了IPv4，RCF2460中介绍了IPv6。

（2）报头长度（4位）。

报头长度用来表示报文首部的长度，单位是4字节，32位，也就是说协议报文头必须是4字节（32位）的整数倍。报头长度是可变的，必需的字段使用20字节（报头长度为5），IP选项字段最多有40个附加字节（报头长度为15）。

（3）服务类型（8位）。

该字段给出发送进程建议路由器如何处理报片的方法。可选择最大可靠性、最小延迟、最大吞吐量和最小开销。路由器可以忽略这部分。

（4）数据包长度（16位）。

该字段是报头长度和数据字节的总和，以字节为单位。最大长度为65535字节。

（5）标识符（16位）。

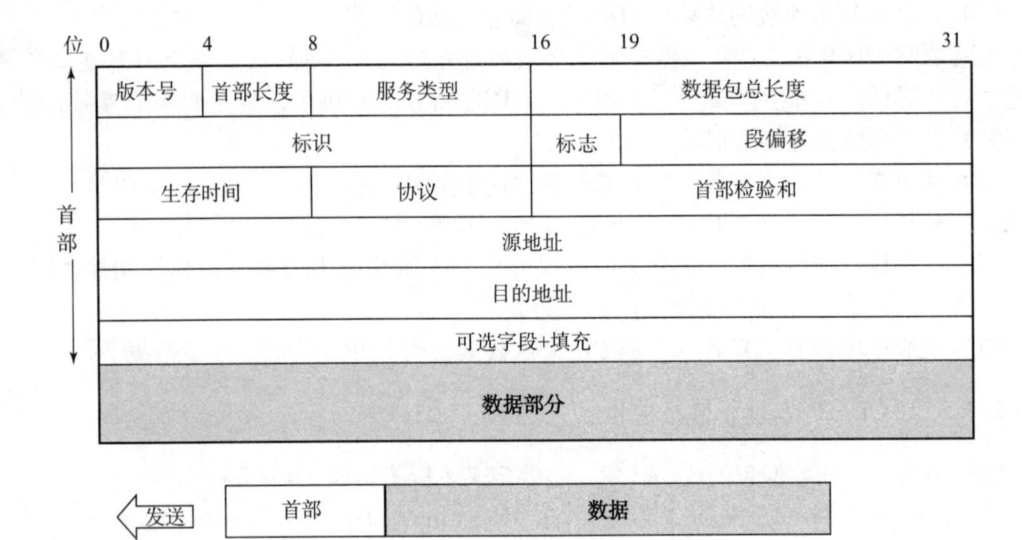

图 2－9　IP 数据包

原始数据的主机为数据包分配一个唯一的数据包标识符。在数据包传向目的地址时，如果路由器将数据包分为报片，那么每个报片都有相同的数据标识符。

（6）标志（3 位）。

标志字段中有 2 位与报片有关。

位 0：未用。

位 1：不是报片。如果这位是 1，则路由器就不会把数据包分片，路由器会尽可能把数据包传给可一次接收整个数据包的网络；否则，路由器会放弃数据包，并返回差错报文，表示目的地址不可达。IP 标准要求主机可以接收 576 字节以内的数据包，因此，如果想把数据包传给未知的主机，并想确认数据包没有因为大小的原因而被放弃，那么就使用少于或等于 576 字节的数据。

位 2：更多的报片。如果该位为 1，则数据包是一个报片，但不是该分片数据包的最后一个报片；如果该位为 0，则数据包没有分片，或者是最后一个报片。

（7）报片偏移（13 位）。

该字段标识报片在分片数据包中的位置。其值以 8 字节为单位，最大为 8191 字节，对应 65528 字节的偏移。例如，将要发送的 1024 字节分为 576 和 448 字节两个报片。首片的偏移是 0，第二片的偏移是 72（因为 $72 \times 8 = 576$）。

（8）生存时间（8 位）。

如果数据包在合理时间内没有到达目的地，则网络就会放弃它。生存时间字段确定放弃数据包的时间。

生存时间表示数据包剩余的时间，每个路由器都会将其值减一，或递减需要处理和传递数据包的时间。实际上，路由器处理和传递数据包的时间一般都小于 1 s，因此该值没有测量时间，而是测量路由器之间跳跃次数或网段的个数。发送数据包的计算机设置初始生存时间。

(9) 协议(8位)。

该字段指定数据包的数据部分所使用的协议,因此IP层知道将接收到的数据包传向何处。TCP协议为6,UDP协议为17。

(10) 报头检验和(16位)。

该字端使数据包的接收方只需要检验IP报头中的错误,而不校验数据区的内容或报文。校验和由报头中的数值计算而得,报头校验和假设为0,以太网帧和TCP报文段以及UDP数据包中的可选项都需要进行报文检错。

(11) 源IP地址(32位)。

表示数据包的发送方。

(12) 目的IP地址(32位)。

表示数据包的目的地。

2. Internet控制信息协议

ICMP(Internet Control Message Protocol,Internet控制信息协议),是一种集差错报告与控制于一身的协议,用于在IP主机、路由器之间传递控制消息。控制消息是指网络通不通、主机是否可达、路由是否可用等网络本身的消息。这些控制消息虽然并不传输用户数据,但是对于用户数据的传递起着重要的作用。

常用的"ping"就是使用ICMP。"ping"这个名词源于声呐定位操作,目的是为了测试另一台主机是否可达。该程序发送一份ICMP回应请求报文给主机,并等待返回ICMP应答。一般来说,如果不能ping到某台主机,那么就不能TELENT或者FTP到这台主机。反过来,如果不能TELENT到某台主机,那么通常可以用ping程序来确定问题出在哪里。ping程序还能测出到这台主机的往返时间,以表明该主机离我们有"多远"。

3. 地址转换协议

地址转换协议(Address Resolution Protocol,ARP):用于实现逻辑地址(即IP地址)向物理地址(即MAC地址)的转换。

当一台主机把以太网数据帧发送到位于同一局域网上的另一台主机时,是根据以太网地址来确定目的接口的,ARP协议需要为IP地址和MAC地址这两种不同的地址形式提供对应关系,如图2-10所示。

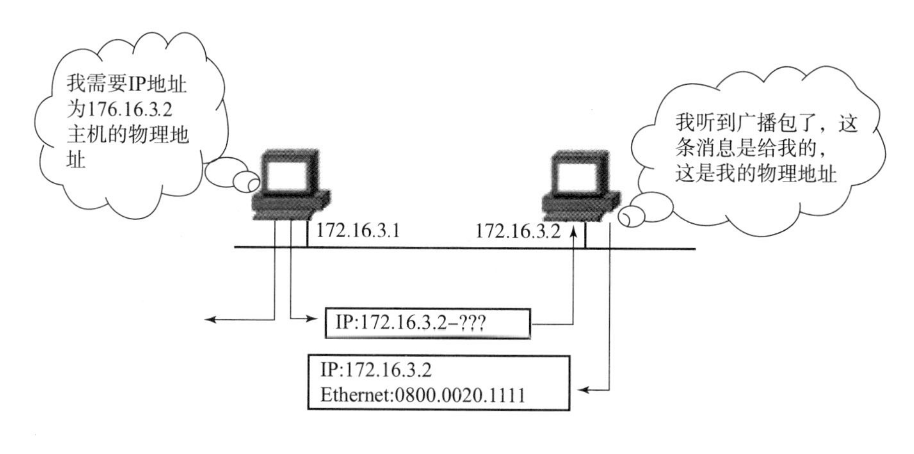

图2-10 ARP的工作过程

ARP 工作过程如下。

步骤 1：ARP 发送一份称作 ARP 请求的以太网数据帧给以太网上的每个主机，这个过程称作广播。ARP 请求数据帧中包含目的主机的 IP 地址，其意思是“如果你是这个 IP 地址的拥有者，请回答你的 MAC 地址”。

步骤 2：连接到同一 LAN 的所有主机都接收并处理 ARP 广播，目的主机的 ARP 层收到这份广播报文后，根据目的 IP 地址判断出这是发送端在询问它的 MAC 地址，于是发送一个单播 ARP 应答。这个 ARP 应答包含 IP 地址及对应的 MAC 地址。收到 ARP 应答后，发送端就知道接收端的 MAC 地址了。

步骤 3：ARP 高效运行的关键是每个主机上都有一个 ARP 高速缓存。这个高速缓存存放了最近 IP 地址到硬件地址之间的映射记录。当主机查找某个 IP 地址与 MAC 地址的对应关系时，首先在本机的 ARP 缓存表中查找，只有在找不到时才进行 ARP 广播。

4. 反向地址转换协议

反向地址转换协议（Reverse Address Resolution Protocol，RARP）：用于实现物理地址（即 MAC 地址）向逻辑地址（即 IP 地址）的转换。

具有本地磁盘的系统引导时，一般是从磁盘上的配置文件中读取 IP 地址。但是无盘工作站或被配置为动态获取 IP 地址的主机则需要采用其他方法来获得 IP 地址。

RARP 实现过程是主机从接口卡上读取唯一的硬件地址，然后发送 RARP 请求（一帧在网络上广播的数据）请求某个主机（如 DHCP 服务器或 BOOTP 服务器）响应该主机系统的 IP 地址，如图 2－11 所示。

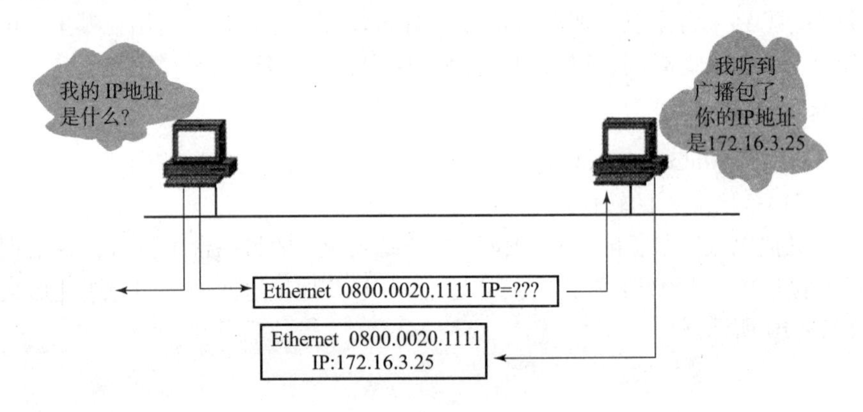

图 2－11　RARP 的工作机制

DHCP 服务器或 BOOTP 服务器接收到了 RARP 的请求，为其分配 IP 地址等配置信息，并通过 RARP 回应法发送给源主机。

2.2.6　数据在 TCP/IP 协议栈中传输

1. 数据的封装与拆封

在 TCP/IP 协议栈中，当数据通过协议栈向下流动时，每一层都要给数据增加控制信息用于确保正确的传递。控制信息放置在被传送数据的开始，称之为包头，这种在协议栈中每一层都增加传递信息的过程称为封装。也就是说，栈中每层软件对传递的数据都要进行格式

化，使之与特定的协议相适应，即每层都在上层的基础上加一个与协议相对应的包头；而当数据在协议栈中反方向（由底层向上）流动时，协议软件就以相反的方式处理数据，即每一层都剥去栈中对应层增加的包头，然后将数据传递给上一层，这就是拆封。

2. 数据在TCP/IP协议栈中的传输过程

如图2－12所示，数据在TCP/IP协议栈中可以双向流动。当应用程序要发送数据时，首先要收集好用户数据，并加上应用头以便在接收方确认（注：应用数据和应用头长度是不固定的，所以用虚框框起），然后每层将数据封装成相邻层要求的格式。当数据到达链路层时，为了替网络互联层发送IP数据包，链路层要将数据翻译成所用的网络技术要求的帧格式。例如，对以太网来说，链路层将IP数据包封装成以太网帧；对于令牌环网，链路层将IP数据包封装成令牌环帧；而对于通过调制解调器接入Internet的网来说，链路层将IP数据包封装成SLIP帧或PPP帧格式。总之，最后在各种物理介质中传送的是能够适应所在网络技术要求的数据帧。

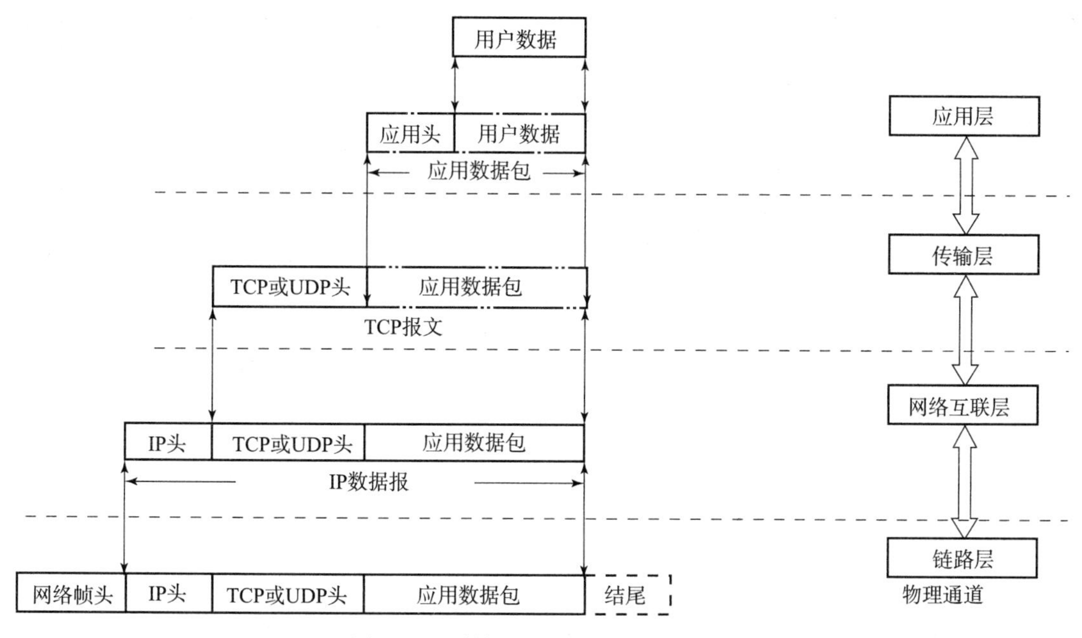

图2－12　数据在协议栈中的传输过程

相反，当一台主机接收数据时，TCP/IP协议栈要做和封装相反的工作——拆封。拆封首先是将各种格式的数据帧转换成IP数据包，再根据协议号转换成TCP或UDP报文格式，最后通过端口号到达正确的进程，还原成原始数据。

另外，在网络互联层和链路层之间通常要进行数据包的分割与重组。分割是将单个数据包分成两个或多个小包的过程。当应用程序传送的数据包大于网络的MTV（网络最大传输单元），或所经过的路由器的MTU小于本地网络发送方的MTU时，网络软件自动将数据包分成小块，并当成多个数据包进行传输。重组是在接收方将已分割的数据按正确的顺序合并在一起，重组比分割复杂，它有时间要求，不能无限制地等待。如果在规定的时间内主机未收到全部分块，它就会放弃已收到的分块，并停止处理这个数据包。分块的小数据包重组完成后传送到网络互联层，此时网络互联层处理数据包就好像网络从未分割它一样。

2.2.7 IP 地址

为了使 Internet 的主机在通信时能够相互识别，Internet 的每一台主机都分配有一个唯一的 IP 地址，也称为网络地址。

1. IP 地址的结构

一个互联网包括了多个网络，而一个网络又包括了多台主机，因此，互联网是具有层次结构的。互联网使用的 IP 地址也采用了层次结构。IP 地址以 32 位二进制位的形式存储于计算机中。32 位的 IP 地址结构由网络 ID 和主机 ID 两部分组成，如图 2－13 所示。其中，网络 ID（又称为网络标识、网络地址或网络号）用于标识互联网中的一个特定网络，标识该主机所在的网络，而主机 ID（又称为主机地址或主机号）则标识该网络中的一个特定连接，在一个网段内部，主机 ID 必须是唯一的。IP 地址的编址方式携带了位置信息。通过一个具体的 IP 地址，马上就能知道它位于哪个网络。正是因为网络标识所给出的网络位置信息才使得路由器能够在通信子网中为 IP 分组选择一条合适的路径，寻找网络地址对于 IP 数据包文在互联网中进行路由选择极为重要。地址的选择过程就是通过互联网络为 IP 数据包文选择目标地址的过程。

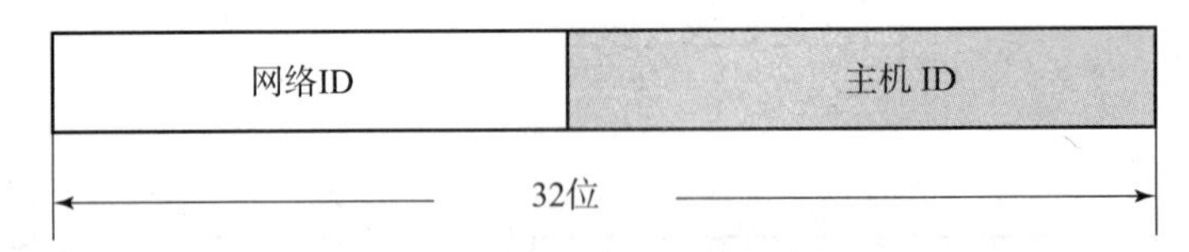

图 2－13 IP 地址的组成

由于 IP 地址包含了主机本身和主机所在网络的地址信息，所以在将一个主机从一个网络移到另一个网络时，主机 IP 地址必须进行修改，否则，就不能与互联网上的其他主机正常通信。

在计算机内部，IP 地址是用二进制数表示的，共 32 位。例如：11000000. 10101000. 00000001. 01100100。

为了表示方便，国际上采用一种“点分十进制表示法（Dotted Decimal Notation）”，即将 32 位的 IP 地址按字节分为 4 段，高字节在前，每个字节用十进制数表示，并且各字节之间用圆点“.”隔开，表示成 w. x. y. z。这样 IP 地址就表示成了一个用点号隔开的 4 组数字，每组数字的取值范围只能是 0 ~ 255。上例用二进制表示的 IP 地址可以用点分十进制 192. 168. 1. 100 表示，如图 2－14 所示。

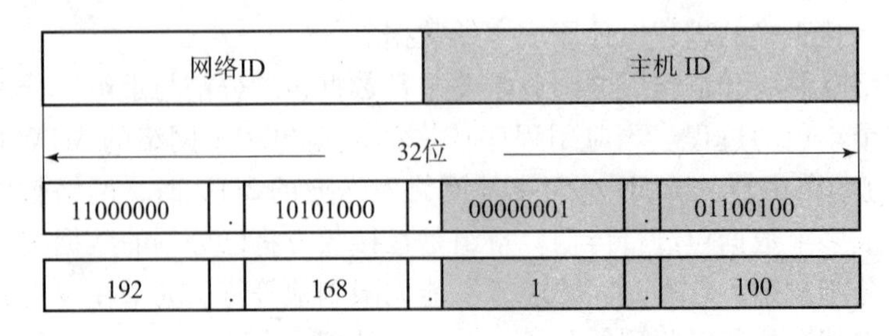

图 2－14 IP 地址的表示方法

2. IP 地址分类

为适应不同规模的网络，可将 IP 地址分类，称为有类地址。每个 32 位的 IP 地址的最高位或起始几位标识地址的类别。InterNIC 将 IP 地址分为 A、B、C、D 和 E 五类，如图 2－15 所示。其中 A、B、C 类被作为普通的主机地址，D 类用于提供网络组播服务或作为网络测试之用，E 类保留给未来扩充使用。每类地址中定义了它们的网络 ID 和主机 ID 各占用 32 位地址中的多少位，也就是说，每一类中，规定了可以容纳多少个网络，以及这样的网络中可以容纳多少台主机。

（1）IP 地址的分类。

①A 类地址。

如图 2－15 所示，A 类地址用来支持超大型网络。A 类 IP 地址仅使用第一个 8 位组标识地址的网络部分，其余的 3 个 8 位组用来标识地址的主机部分。用二进制表示时，A 类地址的第 1 位（最左边）总是 0。因此，第 1 个 8 位组的最小值为 00000000（十进制数为 0），最大值为 01111111（十进制数为 127）。但是 0 和 127 两个数保留使用。不能用作网络地址。任何 IP 地址第 1 个 8 位组的取值范围在 1 到 126 之间的都是 A 类地址。

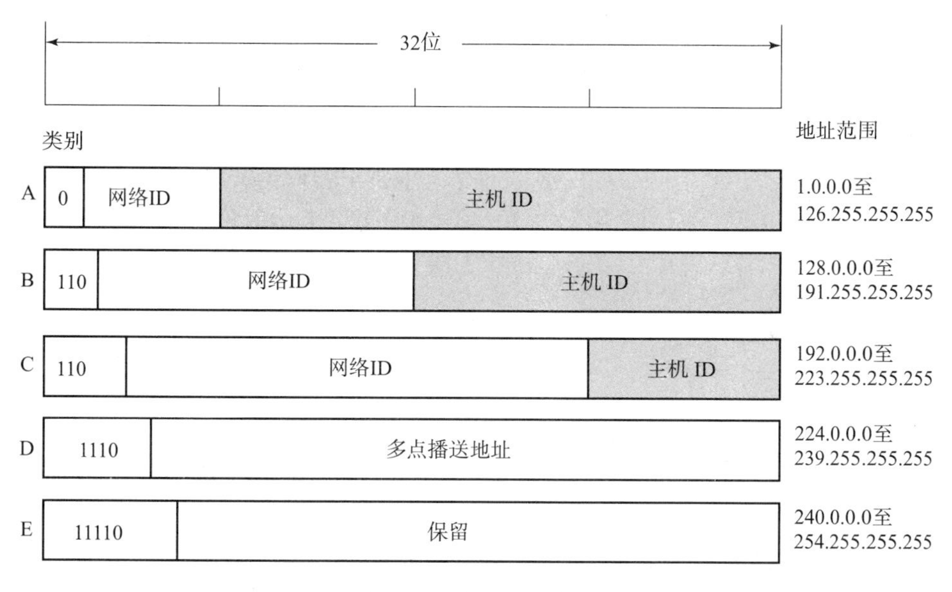

图 2－15　IP 地址的组成

②B 类地址。

如图 2－15 所示，B 类地址用来支持中大型网络。B 类 IP 地址使用 4 个 8 位组的前 2 个 8 位组标识地址的网络部分。其余的 2 个 8 位组用来标识地址的主机部分。用二进制表示时，B 类地址的前 2 位（最左边）总是 10。因此，第 1 个 8 位组的最小值为 10000000（十进制数为 128），最大值为 10111111（十进制数为 191）。任何 IP 地址第 1 个 8 位组的取值范围在 128 到 191 之间的都是 B 类地址。

③C 类地址。

图 2－15 所示，C 类地址用来支持小型网络。C 类 IP 地址使用 4 个 8 位组的前 3 个 8 位组标识地址的网络部分。其余的 1 个 8 位组用来标识地址的主机部分。用二进制表示时，C

类地址的前 3 位（最左边）总是 110。因此，第 1 个 8 位组的最小值为 11000000（十进制数为 192），最大值为 11011111（十进制数为 223）。任何 IP 地址第 1 个 8 位组的取值范围在 192 到 223 之间的都是 C 类地址。

④D 类地址。

如图 2－15 所示，D 类地址用来支持组播。组播地址是唯一的网络地址，用来转发目的地址为预先定义的一组 IP 地址的分组。因此，一台工作站可以将单一的数据流传送给多个接收者。用二进制表示时，D 类地址的前 4 位（最左边）总是 1110。D 类 IP 地址的第 1 个 8 位组的范围是从 11100000 到 11101111，即从 224 到 239。任何 IP 地址第 1 个 8 位组的取值范围在 224 到 239 之间的都是 D 类地址。

⑤E 类地址。

如图 2－15 所示，Internet 工程任务组保留 E 类地址作为科学研究使用。因此 Internet 上没有发布 E 类地址使用。用二进制表示时，E 类地址的前 4 位（最左边）总是 1111。E 类 IP 地址的第 1 个 8 位组的范围是从 11110000 到 11111111，即从 240 到 255。任何 IP 地址第 1 个 8 位组的取值范围在 240 到 255 之间的都是 E 类地址。

（2）保留 IP 地址。

在 IP 地址中，有些 IP 地址是被保留作为特殊之用的，不能用于标识网络设备。这些保留地址空间如下。

①网络地址。

用于表示网络本身，具有正常的网络号部分，主机 ID 部分为全“0”的 IP 地址代表一个特定的网络，即作为网络标识之用，如 102. 0. 0. 0、137. 1. 0. 0 和 197. 10. 1. 0 分别代表了一个 A 类、B 类和 C 类网络。

②广播地址。

IP 协议规定，主机 ID 为全“1”的 IP 地址是保留给广播用的。广播地址又分为两种：直接广播地址和有限广播地址。

直接广播：如果广播地址包含一个有效的网络号和一个全“1”的主机号，那么称之为直接广播（Directed Broadcasting）地址。在 IP 互联网中，任意一台主机均可向其他网络进行直接广播。例如，C 类地址 211. 91. 192. 255 就是一个直接广播地址，互联网上的一台主机如果使用该 IP 地址为数据包的目的 IP 地址，那么这个数据包将同时发送到 211. 91. 192. 0 网络上的所有主机。直接广播在发送前必须知道目的网络的网络号。

有限广播：32 位全为“1”的 IP 地址（255. 255. 255. 255）用于本网广播，该地址叫作有限广播（Limited Broadcasting）地址。有限广播将广播限制在最小的范围内。在主机不知道本机所处的网络时（如主机的启动过程中），只能采用有限广播方式，通常由无盘工作站启动时使用，希望从网络 IP 地址服务器处获得一个 IP 地址。

③回送地址。

A 类网络地址 127. 0. 0. 0 是一个保留地址，也就是说任何一个以 127 开头的 IP 地址（127. 0. 0. 0 ~ 127. 255. 255. 255）都是一个保留地址，用于网络软件测试以及本地机器进程间通信，这个 IP 地址叫作回送地址（Loop Back Address），最常见的表示形式为 127. 0. 0. 1。

在每个主机上对应于 IP 地址 127. 0. 0. 1 都有个接口，称为回送接口（Loop Back Interface）。IP 协议规定，无论什么程序，一旦使用回送地址作为目的地址时，协议软件不会把

该数据包向网络上发送，而是把数据包直接返回给本机。

④所有地址。

0.0.0.0 代表所有的主机，路由器用 0.0.0.0 地址指定默认路由。表 2－3 列出了所有特殊用途地址。

表 2－3　特殊用途地址

网络部分	主机部分	地址类型	用途
Any	全“0”	网络地址	代表一个网段
Any	全“1”	广播地址	特殊网段的所有节点
127	Any	回环地址	回环测试
全“0”		所有网络	路由器指定默认路由
全“1”		广播地址	本网段所有节点

由此可见，每一个网段都会有一些 IP 地址不能用作主机的 IP 地址。例如 C 类网段 211.81.192.0，有 8 个主机位，因此有 2^8 个 IP 地址，去掉一个网络地址 211.81.192.0，一个广播地址 211.81.192.255，不能用作标识主机，那么共有 2^8-2）个可用地址。A、B、C 类的最大网络数目和可以容纳的主机数信息如表 2－4 所示。

表 2－4　A、B、C 类的最大网络数和可容纳的主机数

网络类	最大网络数	每个网络可容纳的最大主机数目
A	$2^7-2=126$	$2^{24}-2=16777214$
B	$2^{14}-2=16382$	$2^{16}-2=65534$
C	$2^{21}-2=2097150$	$2^8-2=254$

3. 子网掩码

子网掩码（Subnet Mask）又称为网络掩码、地址掩码或子网络遮罩，它是一种用来指明一个 IP 地址的哪些位标识的是主机所在的子网，以及哪些位标识的是主机的位掩码。子网掩码不能单独存在，它必须结合 IP 地址一起使用。子网掩码只有一个作用，就是将某个 IP 地址划分成网络地址和主机地址两部分。

划分子网的目的是为了提高 IP 地址的使用效率，并使用户能够按自己的设想设计自己的网络，也就是在网络内部把主机分成不同的小组，各个小组的设定由子网掩码定义。划分子网就是从原来的主机地址部分借用几位作为子网地址，如 A、B 类网络包含主机地址太多，可以使用子网将这些主机分成几个小的子网。对于一个小规模的网络，可能 C 类地址的 254 个主机地址也太多，所以也可以分成多个子网。

子网掩码的作用是通过 IP 地址的二进制数与子网掩码的二进制数进行与运算，可以确定某个设备的网络地址和主机号，也就是说通过子网掩码可以分辨一个 IP 地址的网络部分和主机部分。子网掩码一旦设置，网络地址和主机地址就固定了，同时利用子网掩码可以判断两台主机是否在同一子网中。若两台主机的 IP 地址分别与它们的子网掩码相“与”后的结果相同，则说明这两台主机在同一子网中。

子网掩码的长度与 IP 地址相同，也是 32 位，也可以使用十进制的形式表示。例如，二进制形式的子网掩码 11111111. 11111111. 11111111. 00000000 的十进制的形式为 255. 255. 255. 0。

子网掩码可分为两类：一类是默认子网掩码；另一类是自定义子网掩码。

（1）默认子网掩码即未划分子网，对应的网络号的位都置 1，主机号都置 0。

A 类网络默认子网掩码：255. 0. 0. 0。

B 类网络默认子网掩码：255. 255. 0. 0。

C 类网络默认子网掩码：255. 255. 255. 0。

（2）自定义子网掩码是将一个网络划分为几个子网，需要每一段使用不同的网络号或子网号，实际上可以认为是将主机号分为子网号和子网主机号两个部分。具体形式如下。

未做子网划分的 IP 地址：网络号 + 主机号。

做子网划分后的 IP 地址：网络号 + 子网号 + 子网主机号。

也就是说 IP 地址在划分子网后，以前的主机号位置的一部分给了子网号，余下的是子网主机号。如 IP 地址是 192. 168. 10. 6，子网掩码是 255. 255. 255. 0，则通过子网掩码运算得出的网络号是 192. 168. 10，子网号是 0，主机号是 6。如果还是相同的 IP 地址，但对应的子网掩码是 255. 255. 255. 252，则这时网络号是 192. 168. 10，子网号是 63，主机号是 2。

4. IP 地址的计算

图 2－16 给出了计算实例，对给定 IP 地址和子网掩码要求计算该 IP 地址所处的子网网络地址、子网的广播地址及可用 IP 地址范围。

	172	16	2	160	
				❸	
172.16.2.160	10101100	00010000	00000010	10100000	Host ❶
255.255.255.192	11111111	11111111	11111111	11000000	Mask ❷
❽ ❼					
172.16.2.128	10101100	00010000	00000010	10000000	Subnet ❹
172.16.2.191	10101100	00010000	00000010	10111111	Broadcast ❺
172.16.2.129	10101100	00010000	00000010	10000001	First ❻
172.16.2.190	10101100	00010000	00000010	10111110	Last

图 2－16　地址计算示例

计算步骤如下所示：

（1）将 IP 地址转换为二进制表示。

（2）将子网掩码转换成二进制表示。

（3）在子网掩码的1与0之间划一条竖线，竖线左边即为网络位（包括子网位），竖线右边为主机位。

（4）将主机位全部置0，网络位照写就是子网的网络地址。

（5）将主机位全部置1，网络位照写就是子网的广播地址。

（6）介于子网的网络地址与子网的广播地址之间的即为子网内可用IP地址范围。

（7）将前3段网络地址写全。

（8）转换成十进制表示格式。

5. 可变长子网掩码

把一个网络划分成多个子网，要求每个子网使用不同的网络标识ID；但是每个子网的主机数不一定相同，而且可能相差很大，如果每个子网都采用固定长度子网掩码，那么每个子网上分配的地址数相同，这就造成了地址的大量浪费，因此可以采用变长子网掩码（Variable Length Subnet Masking，VLSM）技术，如图2－17所示。

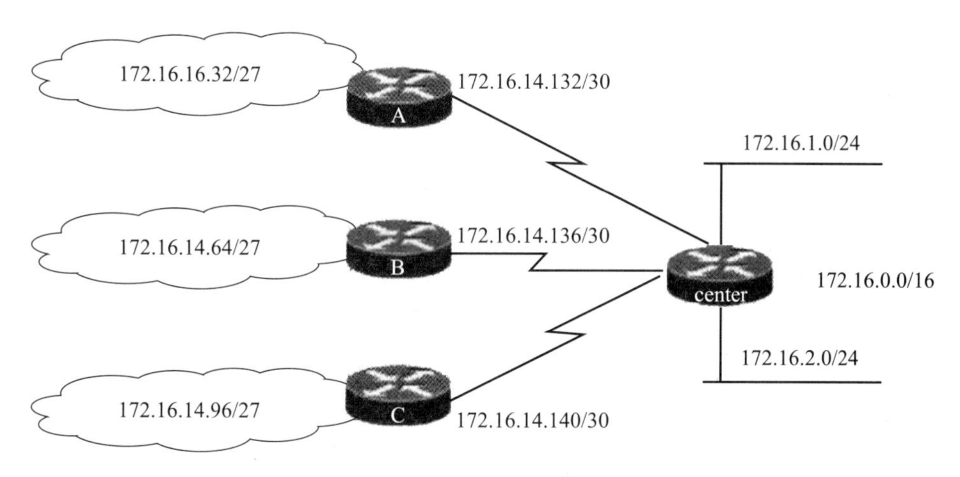

图2－17　变长子网掩码示例

比如有一个子网，它通过串口连接了两个路由器。在这个子网上仅有两个主机，每个端口一个主机，但是如果将整个子网分配给了这两个接口，就会浪费很多IP地址。

如果使用其中一个子网，并进一步将其划分为第2级子网，将有效地建立“子网的子网”，并保留其他的子网，则可以最大限度地利用IP地址。建立“子网的子网”的想法构成了VLSM的基础。

为了使用VLSM，我们通常定义一个基本的子网掩码，它将用于第1级子网，然后用第2级掩码来划分一个或多个1级子网。

这种寻址方案必能节省大量的地址，节省的这些地址可以用于其他子网上。

思考与练习

1. 简述OSI参考模型和TCP/IP参考模型的异同点。

2. 网络协议的三要素是什么？

3. 常用的 TCP/IP 应用层协议有哪些？
4. 简述 ARP 将 IP 地址映射为 MAC 地址的工作过程。
5. 简述数据在 TCP/IP 协议栈中的传输过程。
6. IP 地址 46. 10. 100. 120/16 的广播地址是什么？

第3章

计算机网络组网设备

内容概述

本章主要介绍计算机网络组网中的常见设备。在计算机网络组网时，要了解组网设备的用途和特点，各种组网设备在网络环境中的位置和用途，以及组网设备间的关系。常见的网络组网设备有网卡、调制解调器、集线器、网桥、交换机、路由器、网络安全设备、协议转换器和资源设备等。掌握常见组网设备的功能原理和应用场景是本章学习的关键。

知识要点

1. 常见计算机网络组网设备组成；
2. 各组网设备的基本概念；
3. 各组网设备在网络环境中的作用；
4. 各组网设备分类及应用场景。

3.1 网卡

就像计算机中不同的板卡分别拥有不同的功能一样，网络设备也在网络中分别扮演着不同的角色，因此，只有清楚它们各自的功能和用途后，才能根据网络建设的实际需要选择相应的设备。

1. 网卡基本概念

网卡即网络适配器，基本功能是提供网络中计算机主机与网络电缆系统（通信传输系统）之间的接口，实现主机系统总线信号与网络环境的匹配和通信连接，接收主机传来的各种控制命令，并且加以解释执行。现在网卡都支持全双工模式，也称为双向同时传输。

网卡插在每台工作站和服务器主机板的扩展槽里。工作站通过网卡向服务器发出请求，当服务器向工作站传送文件时，工作站也通过网卡接收响应。网卡外观如图3－1所示。

图3－1　网卡外观

2. 网卡的作用与连接

网卡的作用如下：

(1) 它是主机与介质的桥梁设备。

(2) 实现主机与介质之间的电信号匹配。

(3) 提供数据缓冲能力。

(4) 控制数据传送的功能。网卡一方面负责接收网络上传过来的数据包，解包后，将数据通过总线传输给本地计算机；另一方面将本地计算机上的数据打包后送入网络。

网卡与网络的连接方式如图 3-2 所示。

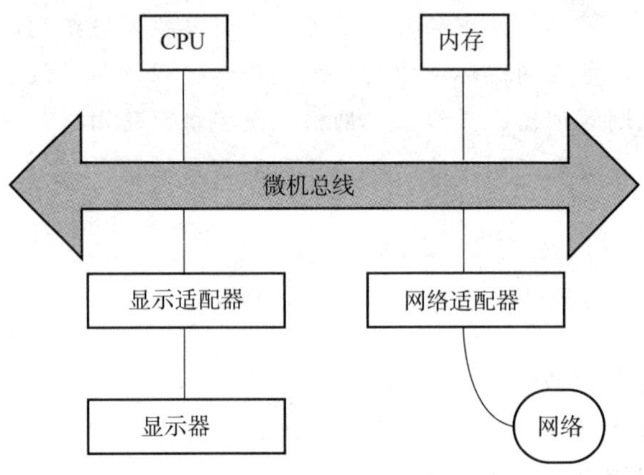

图 3-2 网卡与网络连接方式示意

3. 网卡的分类

(1) 根据数据位宽度的不同，网卡分为 8 位、16 位、32 位和 64 位。

(2) 网卡主要是以适应的主机总线类型来分类的。当前，各种计算机提供的总线类型主要有：工业总线 ISA，扩展工业总线 EIAS，外围控制器接口总线 PCI，微通道总线 MCA 等。

(3) 按数据传输速率划分，有 10 Mb/s、100 Mb/s、10/100 Mb/s 自适应网卡，以及 1 Gb/s网卡。

(4) 根据不同的局域网协议，网卡又分为 Ethernet 网卡、Token Ring 网卡、ARCNET 网卡和 FDDI 网卡几种。

(5) 按有无物理上的通信线缆，分为有线网卡和无线网卡。

4. 网卡的选择

(1) 主要是根据主机的总线类型选择不同的网卡，如表 3-1 所示。

表 3-1 不同总线类型网卡对应标准

比较内容	ISA	EISA	MCA	PCI	NuBus	S-Bus	PCMCIA
标准类型	工业标准	扩展 ISA	微通道	外设控制接口	NU 总线	S 总线	便携机
支持体系结构	PC	PC	PC	全部	Apple	Sun	PC
总线位数	16	32	32	32/64	16	32	16

续表

比较内容	ISA	EISA	MCA	PCI	NuBus	S－Bus	PCMCIA
理论带宽/（Mb·s）	5.33	32	40	30～100	5.33	132	5.33
实际带宽/（Mb·s）	11	64	80	＞240	11	＞240	11
支持连发方式	否	是	是	是	是	是	否
主要厂家支持	是	是	否	是	否	否	是

（2）其次是网线选择，不同类型、规模、速度的网络选用不同的网线接口。

3.2　调制解调器

1. 调制解调器基本概念

调制解调器（Modem）也称为信号变换设备，按照计算机网络两级子网的划分，它属于通信子网，但是它是用户端的设备。

数字信号的调制实际上是用基带信号对载波信号的三个特征参数：幅度、频率和相位进行调制，使这些参数随基带脉冲信号的变化而变化。

2. 调制方式

调制方式可分为：幅移键控法（Amplitude－Shift Keying，ASK）、频移键控法（Frequency－Shift Keying，FSK）、相移键控法（Phase－Shift Keying，PSK）三类。分别称为：调幅（Amplitude Modulation，AM）、调频（Frequency Modulation，FM）、调相（Phase Modulation，PM）。

3. 调制解调器标准

调制解调器的调制方式和数据传输率大多数由国际电信联盟（ITU）进行标准化，ITU V.32标准支持9.6 Kb/s数据传输率。支持14.4 Kb/s数据传输率的调制解调器的标准为V.32bis，即V.32规范的扩展形式。V.32bis规范后面是数据传输率为28.8 Kb/s的V.34标准，以及支持33.6 Kb/s的V.42标准。1998年ITU－T制定出56 Kb/s的V.90标准。

4. 调制解调器压缩技术和差错控制标准

通常使用的压缩技术和差错控制标准有两种：CCITT V.42规范和Microcom网络协议（Microcom Networking Protocol，MNP）。其中，CCITT V.42bis规范使用Huffman（霍夫曼）编码技术。

5. 调制解调器的分类和功能

（1）按通信设备进行分类，可将调制解调器分为拨号调制解调器和专线调制解调器。

（2）按数据传输方式进行分类，可将调制解调器分为同步调制解调器和异步调制解调器。

（3）按通信方式（数据传输方向）对调制解调器进行分类，可分为单向、双向交替和双向同时三种。

（4）按传输速率进行分类，可将调制解调器分为低速、中速和高速。

（5）按调制解调器安装位置分类，分为外置调制解调器和内置调制解调器。

6. 外置调制解调器的前面板上 8 个指示灯及其意义，如表 3－2 所示。

表 3－2　外置调制解调器的前面板上 8 个指示灯及其意义

指示灯标识	标识的工作状态	指示灯标识	标识的工作状态
HS	高速（High Speed）	SD	发送数据（Send Data）
AA	自动应答（Auto Answer）	RD	接收数据（Receive Data）
CD	载波检测（Carrier Detect）	TR	终端准备好（Teminal Ready）
OH	挂机（Off Hook）	MR	调制解调器准备好（Modem Ready）

7. 调制解调器的功能

（1）提供双向同时通信方式。

（2）自动拨号和应答，安全可靠回呼。

（3）自动线路质量检测、自动协商速率。

（4）自动呼叫监视、呼叫等待和自动重拨。

（5）支持常用的文件传输协议。

（6）具有存储电话号码、自动故障诊断、声光指示等。

（7）支持与 Hayes AT 命令集兼容，可以进行编程控制。

（8）可用于普通电话线路或专线。

（9）具有差错控制、数据压缩和传真功能。

（10）高级的调制解调器具有语音能力。

8. 调制解调器用到的通信协议

（1）标准 XMMODEM。

（2）XMMODEM－CRC。

（3）XMMODEM－1K。

（4）YMODEM。

（5）YMODEM－G。

（6）ZMODEM。

（7）Kermit。

（8）MNPMNP，它是 Microcom 公司开发的通信协议。

3.3　集线器和中继器

1. 集线器

集线器又称为 HUB，实质上为多端口的中继器。

在使用时，可以把集线器连接的网络看成一个共享式总线，在集线器的内部，各端口是相互连在一起的。

集线器可分为独立式、叠加式、智能模块化三种，有 8 端口、16 端口、24 端口多种规格。

集线器支持的数据传输率为 10 Mb/s 或 100 Mb/s。

2. 中继器

中继器用于同种局域网络的互联，是在物理层次上实现互联的网络互联设备，用于扩展网段的距离。

电信号强度在电缆中传送时随电缆长度增加而递减，这种现象叫衰减，对长距离传输有影响。

中继器常用来将几个网段连接起来，通过中继器将信号放大，然后在另一个网段上继续传输。

中继器具有以下特点：

（1）中继器可以重发信号，这样可以扩展网段的距离。

（2）中继器主要用在同种局域网互联中，如 IEEE 802.3 局域网和以太网。

（3）中继器工作在网络体系结构模型的最低层——物理层。

（4）由中继器连接起来的各网段必须采用相同的信道访问协议，如 CSMA/CD 协议。

（5）由中继器连接的网段构成一个更大的网段，并且有着相同的网络地址，属于一个冲突域。

（6）网段上的每一个节点都有自己的地址。

（7）中继器以与它相连的网络同样的速度发送数据。

3.4　网桥

1. 网桥的功用

网桥（Bridge）是一种在数据链路层实现局域网络互联的存储转发设备。

局域网络结构上的差异体现在介质访问协议 MAC 上，因而网桥被广泛用于异种局域网的互联。

网桥从一个网段接收完整的数据帧，进行必要的比较和验证，然后决定是丢弃还是发送给另外一个网段。转发前网桥可以在数据帧之前增加或删除某一些字段，但不进行路由选择。因此，网桥具有隔离网段的功能，在网络上适当地使用网桥可以起到调整网络负载的作用。

2. 网桥的工作原理

网桥按工作原理分为两类：

（1）一类为透明网桥，也叫生成树桥，由各个网桥自己来决定路径选择。透明桥采用逆向学习的方法获得路径信息，每个网桥都有一张路径表，表中记录端口和网络地址的对照信息。

（2）另一类称为源选路径桥，由源端主机决定帧传输要经过的路径。开始由源端主机发出传向各个目的站点的查询帧，途径的每个网桥转发该帧，查询帧到达目的站点后，再返回源端，返回时，途径的网桥将它们自己的标识记录在应答帧中，这样可以从不同的返回路径中找到一条最佳的路径。

3. 网桥在网络应用中存在的问题

（1）网桥对接收的帧要先存储和查找站表，决定是否转发，增加了时延。

（2）网桥在 MAC 子层并没有流量控制功能。

（3）网桥连接只适用于通信量不是很大的应用。

（4）若同时有大量的向其他网段转发的通信量，容易形成广播风暴。

3.5 网络交换机

网络交换机，是一个扩大网络的器材，能为子网络中提供更多的连接端口，以便连接更多的计算机。随着通信业的发展以及国民经济信息化的推进，网络交换机市场呈稳步上升态势。它具有性价比高、高度灵活、相对简单、易于实现等特点，所以，以太网技术已成为当今最重要的一种局域网组网技术，网络交换机也就成为了最普及的交换机。

3.5.1 网络交换机功能及分类

1. 交换机的主要功能

交换机的主要功能包括物理编址、网络拓扑结构、错误校验、帧序列以及流控。如今交换机还具备了一些新的功能，如对 VLAN（虚拟局域网）的支持、对链路汇聚的支持，甚至有的还具有防火墙的功能。

交换机除了能够连接同种类型的网络之外，还可以在不同类型的网络（如以太网和快速以太网）之间起到互联作用。如今许多交换机都能够提供支持快速以太网或 FDDI 等高速连接端口，用于连接网络中的其他交换机，或者为带宽占用量大的关键服务器提供附加带宽。

一般来说，交换机的每个端口都用来连接一个独立的网段，但是有时为了提供更快的接入速度，我们可以把一些重要的网络计算机直接连接到交换机的端口上。这样，网络的关键服务器和重要用户就拥有更快的接入速度，支持更大的信息流量。

（1）学习功能：以太网交换机了解每一端口相连设备的 MAC 地址，并将地址同相应的端口映射起来存放在交换机缓存中的 MAC 地址表中。

（2）转发过滤：当一个数据帧的目的地址在 MAC 地址表中有映射时，它被转发到连接目的节点的端口而不是所有端口（如该数据帧为广播/组播帧则转发至所有端口）。

（3）消除回路：当交换机包括一个冗余回路时，以太网交换机通过生成树协议避免回路的产生，同时允许存在后备路径。

（4）进修：以太网交换机了解每一端口相连设备的 MAC 地址，并将地址同响应的端口映射起来存放在交换机缓存中的 MAC 地址表中。

（5）转发/过滤：当一个数据帧的目的地址在 MAC 地址表中有映射时，它被转发到毗连目的节点的端口而不是所有端口（如该数据帧为广播/组播帧则转发至所有端口）。

2. 交换机的分类

（1）从广义上来看，交换机分为两种：广域网交换机和局域网交换机。广域网交换机主要应用于电信领域，提供通信基础平台。而局域网交换机则应用于局域网络，用于连接终端设备，如 PC 及网络打印机等。

（2）按照复杂的网络构成方式，网络交换机被划分为接入层交换机、汇聚层交换机和核心层交换机，接入层和汇聚层交换机共同构成完整的中小型局域网解决方案。

（3）从传输介质和传输速度上看，局域网交换机可以分为以太网交换机、快速以太网交换机、千兆以太网交换机、FDDI 交换机、ATM 交换机和令牌环交换机等多种，这些交换

机分别适用于以太网、快速以太网、FDDI、ATM 和令牌环网等环境。

（4）从规模应用上又可以分为企业级交换机、部门级交换机和工作组交换机等。

（5）根据架构特点，人们还将局域网交换机分为机架式、带扩展槽固定配置式、不带扩展槽固定配置式三种。

（6）按照 OSI 七层网络模型，交换机又可以分为第二层交换机、第三层交换机、第四层交换机等，一直到第七层交换机。基于 MAC 地址工作的第二层交换机最为普遍，用于网络接入层和汇聚层。基于 IP 地址和协议进行交换的第三层交换机普遍应用于网络的核心层，也少量应用于汇聚层。部分第三层交换机也同时具有第四层交换功能，可以根据数据帧的协议端口信息进行目标端口判断。第四层以上的交换机称为内容型交换机，主要用于互联网数据中心。

（7）按照交换机的可管理性，又可将交换机分为可管理型交换机和不可管理型交换机，它们的区别在于对 SNMP、RMON 等网管协议的支持。

（8）按照交换机是否可堆叠，交换机又可分为可堆叠型交换机和不可堆叠型交换机两种。设计堆叠技术的一个主要目的是为了增加端口密度。

（9）按照最广泛的普通分类方法，局域网交换机可以分为桌面型交换机（Desktop Switch）、工作组型交换机（Workgroup Switch）和校园网交换机（Campus Switch）三类。

（10）根据交换技术的不同，又把交换机分为端口交换机、帧交换机和信元交换机三种。

（11）从应用的角度划分，交换机又可分为电话交换机（PBX）和数据交换机（Switch）。当然，目前非常时髦的在数据上的语音传输 VoIP 又有人称之为“软交换机”。

3.5.2　交换机在网络中的应用

1. 提供网络接口

交换机在网络中最重要的应用就是提供网络接口，所有网络设备的互联都必须借助交换机才能实现。包括：

（1）连接交换机、路由器、防火墙和无线接入点等网络设备；

（2）连接计算机、服务器等计算机设备；

（3）连接网络打印机、网络摄像机、IP 电话等其他网络终端。

如图 3－3 所示为大中型网络中交换机与其他设备相连接的拓扑示意图。

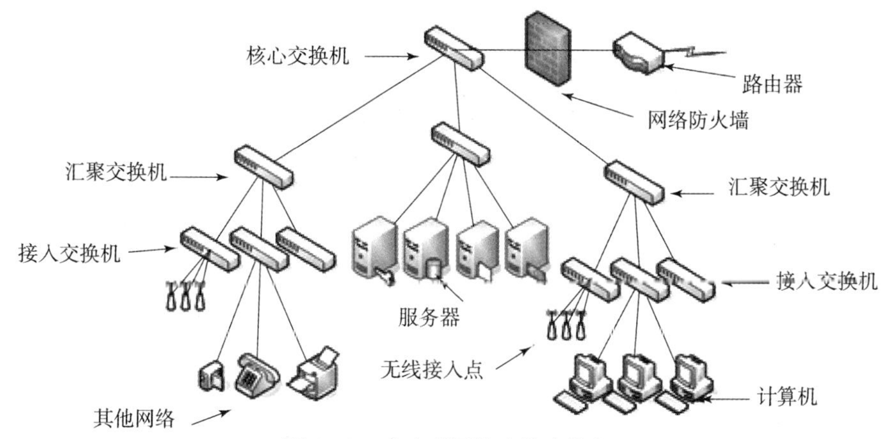

图 3－3　大中型网络中的交换机

需要注意的是，网络拓扑图描述的只是网络设备之间的逻辑连接状况，而这些设备在机柜中的物理安装方式则如图3－4所示。

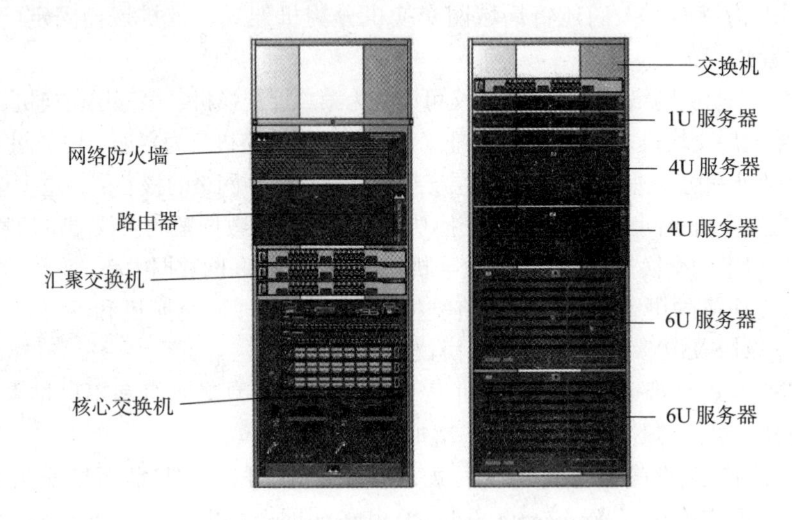

图3－4　网络设备机架安装示意图

如图3－5所示为小型网络中交换机与其他设备相连接的拓扑示意图。

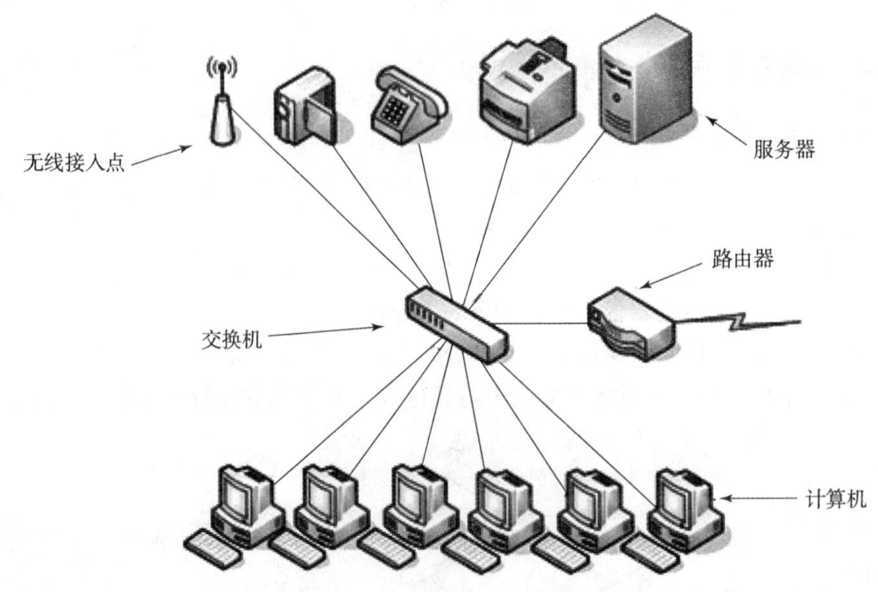

图3－5　小型网络中的交换机

2. 扩充网络接口

尽管交换机大都拥有较多数量的端口（通常为8～50个），但是，当网络规模较大时，一台交换机所能提供的网络接口往往不够用。此时，就必须将两台或更多的交换机连接在一起，从而成倍地扩充网络接口。如图3－6所示，每台交换机拥有50个端口，而将3台交换机连接在一起，就可以提供多达146个端口。

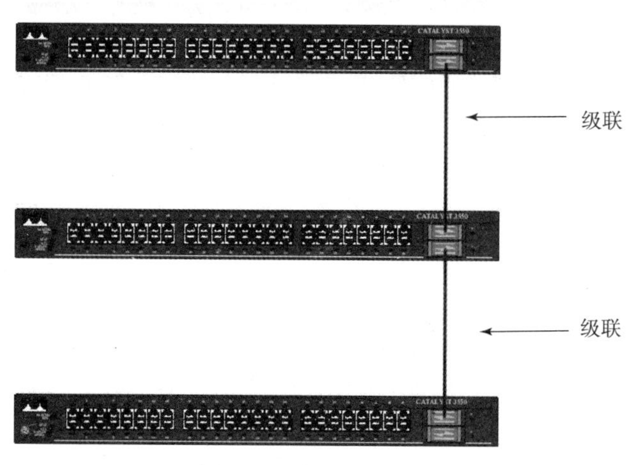

图3-6　扩充网络接口

3. 扩展网络范围

交换机与计算机或其他网络设备是依靠传输介质（如双绞线、光纤等）连接在一起的，而每种介质的传输距离都是有限的。例如，双绞线是100 m，多模光纤是500 m，单模光纤是2 000 m。当网络覆盖范围较大时，必须借助交换机进行中继，以成倍地扩展网络覆盖半径。如图3-7所示，当只有一台交换机时，双绞线网络的直径为200 m，而使用光纤连接至另一台交换机后，网络直径就增加至2 200 m。

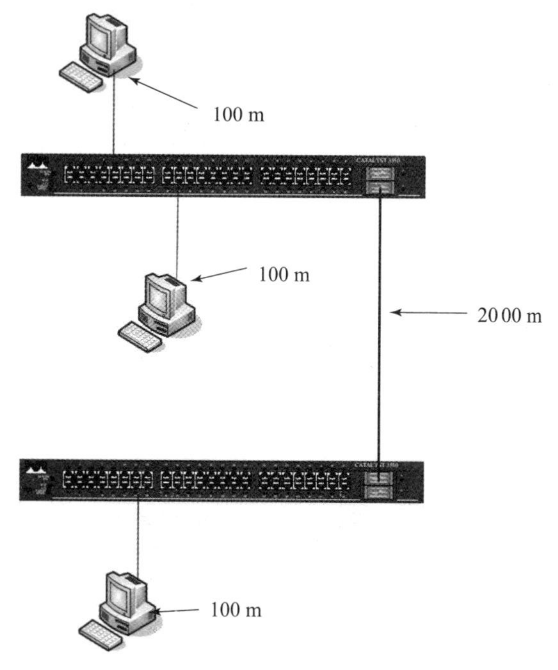

图3-7　扩展网络范围

3.5.3　华为交换机产品系列

华为交换机产品种类较多，根据不同应用类型分为不同类型，下面分别介绍几种典型交换机。

1. Quidway® S2300 系列交换机

Quidway® S2300 系列交换机（以下简称 S2300）是华为公司推出的新一代以太网智能接入交换机，面向 IP 城域网和企业网，满足以太网多业务承载以及各种以太网接入场景。S2300 基于新一代高性能硬件和华为 VRP®（Versatile Routing Platform）软件平台，可为用户提供丰富灵活的业务特性，有效地提高产品可运营、可管理和业务扩展能力，具备优异的防雷能力和安全特性，支持强大的 ACL 功能，支持 QinQ，支持 1∶1 和 N∶1 VLAN 交换功能，满足 VLAN 灵活部署的需求。

S2300 为盒式产品设备，机箱高度为 1U，提供标准版（SI）和增强版（EI）两种产品版本。标准版提供简单的二层接入功能；相比标准版，增强版提供更加强大的 VLAN、QoS、组播、安全、认证和可靠性功能。如图 3－8 所示为 LS－2352P－EI－AC 交换机。

图 3－8　LS－2352P－EI－AC 交换机

2. Quidway® S3300 系列交换机

Quidway® S3300 系列交换机（以下简称 S3300），是华为公司为满足以太网多业务承载需要而推出的新一代三层百兆以太网交换机，可为运营商或企业客户提供强大的以太网功能服务。S3300 基于新一代高性能硬件和华为公司统一的 VRP®（Versatile Routing Platform）软件，提供增强型灵活 QinQ 功能，具备线速的跨 VLAN 组播复制能力，支持 Smartlink（用于树型组网）和 RRPP（用于环型组网）等电信级可靠性组网技术，具备以太网 OAM 功能，可满足楼宇接入、园区汇聚和接入等多种应用场景的需求。S3300 设备安装简便，支持自动配置，即插即用，显著降低客户网络部署成本。

S3300 系列交换机为盒式产品设备，机箱高度为 1U，提供标准版、增强版和高级版（HI）三种产品版本。标准版支持二层和基本的三层功能，增强型支持复杂的路由协议和丰富的业务特性，而高级版提供更高规格的 MAC 地址、路由、组播表项及更强的硬件能力。如图 3－9 所示为 S3328TP 型交换机。

图 3－9　S3328TP 型交换机

3. S5300 系列全千兆交换机

S5300 系列全千兆交换机（以下简称 S5300），是华为公司为满足大带宽接入和以太网多业务汇聚而推出的新一代全千兆高性能以太网交换机，可为客户提供强大的以太网功能。S5300 基于新一代高性能硬件和华为公司统一的 VRP® 软件平台，具备大容量、高密度千兆端口，可提供万兆上行，充分满足客户对高密度千兆和万兆上行设备的需求。S5300 可满足运营商园区网汇聚、企业网汇聚、IDC 千兆接入以及企业千兆到桌面等多种场合的需求。

S5300 系列以太网交换机为盒式设备，机箱高度为 1U，提供精简版（LI）、标准版、增强版和高级版四种产品版本。精简版提供完备的二层功能；标准版支持二层和基本的三层功能；增强版支持完善的路由协议和丰富的业务特性；高级版除了提供上述增强版本的功能外，还支持 MPLS、硬件 OAM 等高级功能。如图 3－10 所示为 S5324TP 型交换机。

图 3－10　S5324TP 型交换机

4. S6300 系列交换机

S6300 系列交换机（以下简称 S6300），是华为公司自主开发的下一代全万兆盒式交换机，可用于数据中心万兆服务器接入、城域网汇聚及园区网的核心。

S6300 系列是业内最高性能的交换机之一，同时提供最多 24/48 个全线速万兆接口，使万兆服务器高密度接入和园区网高密度万兆汇聚成为可能。同时，S6300 支持丰富的业务特性、完善的安全控制策略、丰富的 QoS 等特性，以满足数据中心扩展性、可靠性、可管理性、安全性等诸多挑战。如图 3－11 所示为 S6324EI 型交换机。

图 3－11　S6324EI 型交换机

5. S9700 系列交换机

S9700 系列交换机是华为公司面向下一代园区网核心和数据中心业务汇聚而专门设计开发的高端智能 T 比特核心路由交换机。该产品基于华为公司自主研发的通用路由平台 VRP 开发，在提供高性能的 L2/L3 层交换服务基础上，进一步融合了 MPLS VPN、硬件 IPv6、桌面云、视频会议、无线等多种网络业务，提供不间断升级、不间断转发、硬件 OAM/BFD、环网保护等多种高可靠技术，在提高用户生产效率的同时，保证了网络最大正常运行时间，从而降低了客户的总成本。

通过部署内置华为首款以太网处理器 ENP 的 X1E 单板，同时将系统软件升级到 V2R5C00 及以上版本，S9700 可以升级为敏捷交换机，客户可以享有敏捷交换机带来的创新体验：

（1）18.56 Tb/s 交换容量；

（2）480 Gb/s 槽位带宽，100GE Ready；

（3）576 个万兆端口，96 个 40GE 端口；

（4）创新的 CSS 交换网集群；

（5）硬件级以太网 OAM/BFD；

（6）紧凑机箱设计。

S9700 系列提供 S9703、S9706、S9712 三种产品形态。如图 3－12 为 S9700 系列交换机。

S9703

S9706

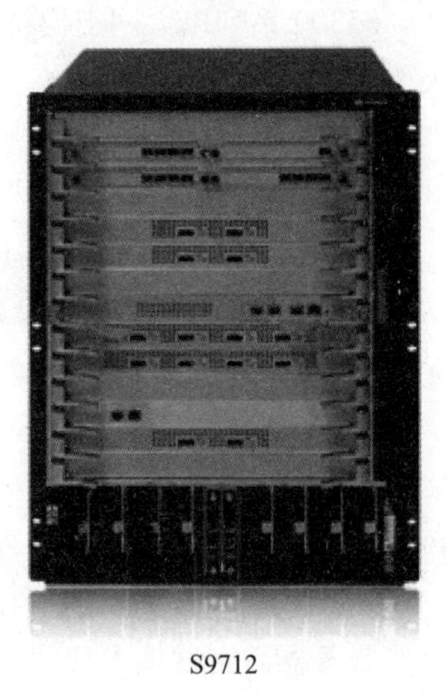

S9712

图 3－12 S9700 系列交换机

3.6 路由器

路由器用于连接多个网络，以路由器为基础构建（Router Based Network）的网络称为“网间网”。事实上，Internet 就是由数以万计的路由器构建的、超大规模的、国际性的“网间网”。虽然从严格意义上讲，路由器是广域网设备，但是作为局域网实现与其他网络和 Internet 互联的必需设备，也往往被归于局域网设备之列。

3.6.1 路由器功能及分类

1. 路由器的主要功能

（1）连通不同的网络。

从过滤网络流量的角度来看，路由器的作用与交换机和网桥非常相似。但是与工作在网络物理层，从物理上划分网段的交换机不同，路由器使用专门的软件协议从逻辑上对整个网络进行划分。例如，一台支持 IP 协议的路由器可以把网络划分成多个子网段，只有指向特殊 IP 地址的网络流量才可以通过路由器。对于每一个接收到的数据包，路由器都会重新计算其校验值，并写入新的物理地址。因此，使用路由器转发和过滤数据的速度往往要比只查看数据包物理地址的交换机慢。但是，对于那些结构复杂的网络，使用路由器可以提高网络的整体效率。路由器的另外一个明显优势就是可以自动过滤网络广播。从总体上说，在网络中添加路由器的整个安装过程要比即插即用的交换机复杂很多。

（2）选择信息传送的线路路由器。

有的路由器仅支持单一协议，但大部分路由器可以支持多种协议的传输，即多协议路由器。由于每一种协议都有自己的规则，要在一个路由器中完成多种协议的算法，势必会降低路由器的性能。路由器的主要工作就是为经过路由器的每个数据帧寻找一条最佳传输路径，并将该数据有效地传送到目的站点。由此可见，选择最佳路径的策略即路由算法是路由器的

关键所在。为了完成这项工作，在路由器中保存着各种传输路径的相关数据——路径表（Routing Table），供路由选择时使用。路径表中保存着子网的标志信息、网上路由器的个数和下一个路由器的名字等内容。路径表可以是由系统管理员固定设置好的，也可以由系统动态修改，可以由路由器自动调整，也可以由主机控制。

静态路由表：由系统管理员事先设置好固定的路径表称为静态（Static）路径表，一般是在系统安装时就根据网络的配置情况预先设定的，它不会随未来网络结构的改变而改变。

动态路由表：动态（Dynamic）路径表是路由器根据网络系统的运行情况而自动调整的路径表。路由器根据路由选择协议（Routing Protocol）提供的功能，自动学习和记忆网络运行情况，在需要时自动计算数据传输的最佳路径。

2. 路由器的分类

互联网各种级别的网络中随处都可见到路由器。接入路由器使得家庭和小型企业可以连接到某个互联网服务提供商；企业网中的路由器连接一个校园或企业内成千上万的计算机；骨干网上的路由器终端系统通常是不能直接访问的，它们连接长距离骨干网上的 ISP 和企业网络。互联网的快速发展无论是对骨干网、企业网还是接入网都带来了不同的挑战。骨干网要求路由器能对少数链路进行高速路由转发。企业级路由器不但要求端口数目多、价格低廉，而且要求配置起来简单方便，并提供 QoS。

（1）接入路由器。

接入路由器连接家庭或 ISP 内的小型企业客户。接入路由器已经开始不只是提供 SLIP 或 PPP 连接。诸如 ADSL 等技术将很快提高各家庭的可用带宽，这将进一步增加接入路由器的负担。由于这些趋势，接入路由器将来会支持许多异构和高速端口，并在各个端口能够运行多种协议，同时还要避开电话交换网。

（2）企业级路由器。

企业或校园级路由器连接许多终端系统，其主要目标是以尽量低廉的价格实现尽可能多的端点互联，并且进一步要求支持不同的服务质量。许多现有的企业网络都是由集线器或网桥连接起来的以太网段。尽管这些设备价格低廉、易于安装、无须配置，但是它们不支持服务等级。相反，有路由器参与的网络能够将机器分成多个碰撞域，并因此能够控制一个网络的大小。此外，路由器还支持一定的服务等级，至少允许分成多个优先级别。但是路由器的每端口造价要贵些，并且在路由器能够使用之前要进行大量的配置工作。因此，企业路由器的成败就在于是否提供大量端口且每端口的造价较低，是否容易配置，是否支持 QoS。另外，还要求企业级路由器能有效地支持广播和组播。企业网络还要处理历史遗留的各种局域网技术，支持多种协议，包括 IP、IPX 和 Vine。它们还要支持防火墙、包过滤以及大量的管理和安全策略以及虚拟局域网。

（3）骨干级路由器。

骨干级路由器实现企业级网络的互联。对它的要求是速度和可靠性，而代价则处于次要地位。硬件可靠性可以采用电话交换网中使用的技术，如热备份、双电源、双数据通路等来获得。这些技术对所有骨干路由器而言基本上是标准的。骨干 IP 路由器的主要性能瓶颈是在转发表中查找某个路由所耗的时间。当收到一个包时，输入端口在转发表中查找该包的目的地址以确定其目的端口，当包越短或者当包要发往许多目的端口时，势必会增加路由查找的代价。因此，将一些常访问的目的端口放到缓存中能够提高路由查找的效率。不管是输入缓冲还是输出缓冲路由器，都存在路由查找的瓶颈问题。除了性能瓶颈问题，路由器的稳定性也是一个常被忽视的问题。

（4）太比特路由器。

在未来核心互联网使用的三种主要技术中，光纤和 DWDM 都已经很成熟，并且是现成的。如果没有与现有的光纤技术和 DWDM 技术提供的原始带宽对应的路由器，新的网络基础设施将无法从根本上得到性能的改善，因此开发高性能的骨干交换/路由器——太比特路由器已经成为一项迫切的要求。太比特路由器技术还主要处于实验开发阶段。

（5）多 WAN 路由器。

双 WAN 路由器具有物理上的 2 个广域网口作为外网接入，这样内网计算机就可以经过双广域网路由器的负载均衡功能同时使用 2 条外网接入线路，大幅提高了网络带宽。当前双广域网路由器主要有“带宽汇聚”和“一网双线”的应用优势，这是传统单广域网路由器做不到的。

（6）3G 无线路由器。

3G 无线路由器采用 32 位高性能工业级 ARM9 通信处理器，以嵌入式实时操作系统 RTOS 为软件支撑平台，系统集成了全系列从逻辑链路层到应用层通信协议，支持静态及动态路由、PPP Server 及 PPP Client、VPN（包括 PPTP 和 IPSEC）、DHCP Server 及 DHCP Client、DDNS、防火墙、NAT、DMZ 主机等功能。为用户提供安全、高速、稳定、可靠、各种协议路由转发的无线路由网络。

3.6.2 路由器在网络中的应用

1. 网络远程连接

随着企业之间的合并，以及办事处或分支机构的不断成立，局域网之间的连接成为一种必要。对于局域网之间的远程连接而言，路由器是不可或缺的设备。如图 3－13 所示为三个局域网借助路由器通过远程链路连接在一起。

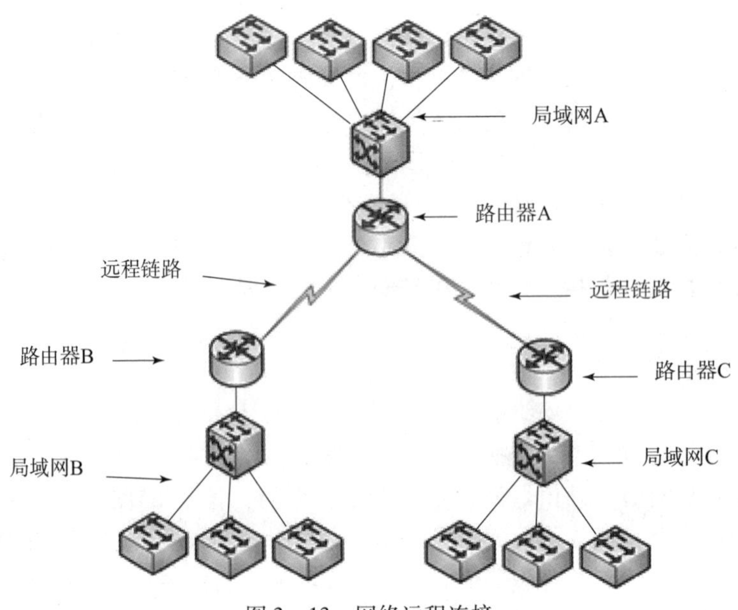

图 3－13　网络远程连接

2. 远程网络访问

当员工在外地出差，或者在家处理公司事务时，需要访问公司局域网络内的计算机，或者从公司网络服务器中调取数据时，就需要借助公用链路远程接入公司网络。如图 3 - 14 所示为普通客户端远程接入公司内部网络。

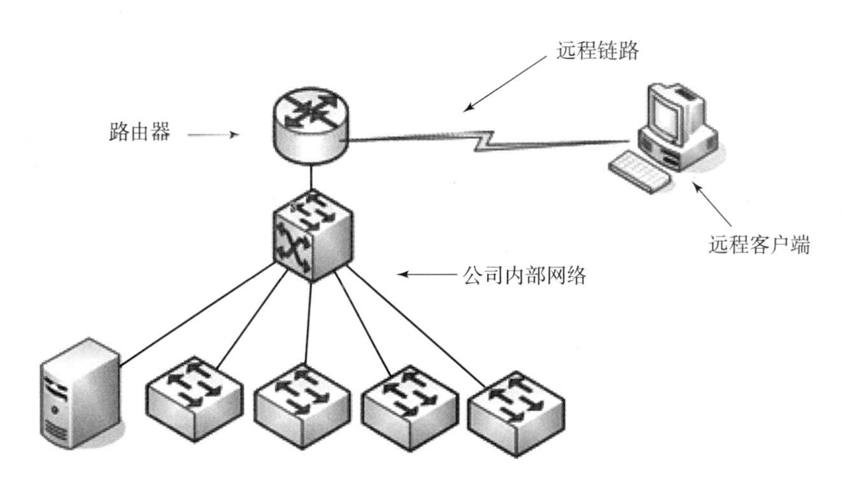

图 3 - 14　远程网络访问

3. Internet 连接共享

路由器是局域网络接入 Internet 所必需的网络设备。与此同时，路由器借助网络地址转换（Network Address Translation，NAT）技术，只需拥有一个合法的 IP 地址，即可实现局域网共享接入 Internet，以及内部服务器的发布。如图 3 - 15 所示为借助路由器实现局域网的 Internet 连接。

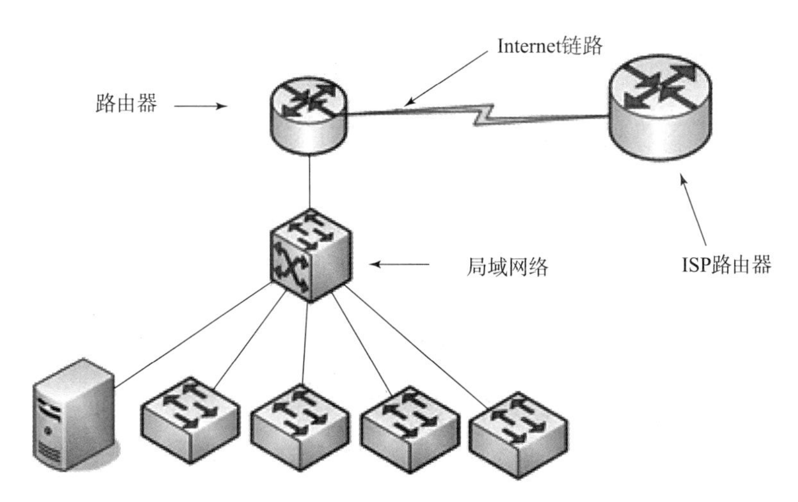

图 3 - 15　Internet 连接共享

3.6.3　华为路由器产品系列

常用的华为路由器产品主要包括 AR 系列和 NE 系列两大类，其中 AR 系列又分为 AR G3 系列企业路由器和 AR 系列工业路由器。

1. AR G3 系列企业路由器

AR G3 系列企业路由器是面向企业及分支机构的新一代网络产品，集多种功能于一身。

（1）AR2200 系列企业路由器是华为公司推出的，面向中型企业总部或大中型企业分支等的，以宽带、专线接入、语音和安全场景为主的路由器产品，采用多核 CPU、独立分布式交换网可满足不同企业用户的业务需求。如图 3 – 16 所示为 AR2200 系列企业路由器。

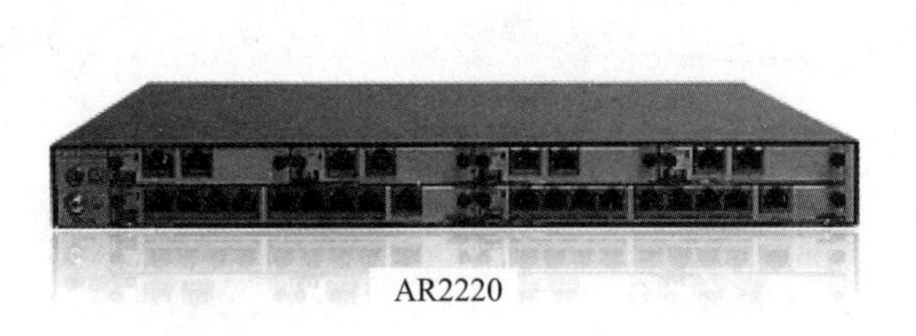

图 3 – 16　AR2200 系列企业路由器

（2）AR1200 系列企业路由器是华为公司推出的，面向中小型办公室或中小型企业分支的多合一路由器，提供包括有线和无线的 Internet 接入、专线接入、PBX、融合通信及安全等功能，广泛部署于中小型园区网出口、中小型企业总部或分支等场景。如图 3 – 17 所示为 AR1200 系列企业路由器。

（3）AR150&160&200 系列路由器作为 AR G3 的固定接口路由器，是为企业分支及小型企业量身打造的，融合路由、交换、语音、安全、无线的一体化企业网关。如图 3 – 18 所示为 AR150&160&200 系列路由器。

图 3 – 17　AR1200 系列企业路由器

图 3 – 18　AR150&160&200 系列路由器

（4）AR3200 系列企业路由器是华为公司推出的新一代网络产品，秉承了华为在数据通信、无线通信、PON 接入及软交换领域的深厚积累，并依托于自主知识产权的 VRP 平台，提供包括有线和无线的 Internet 接入、专线接入、PBX、融合通信及安全等功能，广泛部署于大中型园区网出口、大中型企业总部或分支等场景。如图 3 – 19 所示为 AR3200 系列企业路由器。

2. AR 系列工业路由器

AR 系列工业路由器是专为工业环境设计的通信网关设备，集路由、交换、采集多种功能于一体，满足工业现场电磁干扰、极端环境的特殊需求。

AR530 系列工业路由交换一体机是专为工业环境设计的网关设备，可以满足在恶劣的温

度、湿度、电磁干扰等环境下的网络通信需求。AR530 系列是集路由、交换、安全和采集功能于一体的新一代工业网关路由设备，具有强大的行业应用扩展能力。如图 3－20 所示为 AR530 系列工业路由交换一体机。

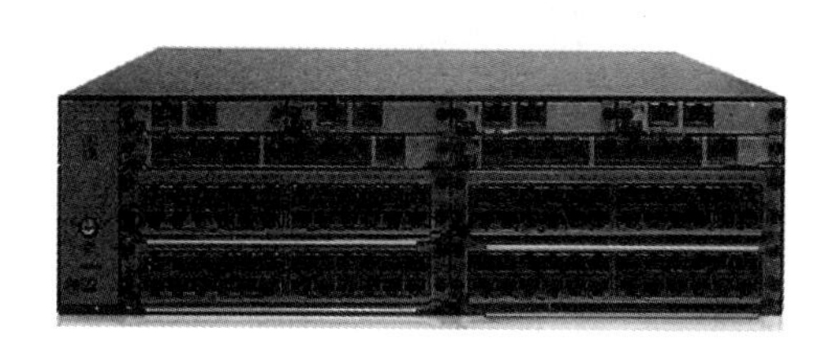

图 3－19　AR3200 系列企业路由器

图 3－20　AR530 系列工业路由交换一体机

3. NE 系列高端路由器

NE 系列路由器是华为面向运营商数据通信网络的高端路由器产品，覆盖骨干网、城域网的 P/PE 位置，帮助运营商应对网络带宽快速增长的压力。它是面向网络骨干节点、汇聚节点、边缘节点的高端路由器产品。

（1）NetEngine5000E 集群路由器（以下简称 NE5000E）是华为公司面向网络骨干节点、城域网核心节点、数据中心互联节点以及网关推出的超级核心路由器产品，以其大容量、高稳定、绿色设计的特点，充分保证客户网络的健壮性、平滑演进及 TCO 节省。NE5000E 持续创新，提供业界最大容量单板，支持背靠背集群、混框集群等创新模式，实现网络按需配置，轻松应对新一代互联网络流量爆炸式的增长，帮助客户增加收入的同时，降低 TCO。NE5000E 硬件包括两部分，集群中央框（Cluster Central Chassis，CCC）和转发线卡框（Cluster Line－Card Chassis，CLC）。CLC 应用于用户和业务的高速接入，可工作在单框模式和多框集群模式，CCC 应用于集群系统，主要用于连接各 CLC 的控制平面和数据平面，使多台 CLC 在逻辑上连接，实现系统的统一管理和控制。如图 3－21 所示为 NE5000E 集群路由器。

图 3－21　NE5000E 集群路由器

（2）NetEngine40E 系列全业务路由器（以下简称 NE40E）是华为公司推出的高端网络产品，主要应用在企业广域网核心节点、大型企业接入节点、园区互联和汇聚节点以及其他各种大型 IDC 网络的边缘位置，与 NE5000E 骨干路由器、NE20E 汇聚路由器产品配合组网，形成结构完整、层次清晰的 IP 网络解决方案。如图 3－22 所示为 NE40E 系列全业务路由器。

NE40E-X3

NE40E-X8

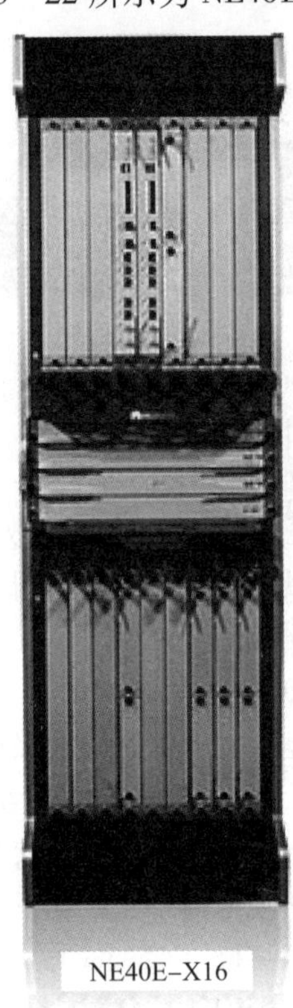
NE40E-X16

图 3－22　NE40E 系列全业务路由器

（3）NetEngine16EX 路由器（以下简称 NE16EX）是华为公司推出的多业务网络产品，主要应用在各行业骨干网汇聚和接入节点、大中型园区网出口、大中型企业总部或分支等场景。与 NE5000E、ME60、NE40E、NE20E 产品配合组网，形成结构完整、层次清晰的 IP 网络解决方案。如图 3－23 所示为 NE16EX 路由器。

（4）NetEngine20E－S 系列综合业务承载路由器（以下简称 NE20E－S）是华为公司面向交通、金融、电力、政府、教育、企业等用户需求推出的高端网络产品，主要应用在 IP 骨干网汇聚、中小企业网核心、园区网边缘、中小校园网接入等场景。如图 3－24 所示为 NE20E－S 系列综合业务承载路由器。

图 3－23　NE16EX 路由器

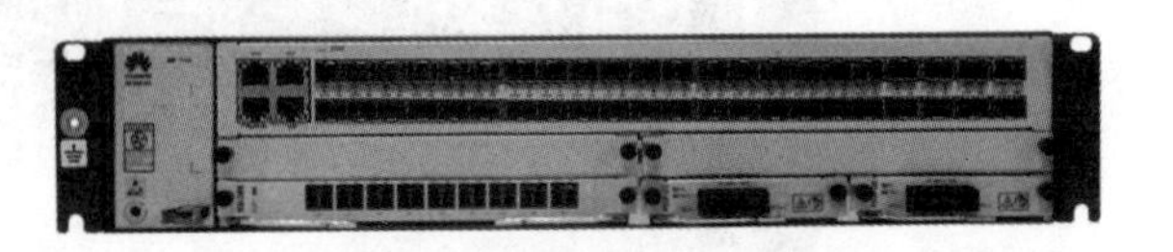
图 3－24　NE20E－S 系列综合业务承载路由器

3.7　网络安全设备

网络安全设备包括防火墙、IDS 和 IPS，这三种安全设备分布在不同的位置，可以为网络设备或者网络分支提供全方位的安全保护。

1. 安全设备概述

（1）防火墙。

“防火墙”（Fire Wall）的原意是指发生火灾时，用来防止火势蔓延的一道障碍物，一般都修筑在建筑物之间。网络防火墙则是指设置在计算机网络之间的一道隔离装置，可以隔离两个或者多个网络，限制网络互访，以保护内部网络用户和数据的安全。如图 3－25 所示为防火墙。

（2）入侵检测系统。

入侵检测系统（Intrusion Detection Systems，IDS）作为一种网络安全的监测设备，可以依照一定的安全策略，对网络、系统的运行状况进行监视，及时发现各种攻击企图、攻击行为或者攻击结果，以保证网络系统资源的安全。如图 3－26 所示为 IDS 设备。

图 3－25　防火墙

图 3－26　IDS 设备

（3）入侵防御系统。

入侵防御系统（Intrusion Prevention System，IPS）的设计基于一种全新的思想和体系架构，工作采用串联（In－line）方式，采用 ASIC、FPGA 或 NP（网络处理器）等硬件设计技术实现网络数据流的捕获。采用引擎综合特征检测、异常检测、DoS 检测、缓冲区溢出检测等多种手段，并使用硬件加速技术进行深层数据包分析处理，能高效、准确地检测和防御已知、未知的攻击及 DoS 攻击，并实施多种响应方式，如丢弃数据包、终止会话、修改防火墙策略、实时生成警报和日志记录等，突破了传统 IDS 只能检测不能防御入侵的局限性，提供了一个完整的入侵防护解决方案。如图 3－27 所示为 IPS 设备。

图 3－27　IPS 设备

2. 防火墙在网络中的应用

无论哪种网络设备，其设计初衷都是保护网络内的计算机和设备安全，这里对防火墙的应用进行介绍。

（1）保护网络安全。

网络防火墙既可用于分隔内部网络与外部网络，保障内部网络的安全；也可用于分隔内部网络中的不同分支，保障重要网络的安全。如图 3－28 所示为网络防火墙在大中型网络中的应用。

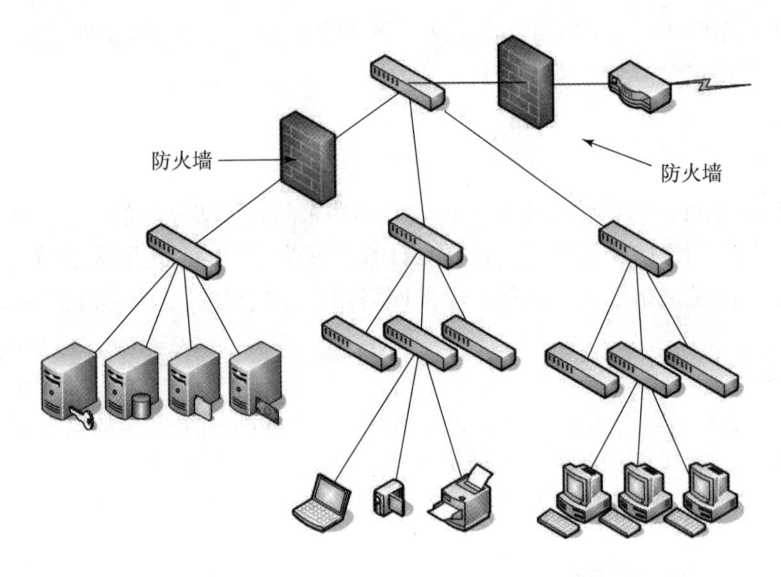

图 3－28　保护网络安全

（2）远程安全访问。

网络防火墙往往拥有虚拟专用网络（Virtual Private Network，VPN）模块，用于在公用网络（如 Internet）中创建专用安全网络通道，实现对内部网络的廉价的、安全的远程访问。如图 3－29 所示为远程客户端对内部网络的安全访问。

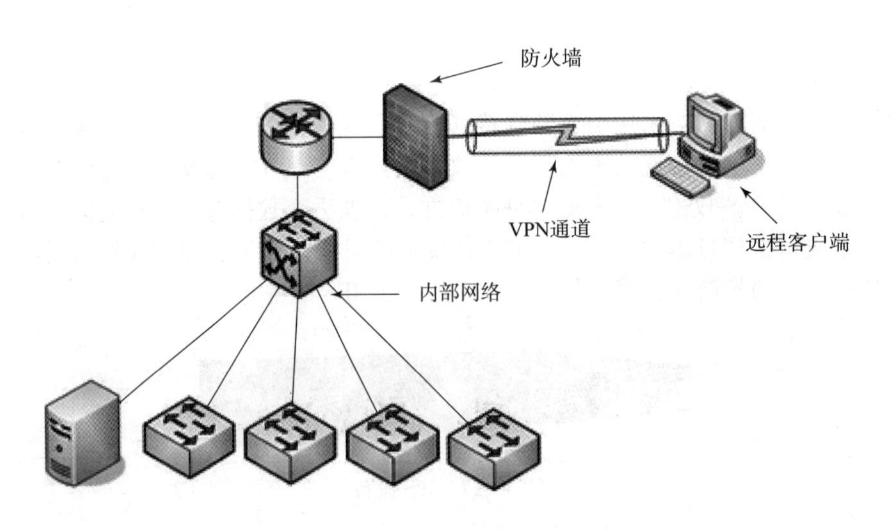

图 3－29　远程安全访问

如图 3－30 所示为两个远程网络借助 Internet 建立安全连接。

（3）Internet 连接共享。

当局域网采用以太网方式连接至 Internet 时，只需借助防火墙（无须路由器），即可实

现局域网的 Internet 连接共享（如图 3 -31 所示），从而既可保障内部网络的安全，又可将内部服务器发布到 Internet，可谓一举两得。

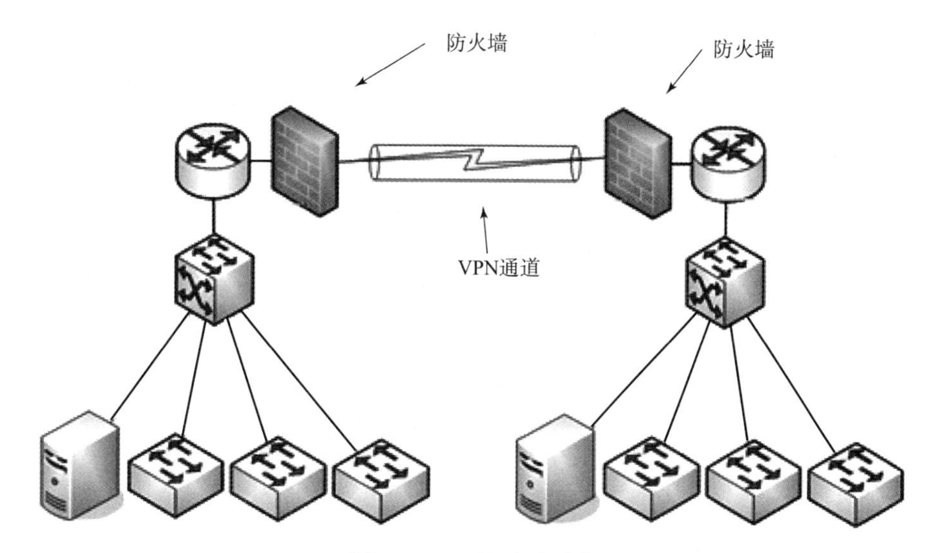

图 3 -30　远程安全连接

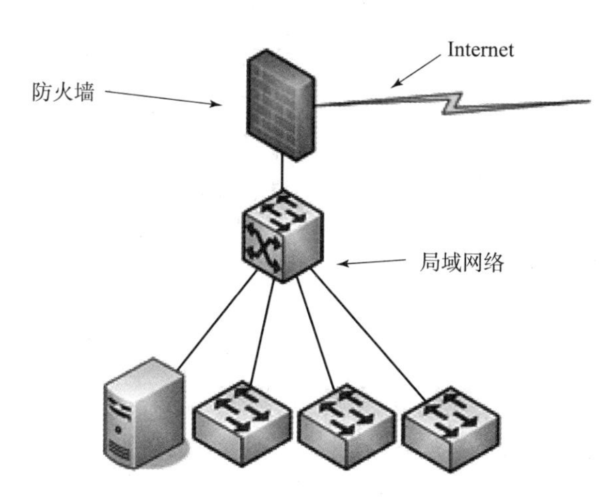

图 3 -31　Internet 连接共享

3.8　协议转换器

1. 协议转换器的基本概念

协议转换器简称协转，也叫接口转换器，它能使处于通信网上采用不同高层协议的主机仍然互相合作，完成各种分布式应用。它工作在传输层或更高层。接口协议转换器一般用一个 ASIC 芯片就可以完成，成本低，体积小。它可以将 IEEE 802.3 协议的以太网或 V.35 数据接口同标准 G.703 协议的 2M 接口进行相互转换。

2. 协议转换器的作用

(1) 协议转换器在有些书上也称为网关，但是协议转换器和网关是两个完全不同的概念。协议转换器是互联设备，网关是处在内网和外网之间的设备，相当于内、外网间的屏障，在内、外网之间设置一台路由器或一台代理服务器都可以用作网关。

(2) 协议转换器实现传输层及以上层的网络互联，由于互联涉及的层次高，协议转换器比较复杂，一般用在有特殊用途要求的网络互联。

3. 网络互联设备的层次和包含关系

网络互联设备的层次和包含关系如图3-32所示。

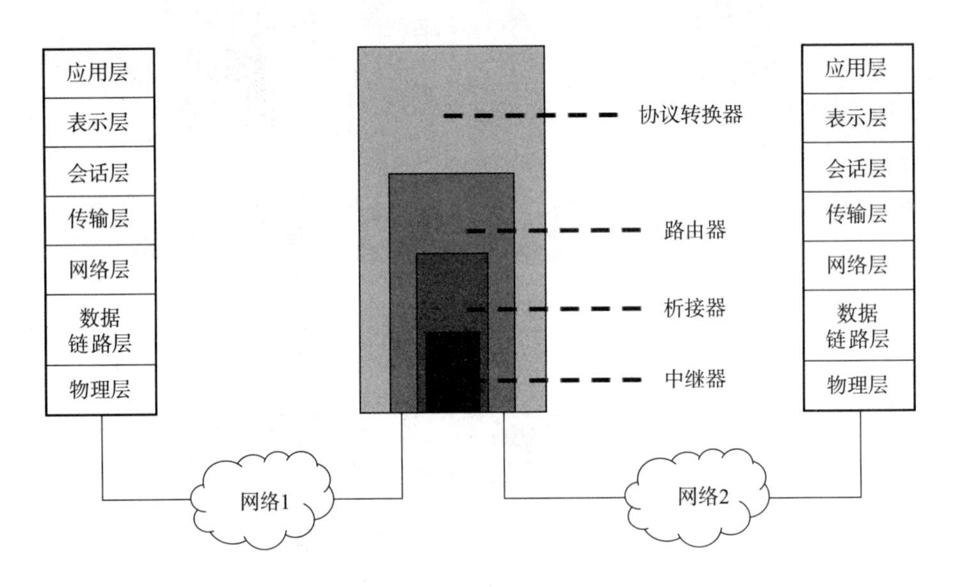

图3-32　互联设备的层次及包含关系

3.9　资源设备

资源设备主要包括服务器（Server）、工作站（Work Station）、发送和接收数据的设备等。

1. 服务器主机

(1) 服务器是指提供服务的软件或硬件，或两者的结合体。这里所说的服务器是指局域网络服务器计算机。

(2) 专用网络服务器与普通计算机的主要区别在于：专用服务器具有更好的安全性和可靠性、更加注重系统的I/O吞吐能力。

(3) 按服务器所提供的功能不同又分为文件服务器（File Server）和应用服务器（Application Server）。

2. 工作站主机

(1) 当一台计算机连接到网络上时，它就成为网络上的一个节点，又称为网络工作站

或网络客户，简称工作站。

（2）工作站仅为它们的操作者服务，而服务器则为网络上的许多人共享它的资源提供服务。

（3）网络工作站可以不配置软驱和光驱，而且硬盘可以选择容量较小的，这样不仅可以充分利用服务器的资源，节省资金，还可防止病毒感染，保证网络安全。

思考与练习

1. 写出网络适配器的作用与连接方法。
2. 中继器是哪一层的互联设备？用中继器组网的特点是什么？
3. 给出交换机与网桥、路由器的比较。
4. 交换机的分类有哪些？
5. 常用的资源设备有哪些？

任　务　篇

第 4 章

网络线缆认知和基本操作

内容概述

通过基础篇的理论学习，读者已经掌握了网络的一些基本知识。

本章将介绍数据组网中的常用线缆及基本制作方法，通过本章的学习，读者将全面认识数据组网中的常用传输线缆及线缆的使用等预备知识，并完成组网施工过程中常用传输介质（网线）及光纤的基本制作方法及测试方法。

知识要点

1. 数据组网中常用传输线缆；
2. 双绞线的制作和测试方法；
3. 光纤的选择及光功率的测量。

4.1 任务一：双绞线的制作与测量

双绞线是计算机网络中最常使用的一种网络传输介质，本任务将介绍双绞线的分类、双绞线的制作方法和双绞线的测量。通过本任务的学习，可以熟练制作各种连接方式的双绞线，并能够检测双绞线的制作是否正确。

4.1.1 预备知识

1. 认识双绞线线缆

双绞线（Twisted Pair，TP）是一种综合布线工程中最常用的传输介质。双绞线由两根具有绝缘保护层的铜导线组成。把两根具有绝缘保护层的铜导线按一定节距互相绞在一起，可降低信号干扰的程度，每一根导线在传输中辐射出来的电波会被另一根线上发出的电波抵消。

目前，双绞线可分为非屏蔽双绞线 UTP（也称无屏蔽双绞线）和屏蔽双绞线 STP，屏蔽双绞线电缆的外层由铝箔包裹着，它的价格相对要高一些。

计算机综合布线使用的双绞线的种类如图 4－1 所示。

计算机网络工程使用四对非屏蔽双绞线导线，物理结构如图 4－2 所示。

（1）非屏蔽双绞线电缆的优点。

①无屏蔽外套，直径小，节省所占用的空间。

②质量小、易弯曲、易安装。

③将串扰减至最小或加以消除。

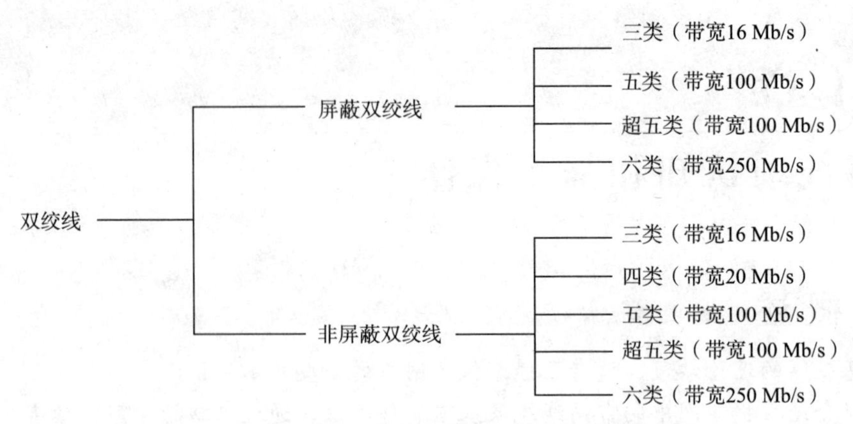

图 4－1　计算机网络工程使用的双绞线种类

④具有阻燃性。

⑤具有独立性和灵活性，适用于结构化综合布线。

（2）双绞线的参数。

对于双绞线，用户最关心的是衰减、近端串扰、直流环路电阻、特性阻抗、分布电容等。为了便于理解，下面首先解释几个名词。

图 4－2　双绞线物理结构

①衰减。

衰减（Attenuation）是沿链路的信号损失度量。衰减随频率而变化，所以应测量在应用范围内的全部频率上的衰减。

②近端串扰。

串扰分近端串扰（NEXT）和远端串扰（FEXT），测试仪主要是测量 NEXT。由于线路损耗，FEXT 的量值影响较小，在三类、五类系统中忽略不计。NEXT 并不表示在近端点所产生的串扰值，它只是表示在近端点所测量到的串扰值。这个量值会随电缆长度不同而变化，电缆越长，该量值变得越小，同时发送端的信号也会衰减，对其他线对的串扰也相对变小。实验证明，只有在 40 m 内测量得到的 NEXT 值较真实，如果另一端是远于 40 m 的信息插座，它会产生一定程度的串扰，但测试仪可能无法测量到这个串扰值。基于这个理由，对 NEXT 最好在两个端点都要进行测量。现在的测试仪都配有相应设备，使得在链路一端就能测量出两端的 NEXT 值。

近端串扰损耗（Near End Cross Talk Loss）是测量一条 UTP 链路中从一对线到另一对线的信号耦合。对于 UTP 链路来说这是一个关键的性能指标，也是最难精确测量的一个指标，尤其是随着信号频率的增加其测量难度就更大。

③直流环路电阻。

直流环路电阻是指一对导线电阻的和，它会消耗一部分信号并转变成热量，11801 规格的双绞线不得大于 19.2 W，每对间的差异不能太大（小于 0.1 W），否则表示接触不良，必须检查连接点。

④特性阻抗。

与直流环路电阻不同，特性阻抗包括电阻及频率为 1 ~ 100 MHz 的电感抗和电容抗，它与一对电线之间的距离及绝缘的电气性能有关。各种电缆有不同的特性阻抗，对双绞线电缆而言，则有 100Ω、120Ω 及 150Ω 三种。

⑤衰减串扰比（ACR）。

在某些频率范围，串扰与衰减量的比例关系是反映电缆性能的另一个重要参数。ACR 有时也用信噪比（SNR）表示，它由最差的衰减量与 NEXT 量值的差值计算得到。较大的 ACR 值表示对抗干扰的能力较强，系统要求至少大于 10 dB。

⑥电缆特性。

通信信道的品质是由它的电缆特性——SNR 来描述的。SNR 是在考虑到干扰信号的情况下，对数据信号强度的一个度量。如果 SNR 过低，将导致数据信号在被接收时，接收器不能分辨数据信号和噪音信号，最终引起数据错误。因此，为了把数据错误限制在一定范围内，必须定义一个最小的可接受的 SNR。

（3）双绞线的绞距。

在双绞线电缆内，不同线对具有不同的绞距长度。一般地说，四对双绞线绞距周期在 38. 1 mm 长度内，按逆时针方向扭绞，一对线对的扭绞长度在 12. 7 mm 以内。

（4）大对数双绞线。

①大对数双绞线的组成。

大对数双绞线是由 25 对具有绝缘保护层的铜导线组成的。它有三类 25 对大对数双绞线、五类 25 对大对数双绞线，为用户提供更多的可用线对，并被设计为在扩展的传输距离上实现高速数据通信应用，传输速率为 100 MHz。导线颜色由蓝、橙、绿、棕、灰和白、红、黑、黄、紫编码组成。

②大对数双绞线品种。

大对数双绞线分为屏蔽大对数线和非屏蔽大对数线，如图 4 - 3 所示。

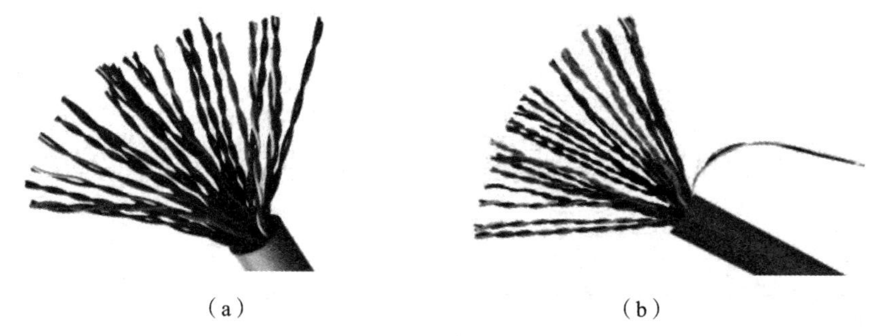

（a）　　　　（b）

图 4 - 3　大对数双绞线

（a）屏蔽大对数线；（b）非屏蔽大对数线

（5）直连线和交叉线。

双绞线一般用于星型网络的布线，每条双绞线通过两端安装的 RJ - 45 连接器（俗称水晶头）将各种网络设备连接起来。双绞线的标准接法不是随便规定的，目的是保证线缆接头布局的对称性，这样就可以使接头内线缆之间的干扰相互抵消。

双绞线有两种线序标准：EIA/TIA 568A（T568A）标准和 EIA/TIA 568B（T568B）标准。

568A 标准：绿白—1，绿—2，橙白—3，蓝—4，蓝白—5，橙—6，棕白—7，棕—8。

568B 标准：橙白—1，橙—2，绿白—3，蓝—4，蓝白—5，绿—6，棕白—7，棕—8。

各线用途如下。

1——输出数据（+）。

2——输出数据（-）。

3——输入数据（+）。

4——保留为电话使用。

5——保留为电话使用。

6——输入数据（-）。

7——保留为电话使用。

8——保留为电话使用。

由此可见，虽然双绞线有八根芯线，但在目前广泛使用的百兆网络中，实际上只用到了其中的四根，即1、2、3、6，它们分别起着收、发信号的作用。于是有了新奇的四芯网线的制作，也可以叫作1-3、2-6交叉接法，这种交叉网线的芯线排列规则是：网线一端的第1脚连另一端的第3脚，网线一端的第2脚连另一端的第6脚，其他脚一一对应即可，也就是在上面介绍的交叉线缆制作方法中把多余的四根线抛开不要。

直连线：两头都按T568B线序标准连接，直连线线序如图4-4所示。

图4-4　直连线线序

交叉线：一头按T568A线序标准连接，一头按T568B线序标准连接。交叉线线序如图4-5所示。

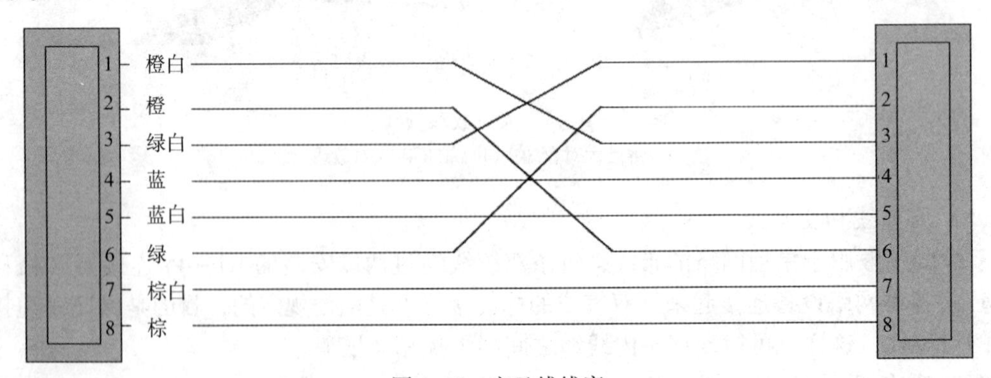

图4-5　交叉线线序

我们平时制作网线时，如果不按标准连接，虽然有时线路也能接通，但是线路内部各线对之间的干扰不能有效消除，从而导致信号传送出错率升高，最终影响网络整体性能。只有按规范标准建设，才能保证网络的正常运行，也会给后期的维护工作带来便利。

2. 直连线与交叉线的应用

不同类型的双绞线有不同的应用环境，有些网络环境中需要使用直连线，有些网络环境中需要使用交叉线。网络环境是由不同的网络设备组成的，在计算机网络中，我们把网络设备分为两种类型，即 DCE 型和 DTE 型。

DCE 型设备：交换机、集线器（HUB）。

DTE 型设备：路由器、计算机。

按照上面的分类，同种类型的网络设备之间使用交叉线连接，不同类型的网络设备之间使用直连线连接。

（1）直连线用于以下连接：

①计算机和交换机/HUB；

②路由器和交换机/HUB。

如图 4－6 所示是用直连线连接计算机和交换机。

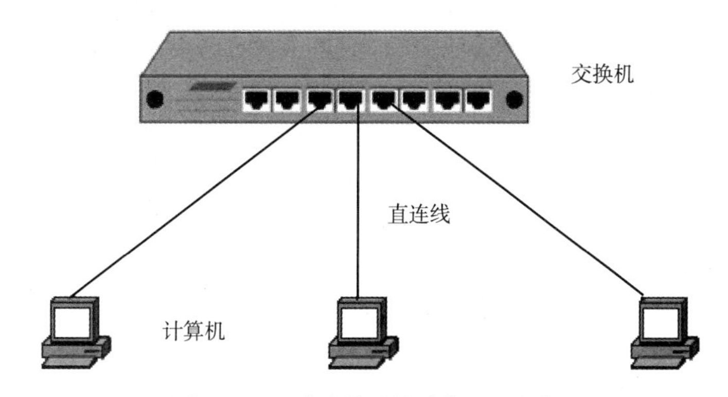

图 4－6　用直连线连接计算机和交换机

（2）交叉线用于以下连接：

①交换机和交换机；

②计算机和计算机；

③HUB 和 HUB；

④HUB 和交换机；

⑤计算机和路由器。

如图 4－7 所示是用交叉线连接计算机和计算机。

图 4－7　用交叉线连接计算机和计算机

不过，现在很多的网络设备对网线都有自适应的功能，会自动去测试线序的情况并自适应使用双绞线。

4.1.2 典型任务：双绞线的制作与测量

1. 任务描述

通过前面的预备知识学习，读者已经熟悉了双绞线的一些特性。现在我们根据现有器材，进行工程中广泛使用的直连双绞线和交叉双绞线的制作及测试，制作好的双绞线用于个人计算机与局域网交换机相连。

2. 任务分析

在进行线缆制作前，需准备好超五类双绞线、水晶头、网线钳和测线器等工具材料，制作过程中严格按照直连线和交叉线的线序进行制作，制作完成后必须使用测线器进行测试，确保所有线芯都畅通。

图4－8　八芯双绞线

3. 任务实施

（1）网线制作准备。

网线制作之前，首先要准备制作材料双绞线、水晶头，以及制作工具网线钳等。八芯双绞线如图4－8所示。

水晶头采用透明塑料材料制作，如图4－9所示。水晶头接口具有八个铜制引脚，在没有完成压制前，引脚凸出于接口，引脚的下方是悬空的，有两到三个尖锐的突起。在压制线材时，引脚向下移动，尖锐部分直接穿透双绞线铜芯外的绝缘塑料层与线芯接触，可很方便地实现接口与线材的连通。

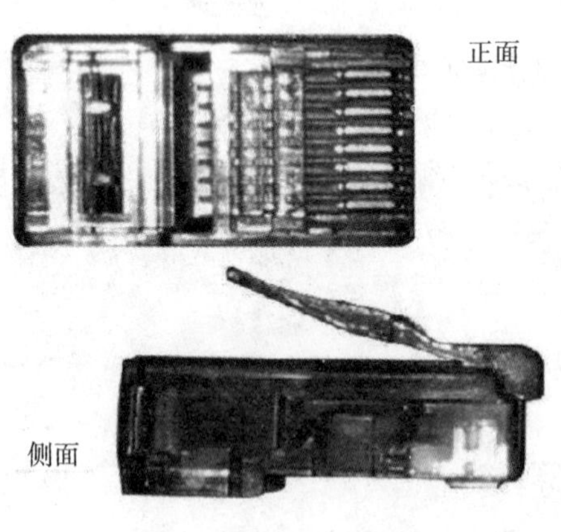

图4－9　水晶头

网线钳规格型号很多，分别适用于不同类型接口与电缆的连接，通常用XPYC的方式来表示（其中X、Y为数字，P表示接口的槽位，常见的有8P、4P和6P，分别表示接口有八个、四个和六个引脚凹槽；C表示接口引脚连接铜片。如我们常用的标准网线接口为8P8C，

表示有八个凹槽和八个引脚。网线钳及电缆测试仪如图 4－10 和图 4－11 所示。

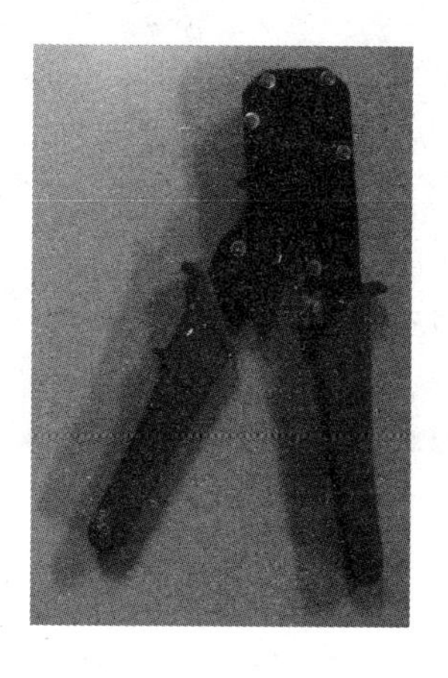

图 4－10　网线钳

图 4－11　电缆测试仪

（2）网线制作。

按照 T568B 线序标准制作直连线，交叉线制作工艺与直连线一样，此处不做重复说明，直连线制作步骤如下：

①准备线材：如制作 1 m 的双绞线需要准备 1. 1 m 的线缆，多出的 0. 1 m 用于制作网线时的裁剪部分，或者在制作网线失败时，剪掉损坏的网线头重做。

②首先把双绞线的外壳剥掉，此时需要注意剥掉外壳的长度，一般要剥掉 1. 5 ~ 2 cm，如图 4－12 所示。

③可以利用网线钳的剪线刀口将线头剪齐，再将线头放入剥线专用的刀口，稍微用力握紧网线钳慢慢旋转，让刀口划开双绞线的保护胶皮，并把一部分的保护胶皮去掉，如图 4－13、图 4－14 和图 4－15 所示。

④剥除外壳之后即可看到双绞线网线的八根四对铜芯线，如图 4－16 所示，分别为橙色组、绿色组、蓝色组、棕色组四组，每组颜色各不相同。每组缠绕的两根铜线是由一种纯色的芯线和纯色与白色相间的铜线组成。制作网线时，八根铜线必须按照规定的线序排列整齐后理顺并扯直。

图 4－12　确定长度

图 4－13　切线皮

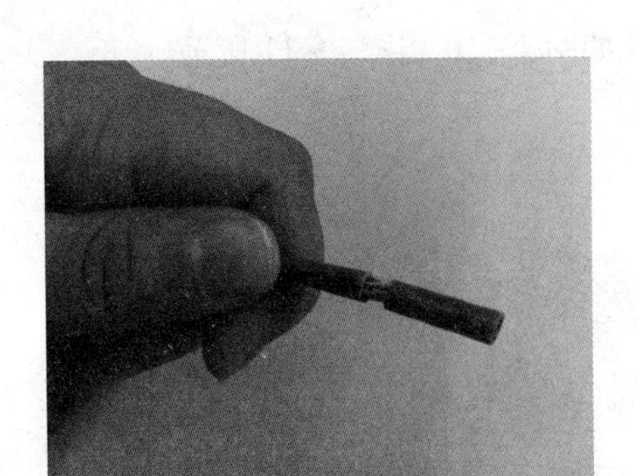

图 4-14 剥线

图 4-15 拔线皮

⑤将八根铜线分别解开缠绕并理直，理线如图 4-17 所示。

图 4-16 八根四对铜芯线

图 4-17 理线

⑥理直后按照制作网线的特定线序排列铜线，排序如图 4-18 所示。

⑦线序排完之后需要将八根铜线一起扯直，以便于裁剪并插入网线头中，扯直如图 4-19 所示。

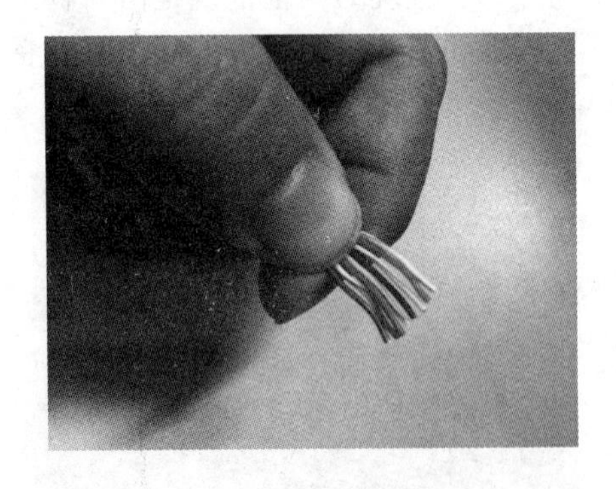

图 4-18 排序

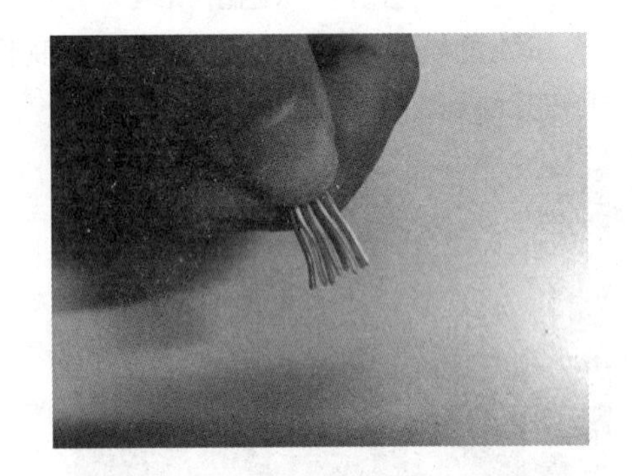

图 4-19 扯直

⑧如图 4-19 所示，八根铜线并不整齐，需要使用网线钳的裁剪口进行对齐和裁齐，对齐如图 4-20 所示，裁齐如图 4-21 所示。

⑨把整理好的铜线插入水晶头中，注意图中水晶头的位置，有铜片的一侧面向我们，插线如图 4-22 所示。

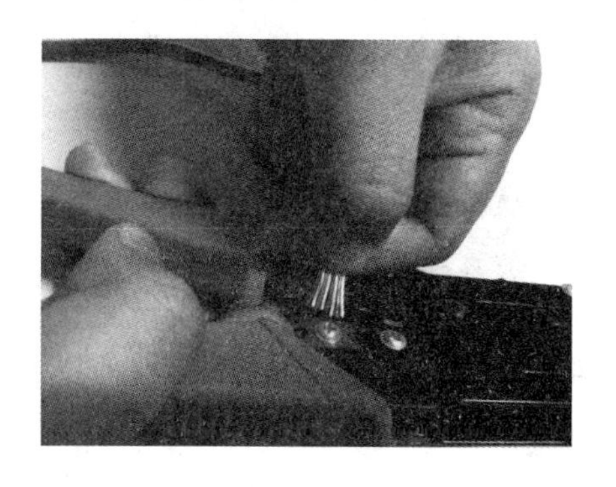

图4－20　对齐

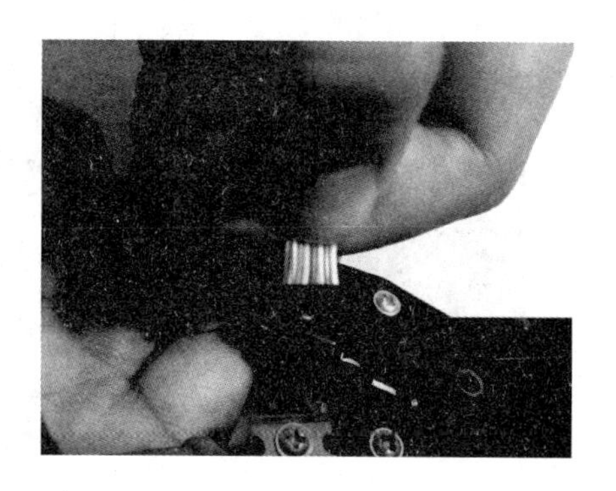

图4－21　裁齐

⑩铜线插入后要保证外壳有部分在水晶头中，以便于压线时被固定线缆使用的塑料扣压住，压皮如图4－23所示。

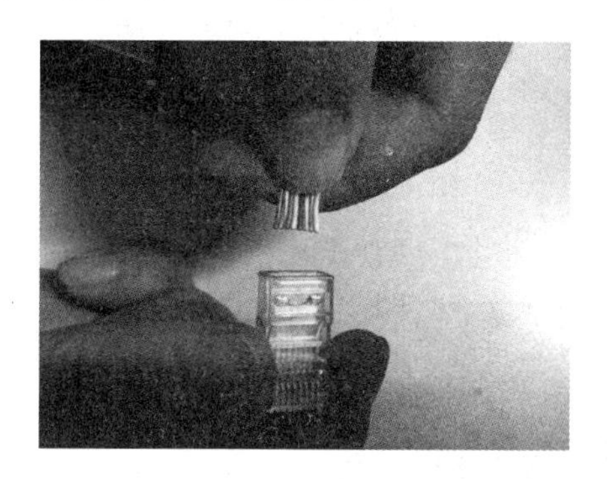

图4－22　插线

图4－23　压皮

⑪把插入铜线的水晶头插入网线钳8P的压线口处，如图4－24和图4－25所示。注意压线时一定要保证铜线顶到水晶头前端，保证压线后水晶头的铜片能压在铜线上，否则会出现线缆不通现象。

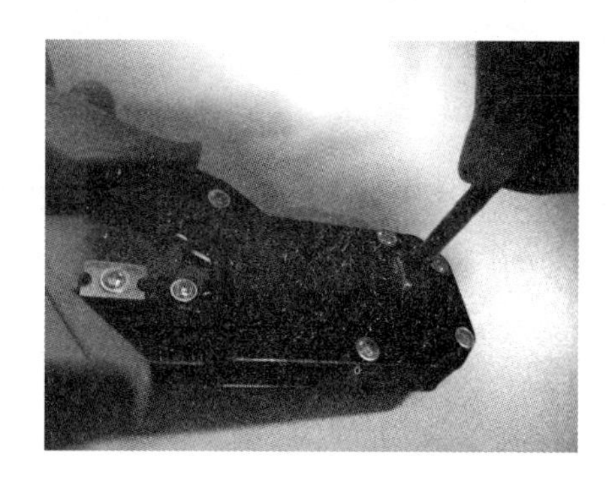

图4－24　压线

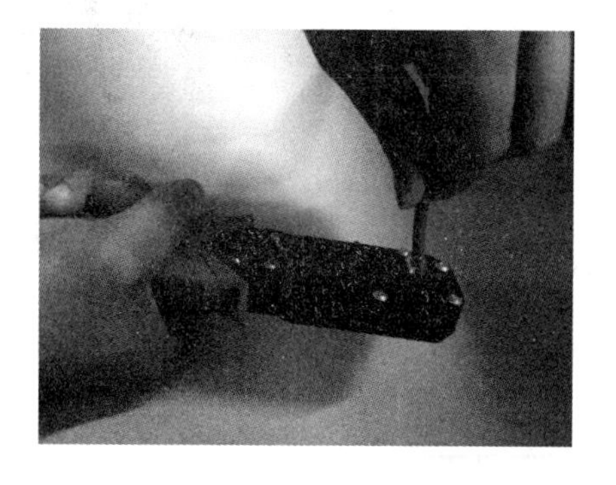

图4－25　压紧

⑫线缆制作完成后，如图4－26所示。

⑬以上是网线一头的制作过程，而网线的制作需要制作两头水晶头。网线的两头制作完成后，完整网线如图4－27所示。

图 4－26 网线

图 4－27 完整网线

（3）网线测试。

双绞线制作完成之后，为了检测双绞线是否连接正确，各导线和水晶头连接是否紧密，需要对双绞线进行测试。双绞线测试仪有两个 RJ－45 端口可以分别插入双绞线两端的连接头，另外电缆测试仪面板上的 LED 灯用来显示双绞线线序的连接顺序。

双绞线的测试步骤如下。

①连接测试网线。

测试网线如图 4－28 所示，连接网线后打开测试仪，观察 LED 指示灯的闪动情况。

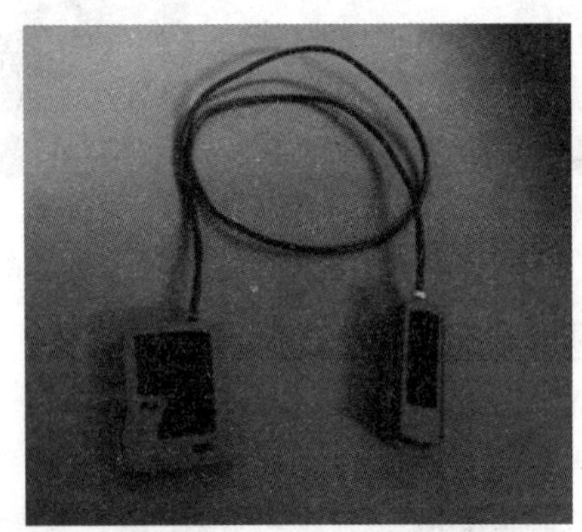

图 4－28 测试网线

②测试结果。

如果测试的网线为直连线，则两组测试 LED 灯闪动的顺序为 1～8，如果有某个 LED 灯不亮，如 4 灯不亮，说明按照线序排列顺序的 4 号铜线制作有问题，其原因可能是水晶头铜片没有压住 4 号铜线。

如果测试的网线为交叉线，若一侧的 LED 指示灯为 1～8 闪动，另外一侧则会按照 3、6、1、4、5、2、7、8 的顺序依次闪动绿灯。

4.1.3 任务拓展

百兆以下网络环境（人们日常生活工作中的网络大部分都是百兆以下网络）八芯网线实际上只用了从左至右 1、2、3、6 四根网线。感兴趣的读者，可以自行制作四根线芯的网线，即 1、2、3、6 线序的网线，如图 4－29 所示。

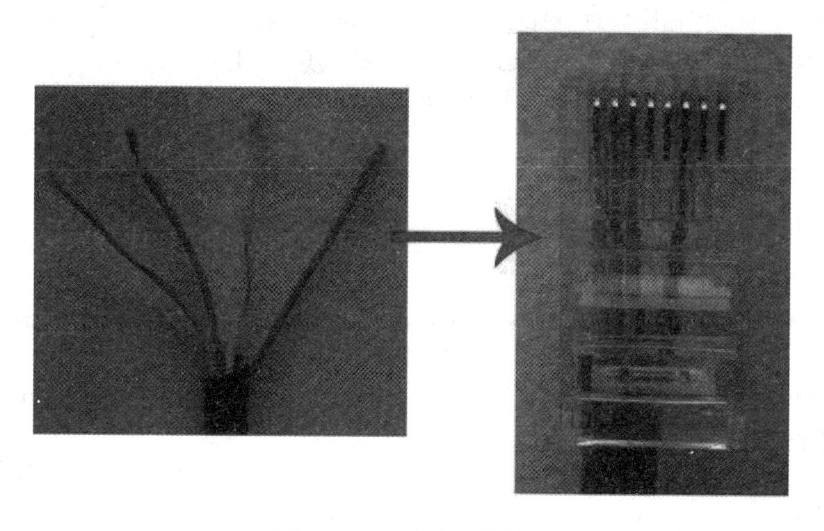

图4-29　四根芯网线样式

4.2　任务二：光纤的选择与光功率的测量

在远距离传输方面，光纤的传输效果要远远好于双绞线。在现在的计算机网络中，光纤和双绞线构成了网络传输的两个最基本的载体，本任务将对光纤及其功率测试进行详细介绍。

4.2.1　预备知识

1. 光纤

(1) 光纤的基本概念。

光纤即光导纤维，是一种传输光束的细而柔韧的媒质。光导纤维电缆由一捆纤维组成，简称为光缆，如图4-30所示，光缆是数据传输中最有效的一种传输介质。

光纤通常是由石英玻璃制成的，横截面积很小的双层同心圆柱体，也称为纤芯，它质地脆，易断裂，由于这一缺点，需要外加一保护层。其结构如图4-31所示。

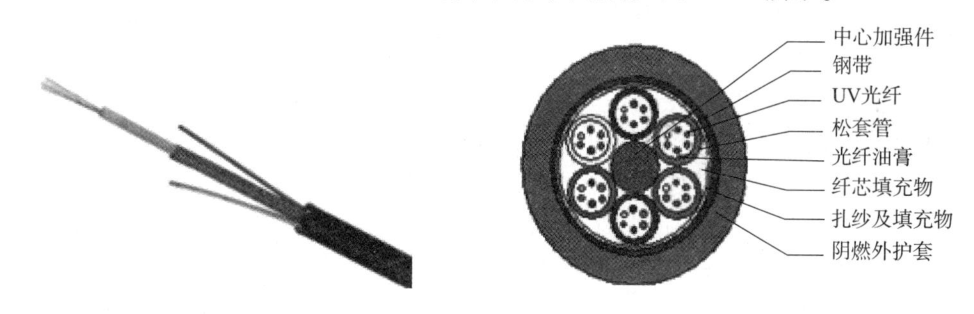

图4-30　光缆　　　　图4-31　光缆结构

光纤是发展最迅速的一种传输介质，光纤自身所具有的传输特性使得其在数据网络中得以广泛应用。作为一种性能优异的传输介质，光纤具有如下特点：

①通信容量大，光纤传输的数据率非常高（高达1 000 Mb/s，典型数据率是100 Mb/s）。

②传输损耗小，传输距离远，无中继器的情况下可传输 6～8 km，适宜远程传输。

③抗电磁干扰性能强，传输的误码率很低，只有 10^{-9}～10^{-10}。

④保密性好，光信号不易被窃听或截取数据。

⑤重量轻，体积小，铺设容易。

（2）光纤的种类。

光纤主要有两大类，即单模光纤和多模光纤。

①单模光纤。

单模光纤的纤芯直径很小，在给定的工作波长下只能以单一模式传输，传输频带宽，传输容量大。光信号可以沿着光纤的轴向传播，因此光信号的损耗很小，离散也很小，传播的距离较远。单模光纤 PMD 规范建议芯径为 8～10 μm，包括包层直径为 125 μm。

②多模光纤。

多模光纤是在给定的工作波长上，能以多个模式同时传输的光纤。多模光纤的纤芯直径一般为 50～200 μm，而包层直径的变化范围为 125～230μm，计算机网络用纤芯直径为 62.5 μm，包层为 125 μm，也就是通常所说的 62.5 μm。与单模光纤相比，多模光纤的传输性能要差。在导入波长上分单模 1 310 nm、1 550 nm；多模 850 nm、1 300 nm。

（3）纤芯的分类。

按照纤芯直径可划分为以下几种：

①50/125（μm）缓变型多模光纤；

②62.5/125（μm）缓变增强型多模光纤；

③10/125（μm）缓变型单模光纤。

按照光纤芯的折射率分布可分为以下几种：

①阶跃型光纤（Step Index Fiber，SIF）；

②梯度型光纤（Griended Index Fiber，GIF）；

③环形光纤（Ring Fiber）；

④W 型光纤。

（4）光缆的种类和机械性能。

①单芯互联光缆。

主要应用范围包括：跳线、内部设备连接、通信柜配线面板、墙上出口到工作站的连接和水平拉线直接端接。

主要性能及优点如下：

- 高性能的单模和多模光纤符合所有的工业标准；
- 900 μm 紧密缓冲外衣易于连接与剥除；
- Aramid 抗拉线增强组织增强对光纤的保护；
- UL/CAS 验证符合 OFNR 和 OFNP 性能要求。

②双芯互联光缆。

主要应用范围包括：交连跳线、水平走线、直接端接、光纤到桌、通信柜配线面板和墙上出口到工作站的连接。

双芯互联光缆除具备单芯互联光缆所有的主要性能优点之外，还具有光纤之间易于区分的优点。

③室外光缆 4～12 芯铠装型与全绝缘型。

主要应用范围包括：园区中楼宇之间的连接；长距离网络；主干线系统；本地环路和支路网络；严重潮湿、温度变化大的环境；架空连接（和悬缆线一起使用）、地下管道或直埋。

主要性能优点包括：

- 高性能的单模和多模光纤符合所有的工业标准；
- 900 μm 紧密缓冲外衣易于连接与剥除；
- 套管内具有独立彩色编码的光纤；
- 轻质的单通道结构节省了管内空间，管内灌注防水凝胶，以防止水渗入；
- 设计和测试均根据 Bellcore GR－20－CORE 标准；
- 扩展级别 62.5/125 符合 ISO/IEC 11801 标准；
- 抗拉线增强组织，增强对光纤的保护；
- 聚乙烯外衣在紫外线或恶劣的室外环境下有保护作用；
- 低磨擦的外皮使之可轻松穿过管道，完全绝缘或铠装结构，撕剥线使剥离外表更方便。

④室内/室外光缆（单管全绝缘型）。

室内/室外光缆分为 4 芯、6 芯、8 芯、12 芯、24 芯、32 芯。主要应用范围包括：在不需任何互联情况下，由户外延伸入户内，线缆具有阻烯特性；园区中楼宇之间的连接；本地线路和支路网络；严重潮湿、温度变化大的环境；架空连接时；地下管道或直埋；悬吊缆/服务缆。

主要性能优点包括：

- 高性能的单模和多模光纤符合所有的工业标准；
- 设计符合低毒、无烟的要求；
- 套管内具有独立 TLA 彩色编码的光纤；
- 轻质的单通道结构节省了管内空间，管内灌注防水凝胶，以防止水渗入，注胶芯完全由聚酯带包裹；
- 符合 ISO/IEC 11801 标准；
- Aramid 抗拉线增强组织，增强对光纤的保护；
- 聚乙烯外衣在紫外线或恶劣的室外环境下有保护作用；
- 低磨擦的外皮使之可轻松穿过管道，完全绝缘或铠装结构，撕剥线使剥离外表更方便。

2. 光纤连接器

光纤需要使用光纤连接器与网络设备进行连接。光纤连接器的品种很多，其中最常用的是 FC 型光纤连接器、SC 型光纤连接器和 LC 型光纤连接器。

（1）FC 型光纤连接器。

FC 型光纤连接器最早是由日本 NTT 研制的，FC 是 Ferrule Connector 的缩写，表明其外部加强方式是采用金属套，紧固方式为螺丝扣。最早的 FC 类型的连接器，采用陶瓷插针的对接端是平面接触方式（FC）。此类光纤连接器结构简单，操作方便，制作容易，但光纤端面对微尘较为敏感，且容易产生菲涅尔反射，提高回波损耗性能较为困难。后来，对该类型连接器做了改进，采用对接端面呈球面的插针（PC），而外部结构没有改变，使得插入损耗和回波损耗性能有了较大幅度的提高。FC 型光纤连接器如图 4－32 所示。

（2）SC 型光纤连接器。

SC 型光纤连接器是一种由日本 NTT 公司开发的光纤连接器，其外壳呈矩形，采用的插针与耦合套筒的结构尺寸与 FC 型光纤连接器完全相同。其中插针的端面多采用 PC 或 APC 型研磨方式；紧固方式采用插拔销闩式，不需旋转。此类连接器价格低廉，插拔操作方便，介入损耗波动小，抗压强度较大，安装密度高。SC 型光纤连接器如图 4－33 所示。

图 4－32　FC 型光纤连接器

图 4－33　SC 型光纤连接器

（3）LC 型光纤连接器。

LC 型光纤连接器是由著名的 Bell（贝尔）研究所研究开发出来的。LC 型光纤连接器采用操作方便的模块化插孔（RJ）闩锁机理制成。其所采用的插针和套筒的尺寸是普通 SC 型、FC 型光纤连接器所用尺寸的一半，即 1.25 mm，这样可以提高光纤配线架中光纤连接器的密度。LC 型光纤连接器如图 4－34 所示。

图 4－34　LC 型光纤连接器

光纤连接器的内部结构比较复杂，通过拆分光纤连接器可以看到其内部结构（以 SC 型光纤连接器为例），如图 4－35 所示。

图 4－35　光纤连接器的内部结构

光纤耦合器的作用是将两个光纤接头对准并固定，以实现两个光纤接头端面的连接。光纤耦合器的规格与所连接的光纤接头有关。如图 4－36 所示为常见光纤耦合器。

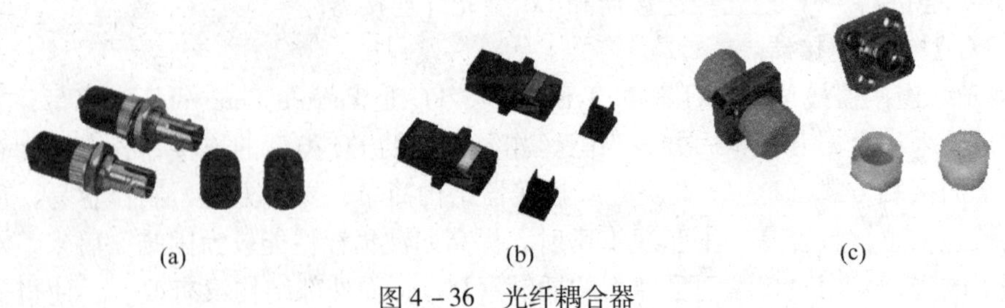

(a)　(b)　(c)

图 4－36　光纤耦合器

（a）ST 型耦合器；（b）SC 型耦合器；（c）FC 型耦合器

4.2.2　典型任务：光纤的选择与光功率的测量

1. 任务描述

通过前面的预备知识学习，读者已经熟悉了综合布线系统中传输线缆——光缆的特性。现在来做一个任务，在某公司局域网中有两台交换机，它们之间距离很长，超过 200 m。使用普通双绞线不能完成两台交换机之间的链路连接，需要使用光纤进行互联。请根据该公司需要连接的两台交换机的光纤接口类型，判断需要使用什么样的光纤，并在接收端测试光信号强度是否满足传输要求。

2. 任务分析

根据现有交换机的光模块接口类型，选择相应的光纤连接器，目前较常用的连接器为 LC 型连接器。在完成光纤选型连接后，进行光功率测量时，需选用 SC－LC 的适配器与被测光纤连接，因为光功率计上的接口普遍为 SC 型。

3. 任务实施

（1）光纤的选择。

①由于传输距离不是太远，在交换机上配置光模块时，光模块选择单模 LC 接口类型，支持波长为 1310 nm。

②准备两条 200 m 长且端口为 LC 的光纤，分别连接两个交换机。

注意：如果两个交换机间有光纤配线架，需尾纤先进入光纤配线架再经过光缆传输。

（2）光信号测试准备。

对光纤的光功率进行测试需要准备如下测试工具。

①光功率计一台（如图 4－37 所示）。

②光跳线（尾纤）一根。

③法兰盘（光纤适配器）一个（用于适配不同类型的光纤连接头和光功率计接口）。

（3）光信号强度的测量。

对光纤接收光信号的强度进行测量前，首先要正确选择光纤，包括光纤类型（单模、多模）和光纤连接头类型。选择不正确则不能正常连接交换机设备和光功率计。对光纤接收光信号的强度进行测量通常按照下面的步骤进行：

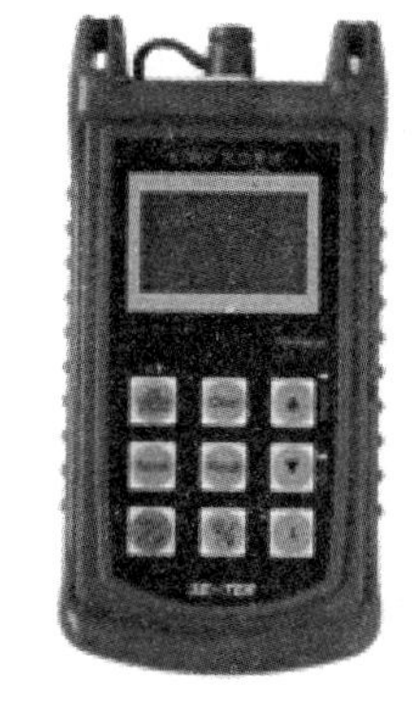

图 4－37　光功率计

①按住光功率计 ON/OFF 按键并保持 1 s，直到开机。

②使用波长键 λ 进行切换，设置光波长为 1310 nm（有 850 nm、1300 nm、1310 nm、1550 nm 共四个值可设置，开机后默认为 1310 nm）。

③按 dB 键，设置测量显示单位为 dBm。

④在光功率计上安装合适的适配头，使光功率计与被测光纤（可能是 FC 接头、SC 接头和 LC 接头）连接。被测光纤的一端连接光功率计，另一端连接交换机光传输口。

⑤观察光功率计的 LCD 显示屏，光信号的强度结果在 LCD 上显示出来。

⑥经过测量，该公司用来连接两台交换机的光纤的光功率为－17 dBm，其信号强度满足传输要求，能够正常传输网络数据。

⑦测量光功率时的注意事项如下：

- 该项测试一定要保证光纤连接头清洁，连接良好，包括法兰盘的连接、清洁；
- 如果要测量交换机光纤接口的输出功率，则应事先测试尾纤的衰耗；
- 单模光纤和多模光纤接口应使用不同的尾纤；
- 测量时应根据接口类型选用适合光纤连接头的尾纤。

4.2.3 任务拓展

光缆连通性测试：可以使用如下两种方法测试光纤链路的连通性。

方法一：将待测试光纤链路两端的光纤跳线分别从光纤配线架和信息插座拨出，使用稳定光源从光纤配线架一端发出光源，查看信息插座一端是否有光线传出。

方法二：先分别测试光纤链路两端光纤跳线的连通性，然后再使用稳定光源从一端跳线发射光源，从另一端的光纤跳线观察是否有光线传输。

注意：准备一支稳定光源，将光纤跳线的两端与所连接的设备断开，然后把一只稳定光源对准光纤一端，查看另一端是否有光线出来，如图 4－38 所示。

图 4－38　使用稳定光源检查光缆

如果没有稳定光源，一把明亮的手电筒也可以，光纤本来就是设计用来传导光的，所以，不必担心需要把光源非常精确地对准线缆。

思考与练习

一、填空题

1. 交换机和集线器在进行网络连接时，通常使用________类型的双绞线进行连接。
2. 计算机和计算机进行连接时，应该使用________类型的双绞线进行连接。
3. 光纤按照光线的折射传输方式分为两类，即________光纤和________光纤。
4. 多模光纤最常使用的工作波长为________nm。
5. 常见的光纤连接器有三种，分别是________、________和________。

二、选择题

1. 双绞线测试仪可以用来测试（　　）电缆。

A. 双绞线　　B. 直连双绞线　　C. 交叉双绞线　　D. 同轴电缆

2. 人们通常用的网线是指（　　）电缆。

A. 细同轴电缆　　B. 屏蔽双绞线　　C. 非屏蔽双绞线　　D. 电话线

3. 单模光纤的光波波长窗口有以下（　　）几种。

A. 850 nm　　B. 1 310 nm　　C. 1 550 nm　　D. 1 650 nm

4. 光纤连接头通常有下面的（　　）几种类型。

A. FC　　B. SC　　C. PC　　D. LC

5. 按照光纤纤芯的折射率分布可分为（　　）类型。

A. 阶跃型光纤　　B. 梯度型光纤　　B. 环形光纤　　D. W 型光纤

三、简答与应用题

1. 在什么情况下，两台计算机可以使用直连线进行网络连接？

2. T568A 和 T568B 的线序有什么区别？

3. 在用双绞线测试仪测量双绞线的时候，两组 LED 灯不成对闪烁说明出了什么问题？

4. 在使用光功率计进行光信号强度测量时，光波波长设置错误会对测量结果造成什么影响？

5. 在使用光功率计进行尾纤测量时，为什么要保持光纤连接器的清洁？

第5章

交换机的配置

●内容概述

通过基础篇的相关理论学习，读者已经掌握了网络的基本知识。

本章将介绍华为交换机的操作方法，以及国际上最重要的网络标准——以太网相关协议。通过本章的学习，读者将全面了解华为的数据网络设备、掌握基本的线缆和接口等硬件知识，完成交换机的基本配置任务。

●知识要点

1. 以太网工作原理；
2. 交换机工作原理；
3. 华为常见的数据网络设备；
4. 常见的线缆和接口；
5. 交换机的基本操作。

5.1 任务一：通用路由平台基础知识

5.1.1 预备知识

1. 通用路由平台

通用路由平台（Versatile Routing Platform，VRP）是华为公司数据通信产品使用的网络操作系统，网络操作系统是运行于一定设备上的、提供网络接入及互联服务的系统软件。

VRP作为华为公司从低端到核心的全系列路由器、以太网交换机、业务网关等产品的软件核心引擎，实现统一的用户界面和管理界面；实现控制平面功能，并定义转发平面接口规范；实现各产品转发平面与VRP控制平面之间的交互；实现网络接口层，屏蔽各产品链路层对于网络层的差异。

随着网络技术和应用的飞速发展，VRP在处理机制、业务能力、产品支持等方面也在持续演进。如图5-1所示。VRP版本主要有VRP 1.x、VRP 3.0~3.x、VRP 5.10、VRP 5.30、VRP 5.70、VRP 5.90，分别具有不同的业务能力和产品支持能力。

（1）为了使单一软件平台能运行于各类路由器和交换机之上，VRP软件模块采用了组件结构，各种协议和模块之间采用了开放的标准接口。VRP由GCP、SCP、DFP、SMP、SSP五个平面组成，分别介绍如下。

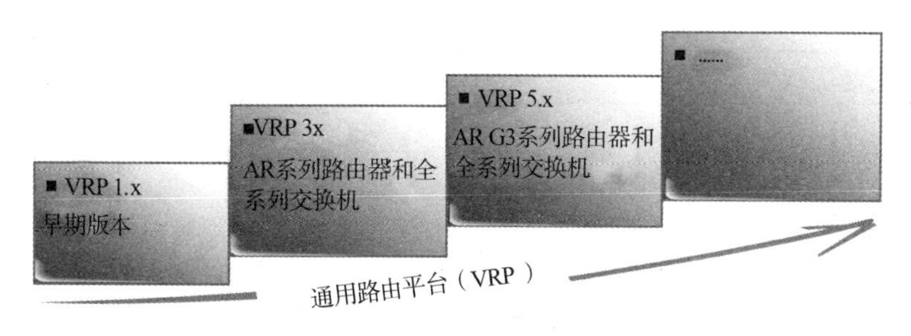

图5－1　VRP平台的发展

①通用控制平面（GCP）：支持网络协议簇，其中包括IPv4和IPv6。它所支持的协议和功能包括SOCKET、TCP/IP协议、路由管理、各类路由协议、VPN、接口管理、链路层、MPLS、安全性能，以及对IPv4和IPv6的QoS支持。

②业务控制平面（SCP）：基于GCP，支持增值服务，包括连接管理、用户认证计费、用户策略管理、VPN、组播业务管理和维护与业务控制相关的FIB。

③数据转发平面（DFP）：为系统提供转发服务，由转发引擎和FIB维护组成。转发引擎可依照不同产品的转发模式通过软件或硬件实现，数据转发支持高速交换、安全转发和QoS，并可通过开放接口支持转发模块的扩展。

④系统管理平面（SMP）：具有系统管理功能，其外部有设备交互接口，对外部控制输入、协议配置输入进行处理。在平台的配置和管理方面，VRP可灵活地引入一些网络管理机制，如命令行、NMP和Web等。

⑤系统服务平面（SSP）：支持公共系统服务，如内存管理、计时器、IPC、装载、转换、任务/进程管理和组件管理。

（2）VRP还具有支持产品许可证文件（即License）的功能，可在不破坏原有服务的前提下根据需要调整各种特性和性能的范围。

VRP常见的视图包含用户视图、系统视图、接口视图和路由协议视图。

①用户视图：在用户视图下，用户可以完成查看运行状态和统计信息等功能。

②系统视图：在系统视图下，用户可以配置系统参数，以及通过该视图进入其他的功能配置视图。

③接口视图：配置接口参数的视图称为接口视图。在该视图下可以配置接口相关的物理属性、链路层特性及IP地址等重要参数。使用接口并指定接口类型及接口编号可以进入相应的接口视图。

④路由协议视图：路由协议的大部分参数是在路由协议视图下进行配置的，如ISIS协议视图、OSPF协议视图、RIP协议视图等。在系统视图下，使用路由协议进程运行命令可以进入到相应的路由协议视图。

2. 编辑命令行功能

设备的命令行接口提供基本的命令行编辑功能，支持多行编辑，每条命令最大长度为510个字符，命令关键字不区分大小写，命令参数是否区分大小写则由各自定义的参数而定。

一些常用的编辑功能如表5－1所示。

表 5-1　编辑功能表

功能键	功能
普通按键	若编辑缓冲区未满，则插入到当前光标位置，并向右移动光标；否则，响铃告警
退格键 BackSpace	删除光标位置的前一个字符，光标左移，若已经到达命令首，则响铃告警
左光标键←或 <Ctrl + B>	光标向左移动一个字符位置，若已经到达命令首，则响铃告警
右光标键→或 <Ctrl + F>	光标向右移动一个字符位置，若已经到达命令尾，则响铃告警

3. 编辑命令行时的操作技巧

（1）不完整关键字输入。

设备支持不完整关键字输入，即在当前视图下，当输入的字符能够匹配唯一的关键字时，可以不必输入完整的关键字。该功能提供了一种快捷的输入方式，有助于提高操作效率。

例如 display current - configuration 命令，在命令行中输入 d cu、di cu 或 dis cu 等都可以执行此命令，但不能输入 d c 或 dis c 等，因为以 d c、dis c 开头的命令不唯一。

（2）Tab 键的使用。

输入不完整的关键字后按下 Tab 键，系统自动补全关键字。

如果与之匹配的关键字唯一，则系统用此完整的关键字替代原输入并换行显示，光标距词尾空一格。

如果与之匹配的关键字不唯一，反复按 Tab 键可循环显示所有以输入字符串开头的关键字，此时光标距词尾不空格。

如果没有与之匹配的关键字，按 Tab 键后，换行显示，输入的关键字不变。

（3）完全帮助。

当用户输入命令时，可以使用命令行的完全帮助获取全部关键字或参数的提示。下面给出几种完全帮助的实例供参考。

在任一命令视图下，键入“?”获取该命令视图下所有的命令及其简单描述。

键入一条命令关键字，后接以空格分隔的“?”，如果该位置为关键字，则列出全部关键字及其简单描述。

（4）使用命令行的快捷键。

用户可以使用系统提供的快捷键，完成对命令的快速输入，从而简化操作。

系统中的快捷键分成两类，自定义快捷键和系统快捷键。

①自定义快捷键共有四个，包括 <Ctrl + G>、<Ctrl + L>、<Ctrl + O> 和 <Ctrl + U>。用户可以根据自己的需要将这四个快捷键与任意命令进行关联，当使用快捷键时，系统自动执行它所对应的命令。

②系统快捷键：是系统中固定的。这种快捷键不由用户定义，代表固定功能。

（5）自定义快捷键。

如果用户经常性地使用某一个或某几个命令时，可以将这些命令定义成快捷键，方便操作，提升效率。只有管理级用户有定义快捷键的权限。快捷键配置方法如表 5-2 所示。

表 5－2 自定义快捷键

<table>
<tr><th>操作</th><th>命令</th></tr>
<tr><td>进入系统视图</td><td>system－view</td></tr>
<tr><td>定义快捷键</td><td>hotkey { CTRL_ G | CTRL_ L | CTRL_ O | CTRL_ U } command－text</td></tr>
</table>

系统支持用户自定义四个快捷键，快捷键的默认值如下：

①<Ctrl＋G>：对应命令 display current－configuration；

②<Ctrl＋L>：对应命令 undo idle－timeout；

③<Ctrl＋O>：对应命令 undo debugging all；

④<Ctrl＋U>：默认值为空。

（6）系统快捷键。

系统包括的主要快捷键如表 5－3 所示。

表 5－3 系统快捷键

功能键	功能
<Ctrl＋A>	将光标移动到当前行的开头
<Ctrl＋B>	将光标向左移动一个字符
<Ctrl＋C>	停止当前正在执行的功能
<Ctrl＋D>	删除当前光标所在位置的字符
<Ctrl＋E>	将光标移动到最后一行的末尾
<Ctrl＋F>	将光标向右移动一个字符
<Ctrl＋H>	删除光标左侧的一个字符
<Ctrl＋K>	在连接建立阶段终止呼出的连接
<Ctrl＋N>	显示历史命令缓冲区中的后一条命令
<Ctrl＋P>	显示历史命令缓冲区中的前一条命令
<Ctrl＋T>	输入问号（?）
<Ctrl＋W>	删除光标左侧的一个字符串（字）
<Ctrl＋X>	删除光标左侧所有的字符
<Ctrl＋Y>	删除光标所在位置及其右侧所有的字符
<Ctrl＋Z>	返回到用户视图
<Ctrl＋]>	终止呼入的连接或重定向连接
<Esc＋B>	将光标向左移动一个字符串（字）
<Esc＋D>	删除光标右侧的一个字符串（字）
<Esc＋F>	将光标向右移动一个字符串（字）

5.1.2 典型任务：VRP 的模式切换与帮助系统

（1）用户从终端成功登录至设备即进入用户视图，在屏幕上显示如下：

```
<Huawei>
```

（2）在用户视图下，输入命令 system－view 后回车，进入系统视图。

```
<Huawei>system-view
Enter system view, return user view with Ctrl+Z.
[Huawei]
```

（3）在系统视图下，输入如下命令进入接口视图。

```
[Huawei] interface gigabitethernet X/Y/Z
[Huawei-GigabitEthernetX/Y/Z]
```

（4）X/Y/Z 为需要配置的接口的编号，分别对应“槽位号/子卡号/接口序号”。上述举例中 gigabitethernet 接口仅为示意，请以设备实际支持的接口类型为准。

在系统视图下输入 OSPF，进入到 OSPF 的协议视图。

```
[Huawei] ospf
[Huawei-ospf-1]
```

（5）使用 undo 命令行恢复缺省情况。

sysname 命令是用来设置设备的主机名，举例如下：

```
<Huawei> system-view
[Huawei] sysname Server
[Server] undo sysname
[Huawei]
```

（6）使用 undo 命令禁用某个功能。

ftp server enable 命令是用来开启设备的 FTP 服务器功能，举例如下：

```
<Huawei> system-view
[Huawei] ftp server enable
Info: Succeeded in starting the FTP server
[Huawei] undo ftp server
Info: Succeeded in closing the FTP server.
```

（7）使用 undo 命令删除某项设置。

header 命令是用来设置用户登录设备时终端上显示的标题信息，举例如下：

```
<Huawei> system-view
[Huawei] header login information "Hello,Welcome to Huawei!"
```

（8）退出设备后重新登录，在验证用户前，会出现“Hello，Welcome to Huawei!”，然后执行相应的 undo header login 命令。

```
Hello,Welcome to Huawei!
Login authentication
Password:
<Huawei> system-view
[Huawei] undo header login
```

（9）再次退出设备后重新登录，在验证用户前，则不会出现任何标题信息。

```
Login authentication
Password:
<Huawei>
```

(10) 在任一命令视图下，键入“?”获取该命令视图下所有的命令及其简单描述，举例如下：

```
<Huawei> ?
User view commands:
arp-ping        ARP-ping
autosave        <Group> autosave command group
backup          Backup information
cd              Change current directory
clear           Clear
clock           Specify the system clock
cls             Clear screen
compare         Compare configuration file
copy            Copy from one file to another
…
```

(11) 键入一条命令关键字，后接以空格分隔的“?”，如果该位置为关键字，则列出全部关键字及其简单描述，举例如下：

```
<Huawei> system-view
[Huawei] user-interface vty 0 4
[Huawei-ui-vty0-4] authentication-mode ?
aaa        AAA authentication
password   Authentication through the password of a user terminal in-
terface
[Huawei-ui-vty0-4] authentication-mode aaa ?
<cr>   Please press ENTER to execute command
[Huawei-ui-vty0-4] authentication-mode aaa
```

(12) 其中“aaa”和“password”是关键字，“AAA authentication”和“Authentication through the password of a user terminal interface”是分别对关键字的描述。

“<cr>”表示该位置没有关键字或参数，直接按Enter键即可执行。

键入一条命令关键字，后接以空格分隔的“?”，如果该位置为参数，则列出有关的参数名和参数描述，举例如下：

```
<Huawei> system-view
[Huawei] ftp timeout ?
INTEGER<1-35791>   The value of FTP timeout (in minutes)
[Huawei] ftp timeout 35?
<cr>   Please press ENTER to execute command
[Huawei] ftp timeout 35
```

（13）其中，“INTEGER <1－35791>”是参数取值的说明，“The value of FTP timeout (in minutes)”是对参数作用的简单描述。

5.1.3 任务拓展

思考问题：如何对一台新的交换机进行配置呢？

1. 在配置用户通过 Console 口登录设备之前，需完成以下任务。

（1）准备好 Console 通信电缆；

（2）PC 端准备好终端仿真软件。

2. 设备 Console 缺省配置

如果 PC 使用系统自带的终端仿真软件（如 Windows 2000/XP 系统的超级终端），则无须另行准备；如果系统不带终端仿真软件，请您准备第三方终端仿真软件，使用方法请参照该软件的使用指导或联机帮助。

设备 Console 缺省配置如表 5－4 所示。

表 5－4 设备 Console 口缺省配置

参数	缺省值	参数	缺省值
传输速率	9 600 bit/s	停止位	1
流控方式	不进行流控	数据位	8
校验方式	不进行校验		

3. 使用终端仿真软件通过 Console 口登录设备

（1）请使用产品随机附带的 Console 通信电缆的 DB9（孔）插头插入 PC 的九芯（针）串口插座，再将 RJ－45 插头端插入设备的 Console 口中，如图 5－2 所示；

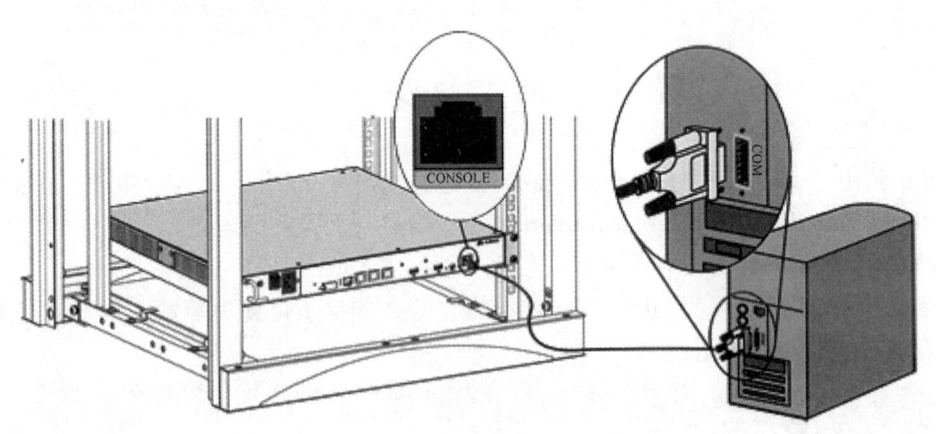

图 5－2 通过 Console 接口连接 PC

（2）在 PC 上打开终端仿真软件，新建连接，设置连接的端口以及通信参数。

因为 PC 端可能会存在多个连接端口，这里需要选择的是连接 Console 线缆的那个端口。一般情况下，选择的端口是 COM1。

若修改了设备的串口通信参数值，需要在 PC 端更换通信参数值与设备的串口通信参数

值一致后，重新连接。

（3）按 Enter 键，直到系统出现如下显示，提示用户输入密码。（AAA 认证时，提示输入用户名和密码，以下显示信息仅为示意）

```
Login authentication


Password:
```

（4）进入设备后，用户可以键入命令，对设备进行配置，需要帮助可以随时键入“?”。

5.2　任务二：交换机的基本配置及应用

5.2.1　预备知识

在传统的以太网中，人们经常会使用 HUB 或交换机设备来连接网络终端。

HUB 设备工作在物理层，只是对信号简单的放大传递，所连接的设备均共享一个传输介质，使用 HUB 相连接的终端设备处于同一个冲突域和同一个广播域中，如图 5 - 3 所示。

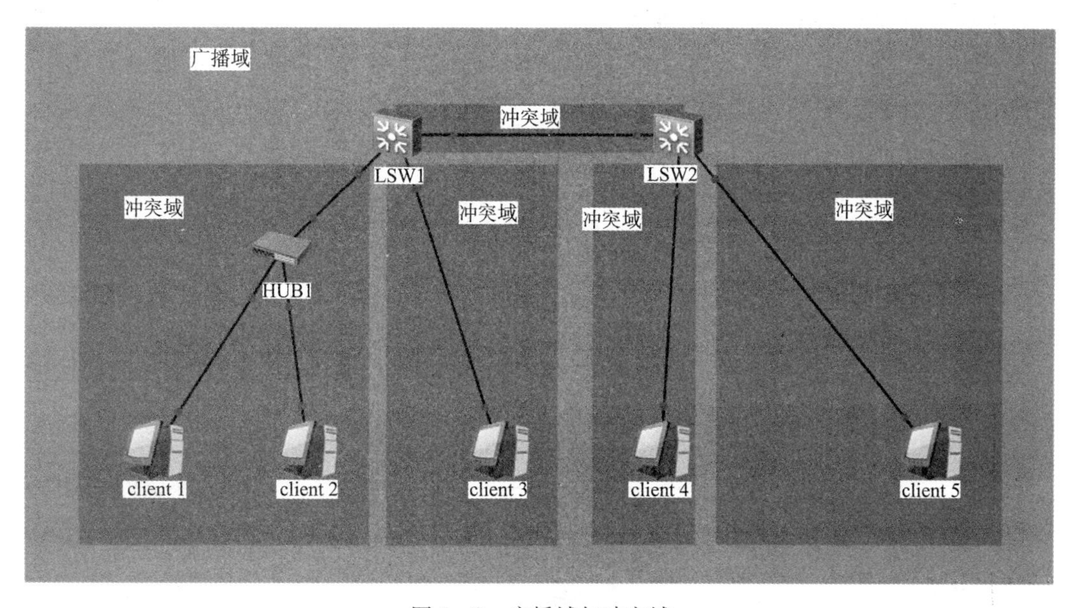

图 5 - 3　广播域与冲突域

冲突域：如果一个区域中的任意一个节点可以收到该区域中其他节点发出的任何帧，那么该区域为一个冲突域。

广播域：如果一个区域中的任意一个节点都可以收到该区域中其他节点发出的广播帧，那么该区域为一个广播域。

二层交换机工作在 OSI 模型的第二层，即数据链路层，它对数据包的转发是建立在 MAC（Media Access Control）地址基础之上的。二层交换机不同的接口发送和接收数据独立，各接口属于不同的冲突域，因此有效地隔离了网络中物理层冲突域，使得通过它互联的主机

(或网络)之间不必再担心流量大小对于数据发送冲突的影响。

如果终端设备直接连接到交换机的端口上，此设备独享带宽。

但是由于交换机对目的地址为广播的数据帧采用泛洪的处理，广播的数据帧会被发送到所有的端口，所以交换机的所有端口下的设备均处于同一个广播域中。

1. 以太网中二层交换的基本原理

二层交换机通过解析和学习以太网帧的源 MAC 来维护 MAC 地址与接口的对应关系（保存 MAC 与接口对应关系的表称为 MAC 表），通过其目的 MAC 来查找 MAC 表，决定向哪个接口转发，基本流程如下。

二层交换机收到以太网帧，将其源 MAC 与接收接口的对应关系写入 MAC 表，作为以后的二层转发依据。如果 MAC 表中已有相同表项，那么就刷新该表项的老化时间。MAC 表表项采取一定的老化更新机制，老化时间内未得到刷新的表项将被删除掉。

2. MAC 地址表的建立和更新

透明网桥需要根据转发表指导转发，网桥的转发表中表项记录链路层地址与对应该链路层地址的转发出接口的映射关系，即 MAC 地址与出接口的映射关系。其具体过程为：对于检测到合法的以太网帧，提取出该帧的源 MAC 地址。将源 MAC 地址与接收该帧的接口之间的关系加入到地址表中，从而生成一条表项。

对于同一个 MAC 地址，如果透明网桥先后学习到不同的接口，则后学到的接口信息覆盖先学到的接口信息，因此，不存在同一个 MAC 地址对应两个或更多接口的情况。

根据以太网帧的目的 MAC 去查找 MAC 表，如果没有找到匹配表项，那么向所有接口转发（接收接口除外）；如果目的 MAC 是广播地址，那么向所有接口转发（接收接口除外）；如果能够找到匹配表项，则向表项所示的对应接口转发。

从上述流程可以看出，二层交换通过维护 MAC 表以及根据目的 MAC 查表转发，有效地利用了网络带宽，改善了网络性能。图 5－4 是一个二层交换的示例。

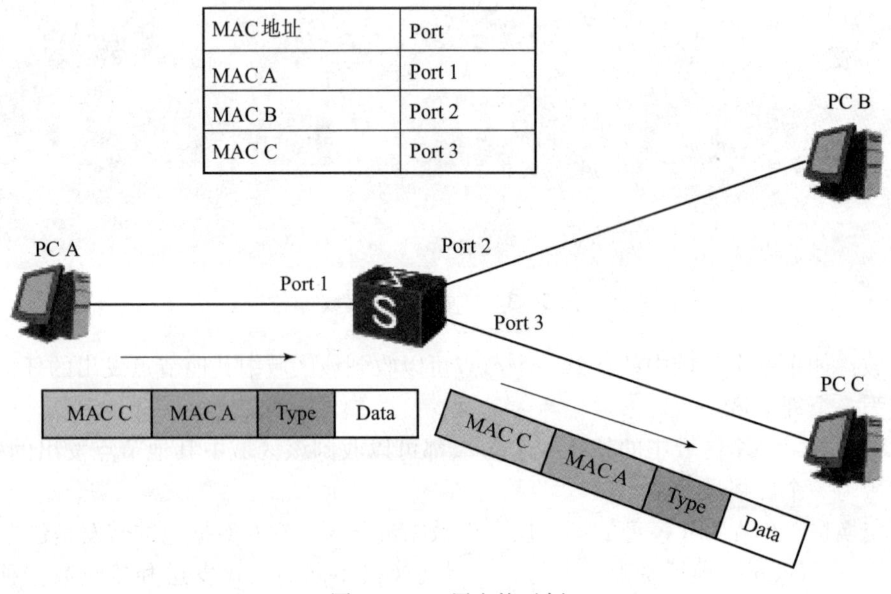

图 5－4　二层交换示例

5.2.2　典型任务：交换机的基本配置

1. 任务描述

公司部分员工抱怨网络经常出现丢包，并且上网体验很差。经技术人员分析，这些员工通过 HUB 设备接入局域网，所有人处于同一个冲突域中，所以导致此问题，经商榷决定将网络中现有的 HUB 设备，使用华为的 S3700 系列交换机来进行替代，从而隔离冲突域。

完成如图 5－5 所示的拓扑连线，并观察交换机 MAC 地址学习过程，从而了解交换机的智能转发。

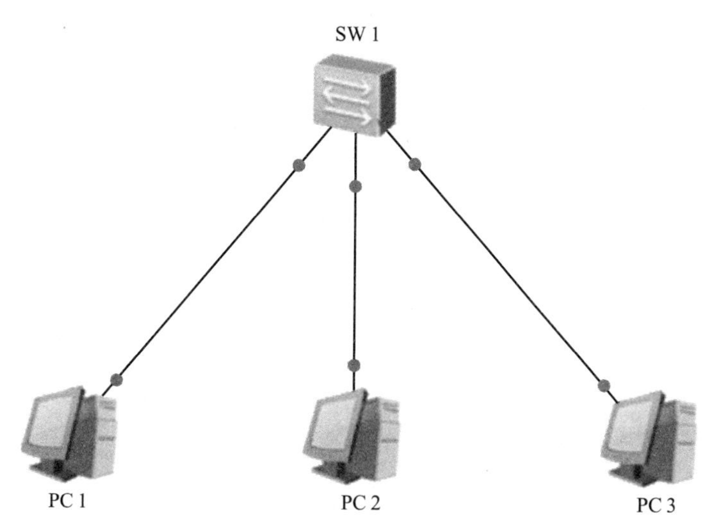

图 5－5　交换机的基本配置

2. 任务分析

HUB 设备是工作在物理层的设备，所有 PC 共享带宽，交换机设备是工作在数据链路层，可以根据报文数据链路层头部信息，智能地实现转发。

本次实验通过观察交换机的 MAC 地址表来了解交换机 MAC 地址表的构建过程以及报文的转发过程。

3. 配置流程

配置流程如图 5－6 所示。

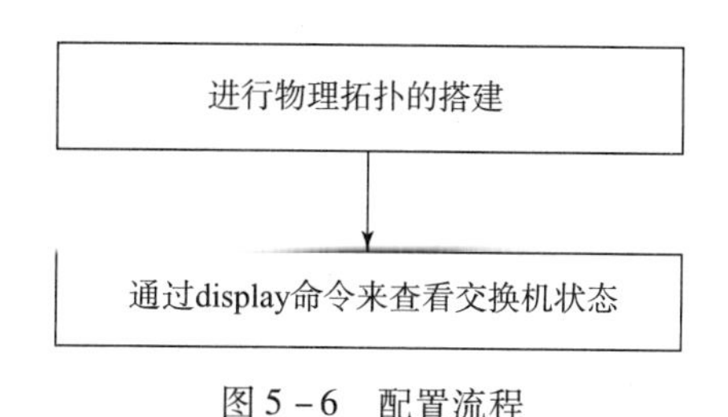

图 5－6　配置流程

4. 关键配置

（1）为 PC 1、PC 2、PC 3 配置 IP 地址，如图 5－7 所示。

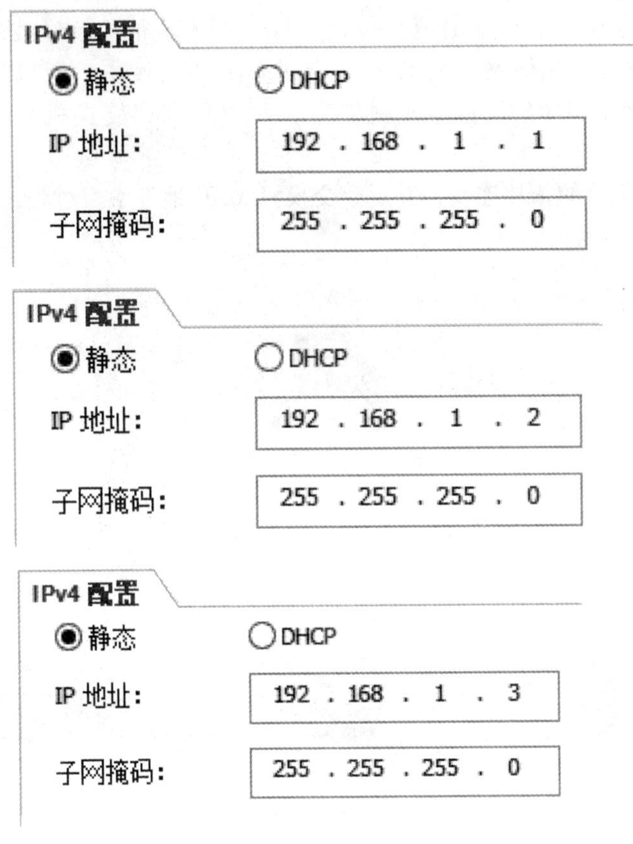

图 5－7　配置 IP 地址

（2）通过 display version 命令查看交换机的 VRP 版本、交换机的平台信息以及交换机工作时间。命令输出如下：

```
[SW1]display version
Huawei Versatile Routing Platrorm Software
VRP  (R)  software,Version 5.110(S3700 V200R001C00)
Copyright  (c)  2000 -2011 HUAWEI TECH CO.,LTD

Quidway S3700 -26C -HI Routing Switch uptime is 0 week,0 day,0 hour,
2 minut
```

（3）通过 display mac－address 命令查看交换机现有的 MAC 地址表项，在初始的网络中，并无法查看到任何 MAC 地址信息。命令输出如下：

```
[SW1]display mac -address
```

（4）当交换机接收到 PC 发来的信息后，就会自动构建 MAC 与端口的信息。这里我们用 PC 1 ping PC 3，来生成流量信息，然后再次查看 MAC 地址表。

```
[SW1]display mac-address
MAC address table of slot 0:
-------------------------------------------------------------------------------
MAC  Address      VLAN/      PEVLAN CEVLAN Port       Type       LSP/LSR-ID
                  VSI/SI                                         MAC-Tunnel
-------------------------------------------------------------------------------
5489-9801-3fb0    1          -      -      Eth0/0/1   dynamic    0/-
5489-98f8-4b9d    1          -      -      Eth0/0/3   dynamic    0/-
-------------------------------------------------------------------------------
Total matching items on slot 0 displayed=2
```

（5）在交换机上生成了 PC MAC 地址与端口的对应关系表项，当 PC 再次收到数据帧时，就可根据此表项进行智能转发。

（6）交换机默认的 MAC 地址老化时间为 300 s，可以通过 display mac-address aging-time 命令来查看当前设备的 MAC 地址表老化时间。

```
[SW1]display mac-address aging-time
Aging time:300 seconds
```

（7）如果对交换机默认参数不满意，可以通过 mac-address aging-time 命令来对默认的老化时间进行更改。

```
[SW1]mac-address aging-time 500    //设定默认老化时间为500秒
```

（8）再次查看老化时间。

```
[SW1]display mac-address aging-time
Aging time:500 seconds
```

5.2.3　任务拓展

通过命令行升级是网络管理员最常用的升级方法，因为此方法最简便，并且安全可靠。通过命令行升级的流程如下。

1. 将事先准备好的系统软件上传到设备上

具体操作如下。

（1）在 FTP 服务器端运行 FTP 软件，并设置 FTP 服务的相关信息，如图 5-8 所示。

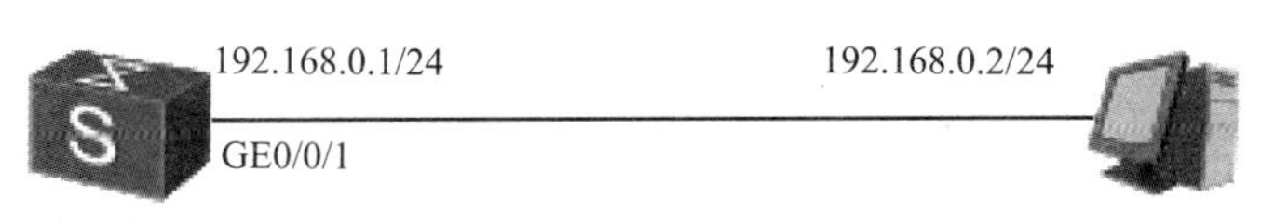

图 5-8　FTP 的基本配置

如图 5-9 所示，在 PC 上运行 FTP Server 程序（以 wftpd32 为例介绍），依次选择菜单“Security”→“Uers/rights”。在弹出的对话框中单击“New User…”设置用户名为 user，密码为 huawei。在“Home Directory:”处设置 PC 上 FTP 的工作目录为 D:\FTP。然后单击“Done”按钮完成设置并关闭对话框。PC 的 IP 地址为 192.168.0.2，掩码为 255.255.255.0。

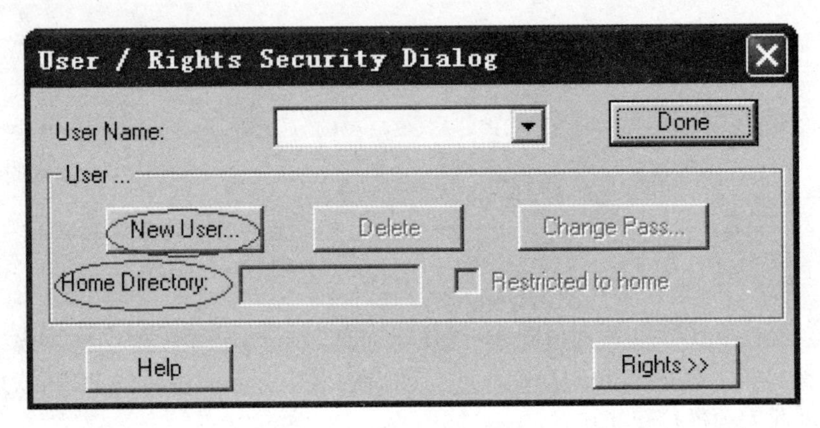

图 5-9　wftpd32 配置

（2）配置设备与 FTP 服务器之间的网络连接。

①使用网线连接 FTP Server 与设备的 GE0/0/1 接口。

②在设备上配置 GE0/0/1 的 IP 地址为 192.168.0.1/24。

```
<HUAWEI> system-view
[HUAWEI] vlan 10
[HUAWEI-vlan10] quit
[HUAWEI] interface gigabitethernet 0/0/1
[HUAWEI-GigabitEthernet0/0/1] port link-type hybrid
[HUAWEI-GigabitEthernet0/0/1] port hybrid untagged vlan 10
[HUAWEI] interface vlanif 10
[HUAWEI-Vlanif10] ip address 192.168.0.1 24
```

③检测 FTP 两端是否已连通。

```
[HUAWEI-Vlanif10] ping 192.168.0.2
Ping 192.168.0.2: 56 data bytes, press CTRL_C to break
Reply from 192.168.0.2: bytes=56 Sequence=1 ttl=128 time=4 ms
Reply from 192.168.0.2: bytes=56 Sequence=2 ttl=128 time=3 ms
Reply from 192.168.0.2: bytes=56 Sequence=3 ttl=128 time=18 ms
Reply from 192.168.0.2: bytes=56 Sequence=4 ttl=128 time=3 ms
Reply from 192.168.0.2: bytes=56 Sequence=5 ttl=128 time=3 ms
---192.168.0.2 ping statistics---
5 packet(s)transmitted
5 packet(s)received
0.00% packet loss
round-trip min/avg/max=3/6/18 ms
```

④从显示信息中可以看到设备与 FTP 服务器间已实现相通。

（3）在设备上通过 FTP 登录到服务器（PC）上。

```
[HUAWEI -Vlanif10] return
<HUAWEI > ftp 192.168.0.2
Trying 192.168.0.2 ...
Press CTRL +K to abort
Connected to 192.168.0.2.
220 FTP Server ready.
User(192.168.0.2:(none)):user      //输入 FTP 用户名 user
331 Password required for ftpuser.
Enter password:        //输入 FTP 密码 huawei
230 User logged in.
```

（4）使用 put 命令将文件上传到 FTP Server（PC），或使用 get 命令从 FTP Server 下载文件到设备，举例如下：

①将配置文件上传到 FTP Server（PC）。

```
[ftp] put vrpcfg.zip
200 Port command okay.
150 Opening ASCII mode data connection for vrpcfg.zip.
226 Transfer complete.
FTP: 8174 byte(s)sent in 0.099 second(s)82.56 Kbyte(s)/sec.
```

此时在 PC 的 D:\FTP 路径下，就可以看到 vrpcfg.zip 文件了。

②将最新版本的系统软件下载到设备上。

```
[ftp] binary     //设置文件传输类型为二进制模式。
200 Type set to I.
[ftp] get devicesoft.cc
200 Port command okay.
150 Opening ASCII mode data connection for devicesoft.cc.
226 Transfer complete.
FTP: 93,832,832 byte(s)received in 722 second(s)560.70 byte(s)/sec.
```

③传输完成后，在设备的用户视图下执行 dir 命令，可以看到该文件已存在于设备的存储器中。

```
<HUAWEI > dir
Directory of cfcard:/

Idx  Attr    Size(Byte)  Date          Time        FileName
0    drw -   -           Jun 05 2013   21:45:24    logfile
```

```
1  -rw-    198          Aug 14 2009  19:01:26    $_patchstate_a
2  -rw-    4            Jun 05 2013  17:56:18    snmpnotilog.txt
3  -rw-    6,443        Jun 05 2013  22:54:00    private-data.txt
4  -rw-    1,664        Jun 05 2013  21:59:56    vrpcfg.zip
5  drw-    -            Nov 14 2011  19:14:26    sysdrv
6  -rw-    491,331      Nov 09 2009  09:08:16    tdtrecord.txt
7  -rw-    938,328,32   Jun 05 2013  19:02:54    devicesoft.cc
```

2. 将上传的系统软件设置为设备的下次启动系统软件

假设上传的系统软件为 devicesoft. cc，将 devicesoft. cc 设置为设备的下次启动软件。

```
<HUAWEI> startup system-software devicesoft.cc
```

3. 重启设备，使设置的系统软件生效

```
<HUAWEI> reboot
Warning: The configuration has been modified, and it will be saved to the
next startup saved-configuration file flash:/vrpcfg.zip. Continue? [Y/
N]:y
Info: If want to reboot with saving diagnostic information, input 'N' and
then execute'reboot save diagnostic-information'.
System will reboot! Continue? [Y/N]:y
```

4. 重启完成后，设备将变为新版本

可以执行 display version 命令查看设备版本。

思考与练习

1. 为什么在实验中，我们最开始查看 MAC 地址表并没有任何信息，而当有流量生成的时候才能在 MAC 地址表中看到绑定关系呢?

2. MAC 地址表为何要有老化时间? 不设定老化时间会造成什么问题呢?

5.3 任务三：虚拟局域网的配置

5.3.1 预备知识

二层交换机虽然能够隔离冲突域，但是它并不能有效地划分广播域。从上一章介绍的二层交换机转发流程可以看出，广播报文以及目的 MAC 查找失败的报文会向除接收接口外的其他所有接口转发，当网络中的主机数量增多时，这种情况会消耗大量的网络带宽，并且在安全性方面也带来一系列问题。当然，通过路由器来隔离广播域是一个办法，但是由于路由器的高成本以及转发性能低的特点使得这一方法应用有限。基于这些情况，二层交换中出现了虚拟局域网（Virtual Local Area Network，VLAN）技术。

1. VLAN 的定义

VLAN 即虚拟局域网，是将一个物理的 LAN 在逻辑上划分成多个广播域的通信技术。

2. VLAN 的目的

以太网是一种基于载波侦听多路访问/冲突检测 CSMA/CD（Carrier Sense Multiple Access/Collision Detection）的共享通信介质的数据网络通信技术。当主机数目较多时会导致冲突严重、广播泛滥、性能显著下降甚至使网络不可用等问题。通过交换机实现 LAN 互联虽然可以解决冲突（Collision）严重的问题，但仍然不能隔离广播报文。

这种网络构成了一个冲突域，网络中计算机数量越多冲突越严重，网络效率越低。同时，该网络也是一个广播域，当网络中发送信息的计算机数量越多时，广播流量将会耗费大量带宽。因此，传统网络不仅面临冲突域和广播域两大难题，而且无法保障传输信息的安全。

在这种情况下出现了 VLAN 技术，这种技术可以把一个 LAN 划分成多个逻辑的 VLAN，每个 VLAN 是一个广播域，VLAN 内的主机间通信就和在一个 LAN 内一样，而 VLAN 间则不能直接互通，这样，广播报文就被限制在一个 VLAN 内。

图 5－10 是一个典型的 VLAN 应用组网图。两台交换机放置在不同的地点，比如写字楼的不同楼层。每台交换机分别连接两台计算机，它们分别属于两个不同的 VLAN，如不同的企业客户。在图 5－10 中，一个虚线框内表示一个 VLAN。

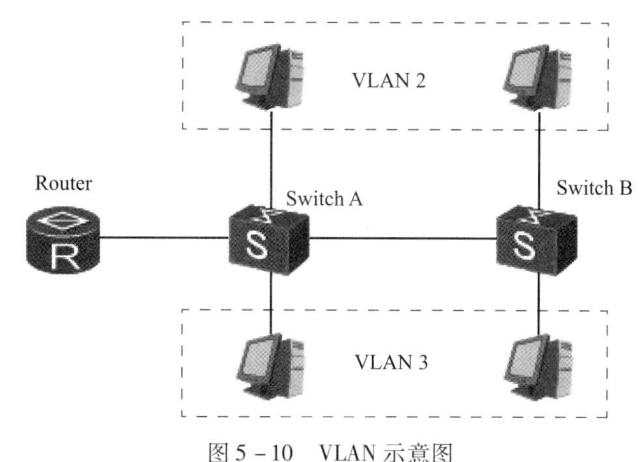

图 5－10　VLAN 示意图

3. VLAN 的优点

使用 VLAN 能给用户会有以下受益：

（1）限制广播域：广播域被限制在一个 VLAN 内，节省了带宽，提高了网络处理能力。

（2）增强局域网的安全性：不同 VLAN 内的报文在传输时是相互隔离的，即一个 VLAN 内的用户不能和其他 VLAN 内的用户直接通信。

（3）提高了网络的健壮性：故障被限制在一个 VLAN 内，本 VLAN 内的故障不会影响其他 VLAN 的正常工作。

（4）灵活构建虚拟工作组：用 VLAN 可以划分不同的用户到不同的工作组，同一工作组的用户也不必局限于某一固定的物理范围，网络构建和维护更方便灵活。

4. VLAN 的帧格式

传统的以太网数据帧在目的 MAC 地址和源 MAC 地址之后封装的是上层协议的类型字段，如图 5－11 所示。

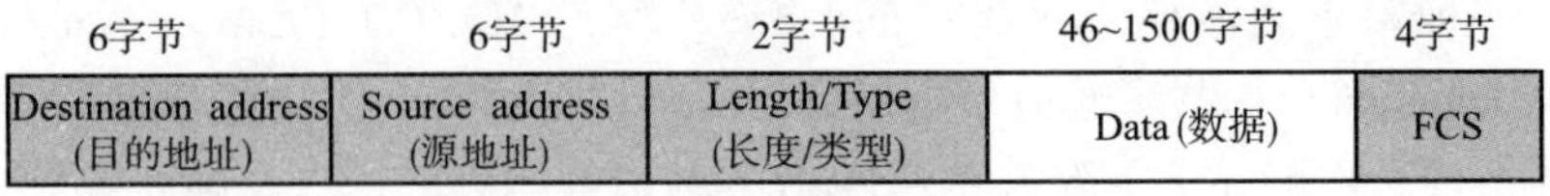

6字节
6字节
2字节
46~1500字节
4字节
Destination address
(目的地址)
Source address
(源地址)
Length/Type
(长度/类型)
Data (数据)
FCS

图 5－11　传统的以太网数据帧格式

IEEE 802. 1Q 是虚拟桥接局域网的正式标准，对 Ethernet 帧格式进行了修改，在源 MAC 地址字段和协议类型字段之间加入 4 字节的 802. 1Q Tag，如图 5－12 所示。

6字节
6字节
4字节
2字节
46~1500字节
4字节
Destination address
（目的地址）
Source address
（源地址）
802.1Q
Tag
Length/Type
（长度/类型）
Data（数据）
FCS
TPID
PRI
CFI
VID
2字节
3比特
1比特
12比特

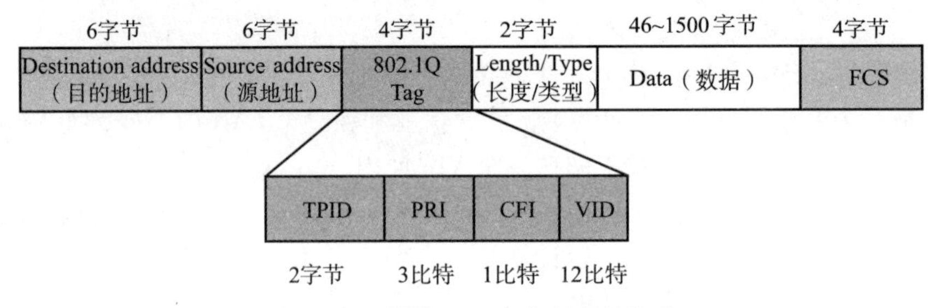

图 5－12　携带 802. 1Q 标签的帧格式

5. VLAN 的划分

可以基于接口、MAC 地址、子网、网络层协议、匹配策略方式来划分 VLAN。

不同方式的 VLAN 划分原理及优缺点比较如表 5－5 所示。

表 5－5　VLAN 划分方式差异表

VLAN 划分方式	原理	优点	缺点
基于接口	根据交换设备的接口编号来划分 VLAN。 网络管理员给交换机的每个接口配置不同的 PVID，即一个接口缺省属于的 VLAN。 当一个数据帧进入交换机接口时，如果没有带 VLAN 标签，且该接口上配置了 PVID，那么，该数据帧就会被打上接口的 PVID。 如果进入的帧已经带有 VLAN 标签，那么交换机不会再增加 VLAN 标签，即使接口已经配置了 PVID。 对 VLAN 帧的处理由接口类型决定	定义成员简单	成员移动需重新配置 VLAN

续表

VLAN 划分方式	原理	优点	缺点
基于 MAC 地址	根据计算机网卡的 MAC 地址来划分 VLAN。 网络管理员成功配置 MAC 地址和 VLAN ID 映射关系表，如果交换机收到的是 Untagged（不带 VLAN 标签）帧，则依据该表添加 VLAN ID	当终端用户的物理位置发生改变，不需要重新配置 VLAN。提高了终端用户的安全性和接入的灵活性	只适用于网卡不经常更换、网络环境较简单的场景中。 需要预先定义网络中所有成员
基于子网划分	如果交换设备收到的是 Untagged（不带 VLAN 标签）帧，交换设备根据报文中的 IP 地址信息，确定添加的 VLAN ID	将指定网段或 IP 地址发出的报文在指定的 VLAN 中传输，减轻了网络管理者的任务量，且有利于管理	网络中的用户分布需要有规律，且多个用户在同一个网段
基于协议划分	根据接口接收到的报文所属的协议（族）类型及封装格式来给报文分配不同的 VLAN ID。 网络管理员需要配置以太网帧中的协议域和 VLAN ID 的映射关系表，如果收到的是 Untagged（不带 VLAN 标签）帧，则依据该表添加 VLAN ID	基于协议划分 VLAN，将网络中提供的服务类型与 VLAN 相绑定，方便管理和维护	需要对网络中所有的协议类型和 VLAN ID 的映射关系表进行初始配置。 需要分析各种协议的地址格式并进行相应的转换，消耗交换机较多的资源，速度上稍具劣势
基于匹配策略（MAC 地址、IP 地址、接口）	基于匹配策略划分 VLAN 是指在交换机上配置终端的 MAC 地址和 IP 地址，并与 VLAN 关联。 只有符合条件的终端才能加入指定 VLAN。符合策略的终端加入指定 VLAN 后，严禁修改 IP 地址或 MAC 地址，否则会导致终端从指定 VLAN 中退出	安全性非常高，基于 MAC 地址和 IP 地址成功划分 VLAN 后，禁止用户改变 IP 地址或 MAC 地址 相较于其他 VLAN 划分方式，基于 MAC 地址和 IP 地址组合策略划分 VLAN 是优先级最高的 VLAN 划分方式	针对每一条策略都需要手工配置

如果设备同时支持多种方式划分 VLAN，优先级顺序从高至低依次是：基于匹配策略划分 VLAN、基于 MAC 地址划分 VLAN 和基于子网划分 VLAN、基于协议划分 VLAN、基于接口划分 VLAN。

基于 MAC 地址划分 VLAN 和基于子网划分 VLAN 拥有相同的优先级。

缺省情况下，优先基于 MAC 地址划分 VLAN。但是可以通过命令改变基于 MAC 地址划分 VLAN 和基于子网划分 VLAN 的优先级，从而决定优先划分 VLAN 的方式。

基于接口划分 VLAN 的优先级最低，却是最常用的 VLAN 划分方式。

基于匹配策略划分 VLAN 的优先级最高，却是最不常用的 VLAN 划分方式。

划分 VLAN 的实现流程如图 5－13 所示。

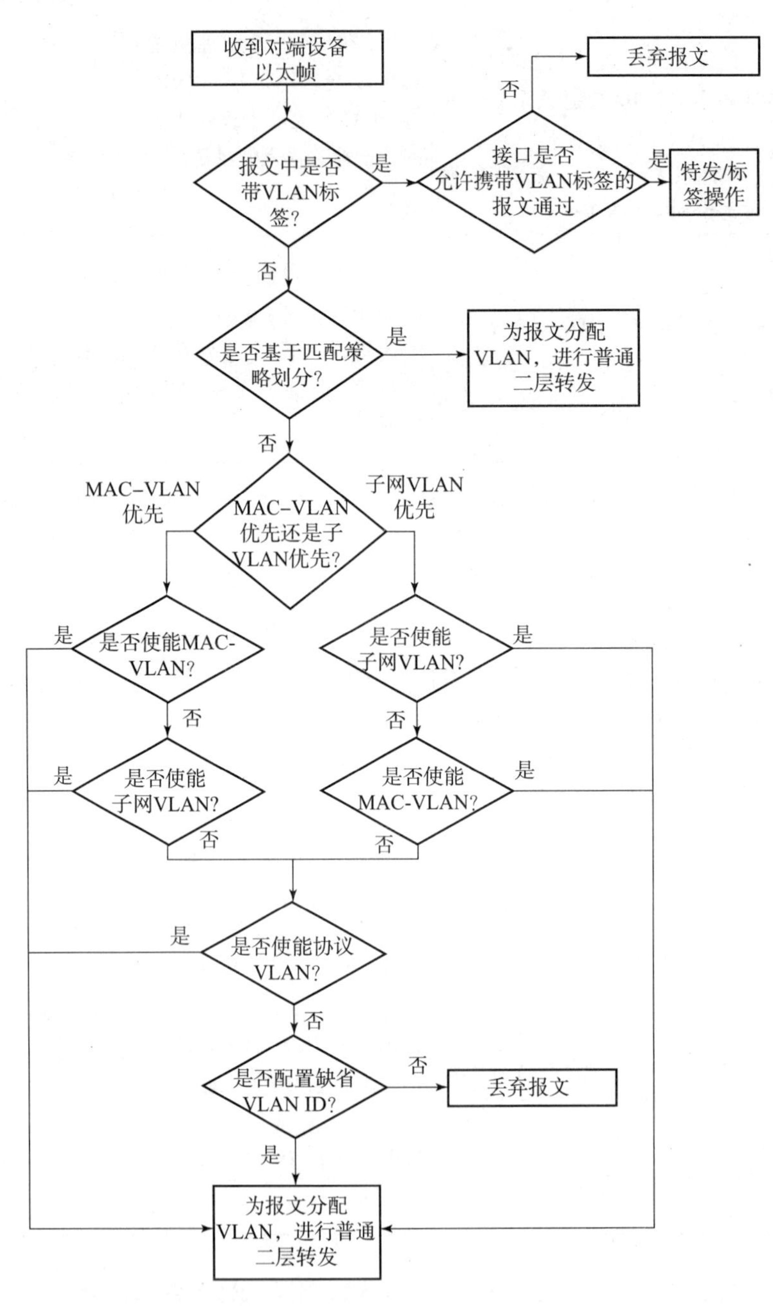

图 5－13 划分 VLAN 的实现流程

6. 链路类型

在华为的交换机中，VLAN 链路分为两种类型：接入链路（Access Link）和干道链路（Trunk Link）。

（1）接入链路：连接用户主机和交换机的链路称为接入链路，图5－14中主机和交换机之间的链路都是接入链路。通常情况下，主机的硬件并不支持带有VLAN标记的数据帧，发送和接收的帧也都是没有标记的帧。接入链路只能属于一个VLAN。这个端口不能直接接收其他VLAN的信息，也不能直接与其他VLAN交互信息。不同VLAN的信息必须经过三层设备处理才能转发。

（2）干道链路：连接交换机和交换机的链路称为干道链路，如图5－14中交换机之间的链路都是干道链路。干道链路是可以承载多个不同VLAN数据的链路，或者也可以用于交换机和路由器之间的连接。

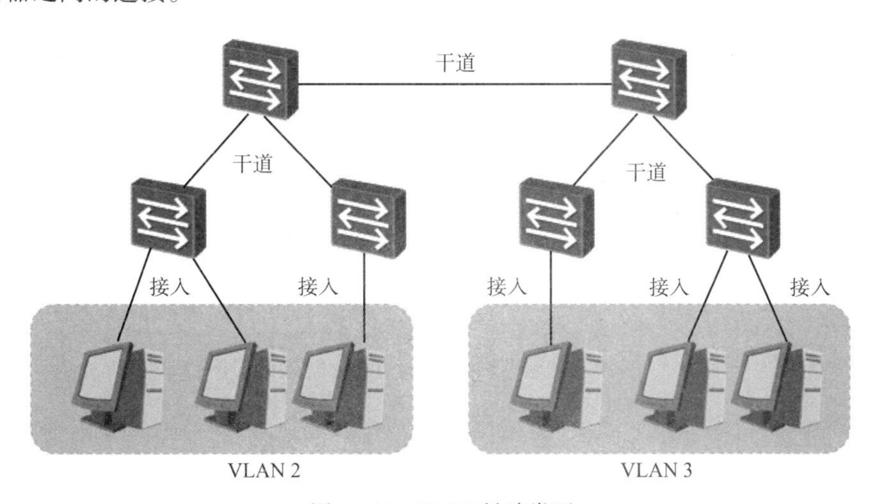

图5－14　VLAN链路类型

数据帧在中继链路上传输的时候，交换机需要识别数据帧是来源于哪个VLAN，所以干道链路上通过的帧一般为带VLAN标签的VLAN帧，IEEE 802.1Q定义了VLAN帧格式，所有在干道链路上传输的帧都是打上标记的帧，通过这些标记，交换机就可以确定这些帧分别属于哪个VLAN。

7. PVID

PVID即Port VLAN ID，代表端口的缺省VLAN。交换机从对端设备收到的帧有可能是不带VLAN标签的数据帧，但所有以太网帧在交换机中都是以带VLAN标签的形式来被处理和转发的，因此交换机必须给端口收到的不带VLAN标签的数据帧添加上VLAN标签。为了实现此目的，必须为交换机配置端口的缺省VLAN。当该端口收到不带VLAN标签的数据帧时，交换机将给它加上该缺省VLAN的VLAN标签。

缺省情况下57系列与37系列交换机PVID均为1。

接入端口是交换机上用来连接用户主机的端口，它只能连接接入链路，并且只能允许唯一的VLAN ID通过本端口。

8. VLAN的端口类型

VLAN的端口分为三种类型：Access端口、Trunk端口、Hybrid端口。

（1）Access端口是交换机上用来连接用户主机的端口，它只能连接接入链路，并且只能允许唯一的VLAN ID通过本端口。

Access 端口收发数据帧的规则如下：

①如果该端口收到对端设备发送的帧是不带 VLAN 标签的，那么交换机将强制加上该端口的 PVID。如果该端口收到对端设备发送的帧是带 VLAN 标签的，那么交换机会检查该标签内的 VLAN ID。当 VLAN ID 与该端口的 PVID 相同时，接收该报文；当 VLAN ID 与该端口的 PVID 不同时，丢弃该报文。

②接入端口发送数据帧时，总是先剥离帧的标签，然后再发送。接入端口发往对端设备的以太网帧永远是不带标签的帧。

图 5－15 中交换机的 G0/0/1、G0/0/2、G0/0/3 端口分别连接三台主机，都配置为接入端口。主机 A 把数据帧（未加标签）发送到交换机的 G0/0/1 端口，再由交换机发往其他目的地。收到数据帧之后，交换机根据端口的 PVID 给数据帧打上 VLAN 标签 10，然后决定从 G0/0/3 端口转发数据帧。G0/0/3 端口的 PVID 也是 10，与 VLAN 标签中的 VLAN ID 相同，交换机移除标签，把数据帧发送到主机 C。连接主机 B 的端口的 PVID 是 2，与 VLAN 10 不属于同一个 VLAN，因此此端口不会接收到 VLAN 10 的数据帧。

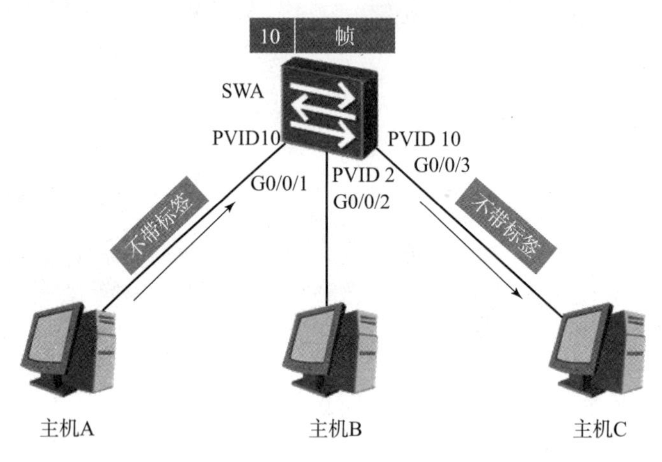

图 5－15　Access 转发示意图

（2）Trunk 端口是交换机上用来和其他交换机连接的端口，它只能连接干道链路。Trunk 端口允许多个 VLAN 的帧（带标签）通过。

Trunk 端口收发数据帧的规则如下：

①当接收到对端设备发送的不带标签的数据帧时，会添加该端口的 PVID，如果 PVID 在允许通过的 VLAN ID 列表中，则接收该报文；否则丢弃该报文。当接收到对端设备发送的带标签的数据帧时，检查 VLAN ID 是否在允许通过的 VLAN ID 列表中，如果 VLAN ID 在接口允许通过的 VLAN ID 列表中，则接收该报文；否则丢弃该报文。

②端口发送数据帧时，当 VLAN ID 与端口的 PVID 相同，且是该端口允许通过的 VLAN ID 时，去掉标签，发送该报文。当 VLAN ID 与端口的 PVID 不同，且是该端口允许通过的 VLAN ID 时，保持原有标签，发送该报文。

图 5－16 中 SWA 和 SWB 连接主机的端口为 Access 端口，PVID 如图所示。SWA 和 SWB 互联的端口为 Trunk 端口，PVID 都为 1，此 Trunk 链路允许所有 VLAN 的流量通过。当 SWA 转发 VLAN 1 的数据帧时会剥离 VLAN 标签，然后发送到 Trunk 链路上。而在转发 VLAN 20

的数据帧时，不剥离 VLAN 标签直接转发到 Trunk 链路上。

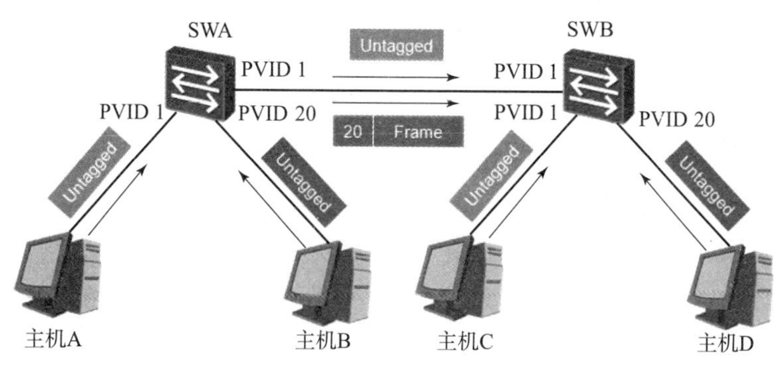

图 5－16　Trunk 转发示意图

Access 端口发往其他设备的报文，都是不带标签的数据帧，而 Trunk 端口仅在一种特定情况下才能发出不带标签的数据帧，其他情况发出的都是带标签的数据帧。

（3）Hybrid 端口是交换机上既可以连接用户主机，又可以连接其他交换机的端口。Hybrid 端口既可以连接接入链路又可以连接干道链路。混杂端口允许多个 VLAN 的帧通过，并可以在出端口方向将某些 VLAN 帧的标签剥掉。华为设备默认的端口类型是 Hybrid。

Hybrid 端口收发数据帧的规则如下：

①当接收到对端设备发送的不带标签的数据帧时，会添加该端口的 PVID，如果 PVID 在允许通过的 VLAN ID 列表中，则接收该报文；否则丢弃该报文。当接收到对端设备发送的带标签的数据帧时，检查 VLAN ID 是否在允许通过的 VLAN ID 列表中。如果 VLAN ID 在接口允许通过的 VLAN ID 列表中，则接收该报文；否则丢弃该报文。

②Hybrid 端口发送数据帧时，将检查该接口是否允许该 VLAN 数据帧通过。如果允许通过，则可以通过命令配置发送时是否携带标签。

图 5－17 要求主机 A 和主机 B 都能访问服务器，但是它们之间不能互相访问。此时交换机连接主机和服务器的端口，以及交换机互联的端口都配置为 Hybrid 类型。交换机连接主机 A 的端口的 PVID 是 2，连接主机 B 的端口的 PVID 是 3，连接服务器的端口的 PVID 是 100。

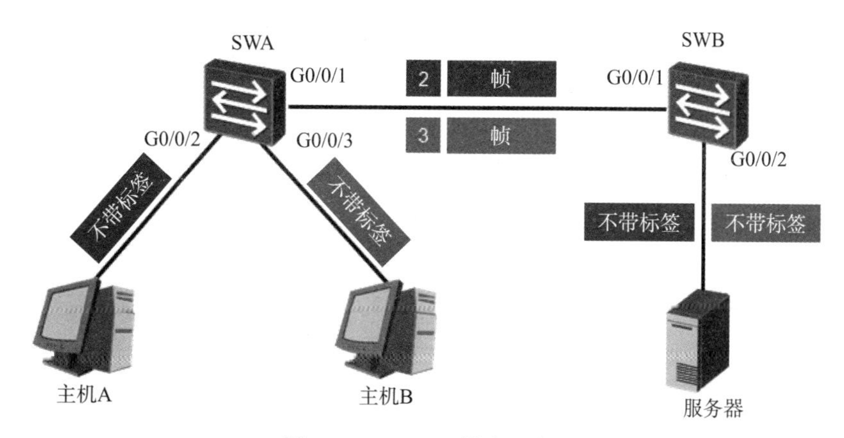

图 5－17　Hybrid 转发示意图

5.3.2 典型任务：VLAN 与 VLAN 端口基本配置

1. 任务描述

（1）PC 1 与 PC 3 同属于 IT 部门。

（2）PC 2 与 PC 4 同属于销售部门。

（3）通过配置 Trunk 端口实现 VLAN 内设备的互通。

VLAN 基本配置如图 5 – 18 所示。

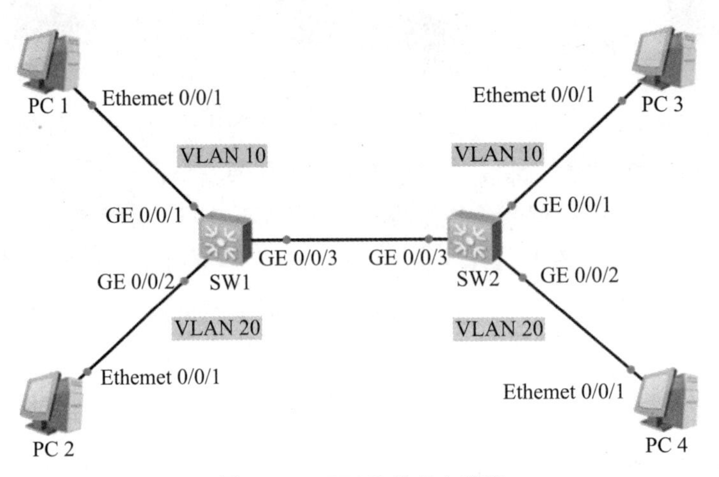

图 5 – 18　VLAN 的基本配置

2. 任务分析

（1）在两台交换机上需要创建对应的 VLAN 信息。

（2）默认 Trunk 接口只允许 VLAN 1 通过，所以在这里需要在 Trunk 接口中放行图中 VLAN 信息。

3. 配置流程

VLAN 配置流程如图 5 – 19 所示。

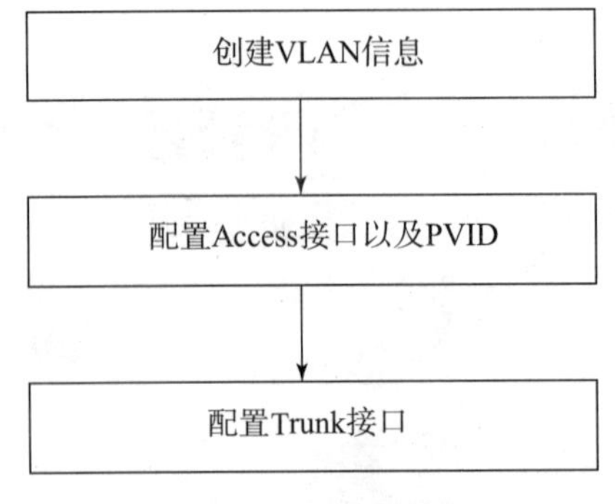

图 5 – 19　VLAN 配置流程

4. 关键配置

（1）在 SW 1 上创建两个 VLAN 并命名，其中 VLAN 10 分配给 IT 部门使用，VLAN 20 分配给销售部门使用。

```
[SWX]vlan 10                          //创建 VLAN10
[SWX-vlan10]description IT            //为 VLAN10 命名
[SWX]vlan 20                          //创建 VLAN20
[SWX-vlan10]description SALE          //为 VLAN20 命名
```

```
[SW1]interface GigabitEthernet 0/0/1
[SW1-GigabitEthernet0/0/1]port link-type access //接口类型为 Access
[SW1-GigabitEthernet0/0/1]port default vlan 10   //PVID 为 VLAN10
[SW1]interface GigabitEthernet 0/0/2
[SW1-GigabitEthernet0/0/2]port link-type access
[SW1-GigabitEthernet0/0/2]port default vlan 20

[SW1]interface GigabitEthernet 0/0/3
[SW1-GigabitEthernet0/0/3]port link-type trunk    //设置接口类型
为 Trunk
[SW1-GigabitEthernet0/0/3]port trunk allow-pass vlan all //允许所有
VLAN 通过

[SW2]interface GigabitEthernet 0/0/1
[SW2-GigabitEthernet0/0/1]port link-type access
[SW2-GigabitEthernet0/0/1]port default vlan 10
[SW2]interface GigabitEthernet 0/0/2
[SW2-GigabitEthernet0/0/2]port link-type access
[SW2-GigabitEthernet0/0/2]port default vlan 20

[SW2]interface GigabitEthernet 0/0/3
[SW2-GigabitEthernet0/0/3]port link-type trunk    //设置接口类型
为 Trunk
[SW2-GigabitEthernet0/0/3]port trunk allow-pass vlan all //允许所有
VLAN 通过
```

（2）在 PC 1 上检测连通，可以看到只有同一 VLAN 下的 PC 3 能够 ping 通，归属于不同 VLAN 的 PC 2 无法与 PC 1 互通。

```
PC>ping 192.168.1.2

Ping 192.168.1.2:32 data bytes,Press Ctrl_c to break
From 192.168.1.1:Destination host unreachable
```

```
From 192.168.1.1:Destination host unreachable
From 192.168.1.1:Destination host unreachable
From 192.168.1.1:Destination host unreachable
From 192.168.1.1:Destination host unreachable

 --- 192.168.1.2 ping statistics ---
  5 packet(s) transmitted
  0 packet(s) received
  100.00% packet loss

PC>ping 192.168.1.3

Ping 192.168.1.3:32 data bytes,Press Ctrl_c to break
From 192.168.1.3:bytes=32 seq=1 ttl=128 time<1 ms
From 192.168.1.3:bytes=32 seq=1 ttl=128 time<1 ms
From 192.168.1.3:bytes=32 seq=1 ttl=128 time<1 ms
From 192.168.1.3:bytes=32 seq=1 ttl=128 time<1 ms
From 192.168.1.3:bytes=32 seq=1 ttl=128 time<1 ms
```

5.3.3 任务拓展

早期的网络中一般使用二层交换机来搭建局域网，而不同局域网之间的网络互通由路由器来完成。那时的网络流量，局域网内部的流量占了绝大部分，而网络间的通信访问量比较少，使用少量路由器已足够应付。

但是，随着数据通信网络范围的不断扩大，网络业务的不断丰富，网络间互访的需求越来越多，而路由器由于自身成本高、转发性能低、接口数量少等特点无法很好地满足网络发展的需求，因此出现了三层交换机这样一种能实现高速三层转发的设备。

路由器的三层转发主要依靠 CPU 进行，而三层交换机的三层转发依靠硬件完成，这就决定了两者在转发性能上的巨大差别。当然，三层交换机并不能完全替代路由器，路由器所具备的丰富的接口类型、良好的流量服务等级控制、强大的路由能力等仍然是三层交换机的薄弱环节。

1. *三层转发的原理*

目前的三层交换机一般是通过 VLAN 来划分二层网络并实现二层交换，同时能够实现不同 VLAN 间的三层 IP 互访。不同网络的主机之间互访的流程简要如下。

源主机在发起通信之前，将自己的 IP 与目的主机的 IP 进行比较，如果两者位于同一网段（用网络掩码计算后具有相同的网络号），那么源主机直接向目的主机发送 ARP 请求，在收到目的主机的 ARP 应答后获得对方的物理层（MAC）地址，然后用对方 MAC 地址作为报文的目的 MAC 地址进行报文发送。

当源主机判断目的主机与自己位于不同网段时，它会通过网关（Gateway）来递交报文，

即发送 ARP 请求来获取网关 IP 地址对应的 MAC 地址，在得到网关的 ARP 应答后，用网关 MAC 地址作为报文的目的 MAC 地址发送报文。此时发送报文的源 IP 是源主机的 IP，目的 IP 仍然是目的主机的 IP。

2. 三层交换的过程

如图 5－20 所示，通信的源、目的主机连接在同一台三层交换机上，但它们位于不同 VLAN（网段）。对于三层交换机来说，这两台主机都位于它的直连网段内，它们的 IP 对应的路由都是直连路由。

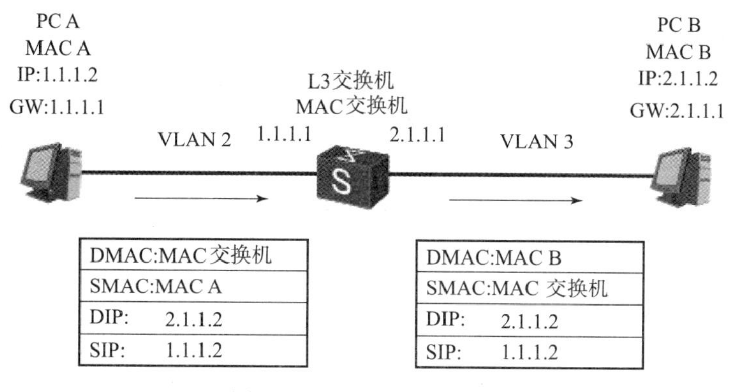

图 5－20 三层交换转发图

图 5－20 中标明了两台主机的 MAC 地址、IP 地址、网关，以及三层交换机的 MAC 地址、不同 VLAN 配置的三层接口 IP 地址。当 PC A 向 PC B 发起 ping 时，流程如下（假设三层交换机上还未建立任何硬件转发表项）：

（1）根据前面的描述，PC A 首先检查出目的 IP 地址 2. 1. 1. 2（PC B）与自己不在同一网段，因此它发出请求网关地址 1. 1. 1. 1 对应 MAC 的 ARP 请求。

（2）L3 交换机收到 PC A 的 ARP 请求后，检查请求报文发现被请求 IP 是自己的三层接口 IP，因此发送 ARP 应答并将自己的三层接口 MAC（MAC 交换机）包含在其中。同时它还会把 PCA 的 IP 地址与 MAC 地址对应关系（1. 1. 1. 2 与 MAC A）记录到自己的 ARP 表项中去（因为 ARP 请求报文中包含了发送者的 IP 和 MAC）。

（3）PC A 得到网关（L3 交换机）的 ARP 应答后，组装 ICMP 请求报文并发送，报文的目的 MAC（即 DMAC）＝MAC 交换机、源 MAC（即 SMAC）＝MAC A、源 IP（即 SIP）＝1. 1. 1. 2、目的 IP（即 DIP）＝2. 1. 1. 2。

（4）L3 交换机收到报文后，首先根据报文的源 MAC＋VLAN ID 更新 MAC 表。然后，根据报文的目的 MAC＋VLAN ID 查找 MAC 地址表，发现匹配了自己三层接口 MAC 的表项，说明需要作三层转发，于是继续查找交换芯片的三层表项。

（5）交换芯片根据报文的目的 IP 去查找其三层表项，由于之前未建立任何表项，因此查找失败，于是将报文送到 CPU 去进行软件处理。

（6）CPU 根据报文的目的 IP 去查找其软件路由表，发现匹配了一个直连网段（PC B 对应的网段），于是继续查找其软件 ARP 表，仍然查找失败。然后 L3 交换机会在目的网段对应的 VLAN 3 的所有接口发送请求地址 2. 1. 1. 2 对应 MAC 的 ARP 请求。

（7）PC B 收到 L3 交换机发送的 ARP 请求后，检查发现被请求 IP 是自己的 IP，因此发送 ARP 应答并将自己的 MAC（MAC B）包含在其中。同时，将 L3 交换机的 IP 与 MAC 的对应关系（2. 1. 1. 1 与 MAC 交换机）记录到自己的 ARP 表中去。

（8）L3 交换机收到 PC B 的 ARP 应答后，将其 IP 和 MAC 对应关系（2. 1. 1. 2 与 MAC B）记录到自己的 ARP 表中去，并将 PC A 的 ICMP 请求报文发送给 PC B，报文的目的 MAC 修改为 PC B 的 MAC（MAC B），源 MAC 修改为自己的 MAC（MAC 交换机）。同时，在交换芯片的三层表项中根据刚得到的三层转发信息添加表项（内容包括 IP、MAC、出口 VLAN、出接口），这样后续的 PC A 发往 PC B 的报文就可以通过该硬件三层表项直接转发了。

（9）PC B 收到 L3 交换机转发过来的 ICMP 请求报文以后，回应 ICMP 应答给 PC A。ICMP 应答报文的转发过程与前面类似，只是由于 L3 交换机在之前已经得到 PC A 的 IP 和 MAC 对应关系了，也同时在交换芯片中添加了相关三层表项，因此这个报文直接由交换芯片硬件转发给 PC A。

（10）这样，后续的往返报文都经过查 MAC 表到查三层转发表的过程由交换芯片直接进行硬件转发了。

从上述流程可以看出，三层交换机正是充分利用了“一次路由（首包 CPU 转发并建立三层硬件表项）、多次交换（后续包芯片硬件转发）”的原理实现了转发性能与三层交换的完美统一。

3. 任务描述

（1）PC 1，PC 2 处于 VLAN 10 内。

（2）PC 3，PC 4 处于 VLAN 20 内。

（3）SW 1 为三层交换机，通过配置实现 VLAN 10 与 VLAN 20 的互访。如图 5－21 所示。

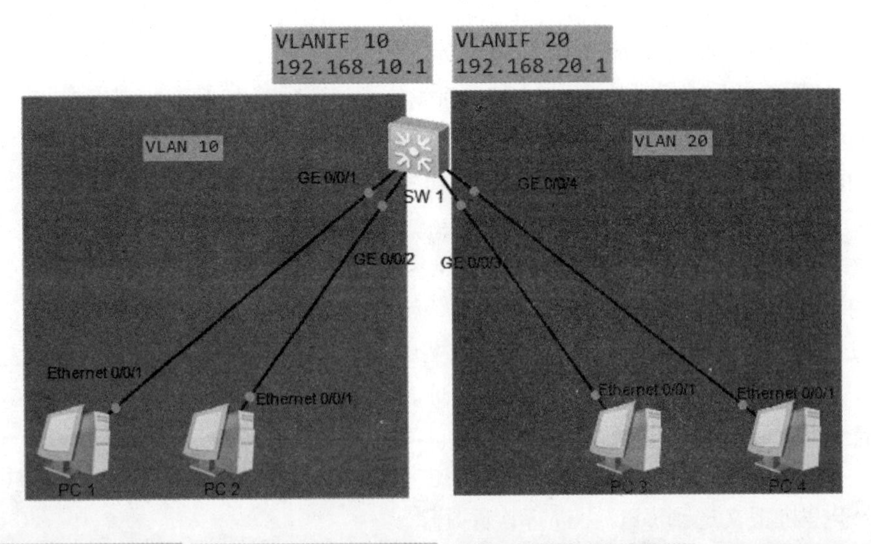

图 5－21　三层交换实现 VLAN 间通信

4. 任务分析

（1）PC 在不同的 VLAN 中默认是不能相互访问的。

（2）通过将 SW 1 的 VLANIF 接口设置为 PC 的网关，使 SW 1 为两个 VLAN 实现互访。

5. 配置流程

VLANIF 配置流程如图 5－22 所示。

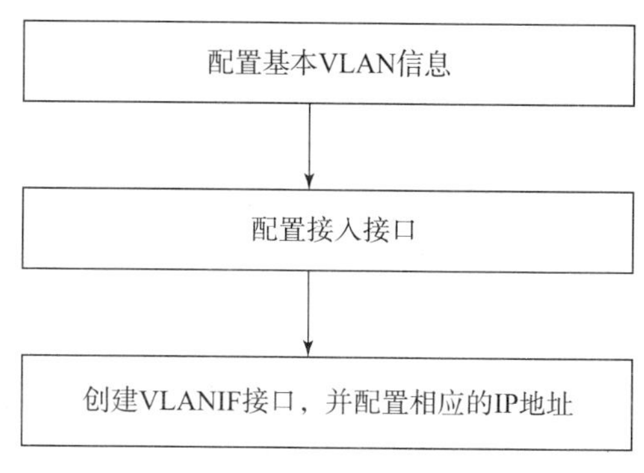

图 5－22　VLANIF 配置流程

6. 关键配置

（1）在交换机上创建 VLAN 信息。

```
[SW1]vlan 10
[SW1]vlan 20
[SW1]interface GigabitEthernet 0/0/1
[SW1-GigabitEthernet0/0/1]port link-type access   //接口类型为 Access
[SW1-GigabitEthernet0/0/1]port default vlan 10   //PVID 为 VLAN 10
[SW1]interface GigabitEthernet 0/0/2
[SW1-GigabitEthernet0/0/2]port link-type access   //接口类型为 Access
[SW1-GigabitEthernet0/0/2]port default vlan 10   //PVID 为 VLAN 10
[SW1]interface GigabitEthernet 0/0/3
[SW1-GigabitEthernet0/0/3]port link-type access   //接口类型为 Access
[SW1-GigabitEthernet0/0/3]port default vlan 20   //PVID 为 VLAN 20
[SW1]interface GigabitEthernet 0/0/4
[SW1-GigabitEthernet0/0/4]port link-type access   //接口类型为 Access
[SW1-GigabitEthernet0/0/4]port default vlan 20   //PVID 为 VLAN 20
[SW1]interface Vlanif 10   //创建 VLAN10 的 VLANIF 接口
[SW1-Vlanif10]ip address 192.168.10.1 24   //配置网关的 IP 地址
[SW1]interface Vlanif 20   //创建 VLAN 20 的 VLANIF 接口
[SW1-Vlanif20]ip address 192.168.20.1 24   //配置网关的 IP 地址
```

（2）在 PC 1 上通过 ping 命令来验证能否访问 PC 4。

```
PC >ping 192.168.20.20

Ping 192.168.20.20:32 data bytes,Press Ctrl_c to break
From 192.168.20.20:bytes =32 seq =1 ttl =127 time =31 ms
From 192.168.20.20:bytes =32 seq =2 ttl =127 time =16 ms
From 192.168.20.20:bytes =32 seq =3 ttl =127 time =15 ms
From 192.168.20.20:bytes =32 seq =4 ttl =127 time =16 ms
From 192.168.20.20:bytes =32 seq =5 ttl =127 time =15 ms

 ---192.168.20.20 ping statistice ---
  5 packet(s) transmitted
  5 packet(s) received
  0.00% packet loss
  round - trip min/avg/max =15/18/31 ms
```

思考与练习

1. VLAN ID 字段只有 12 比特，也就是 VLAN 号最多只有 2^{12} 个，大约 4096 个，那如果需要使用的 VLAN 数目超过了这个数目，如何去解决呢?

2. VLAN 端口都有哪些类型，各有什么特点?

3. 描述 VLAN 端口的转发原则。

5.4 任务四：STP 生成树协议的配置及应用

5.4.1 预备知识

为了提高网络可靠性，交换网络中通常会使用冗余链路。然而，冗余链路会给交换网络带来环路风险，并导致广播风暴以及 MAC 地址表不稳定等问题，进而会影响到用户的通信质量。生成树协议 STP（Spanning Tree Protocol）在提高可靠性的同时又能避免环路带来的各种问题。

随着局域网规模的不断扩大，越来越多的交换机被用来实现主机之间的互联。如果交换机之间仅使用一条链路互联，则可能会出现单点故障，导致业务中断。为了解决此类问题，交换机在互联时一般都会使用冗余链路来实现备份。

冗余链路虽然增强了网络的可靠性，但是也会产生环路，而环路会带来一系列的问题，继而导致通信质量下降和通信业务中断等问题。

1. 广播风暴

根据交换机的转发原则，如果交换机从一个端口上接收到的是一个广播帧，或者是一个目的 MAC 地址未知的单播帧，则会将这个帧向除源端口之外的所有其他端口转发。如果交

换网络中有环路，则这个帧会被无限转发，此时便会形成广播风暴，网络中也会充斥着重复的数据帧，如图5－23所示。

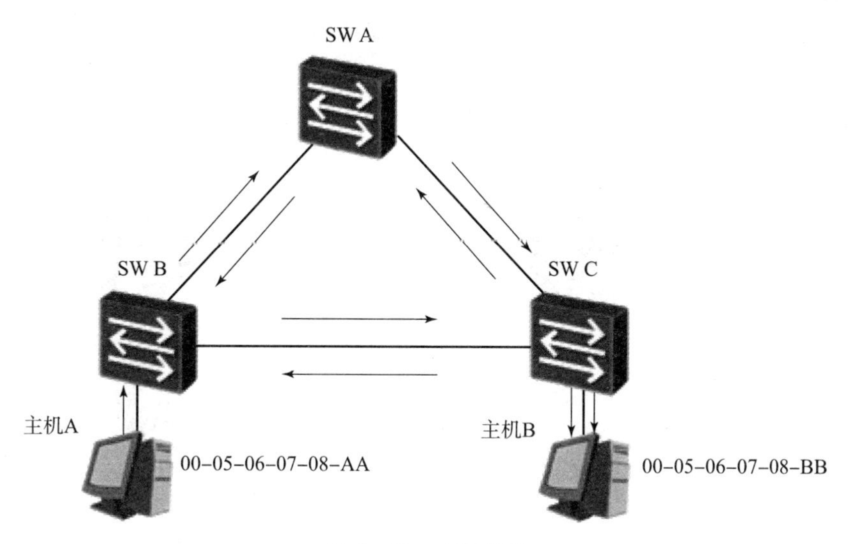

图5－23　广播风暴

本例中，主机A向外发送了一个单播帧，假设此单播帧的目的MAC地址在网络中所有交换机的MAC地址表中都暂时不存在。SW B接收到此帧后，将其转发到SW A和SW C，SW A和SW C也会将此帧转发到除了接收此帧的其他所有端口，结果此帧又会被再次转发给SW B，这种循环会一直持续，于是便产生了广播风暴。交换机性能会因此急速下降，并会导致业务中断。

2. MAC地址表震荡

交换机是根据所接收到的数据帧的源地址和接收端口生成MAC地址表项的。

如图5－24所示，主机A向外发送一个单播帧，假设此单播帧的目的MAC地址在网络中所有交换机的MAC地址表中都暂时不存在。SW B收到此数据帧之后，在MAC地址表中生成一个MAC地址表项，00－01－02－03－04－AA，对应端口为G0/0/3，并将其从G0/0/1和G0/0/2端口转发。此例仅以SW B从G0/0/1端口转发此帧为例进行说明。

SW A接收到此帧后，由于MAC地址表中没有对应此帧目的MAC地址的表项，所以SW A会将此帧从G0/0/2端口转发出去。

SW C接收到此帧后，由于MAC地址表中也没有对应此帧目的MAC地址的表项，所以SW C会将此帧从G0/0/2端口发送回SW B，也会发给主机B。

SW B从G0/0/2端口接收到此数据帧之后，会在MAC地址表中删除原有的相关表项，生成一个新的表项，00－01－02－03－04－AA，对应端口为G0/0/2。此过程会不断重复，从而导致MAC地址表震荡。

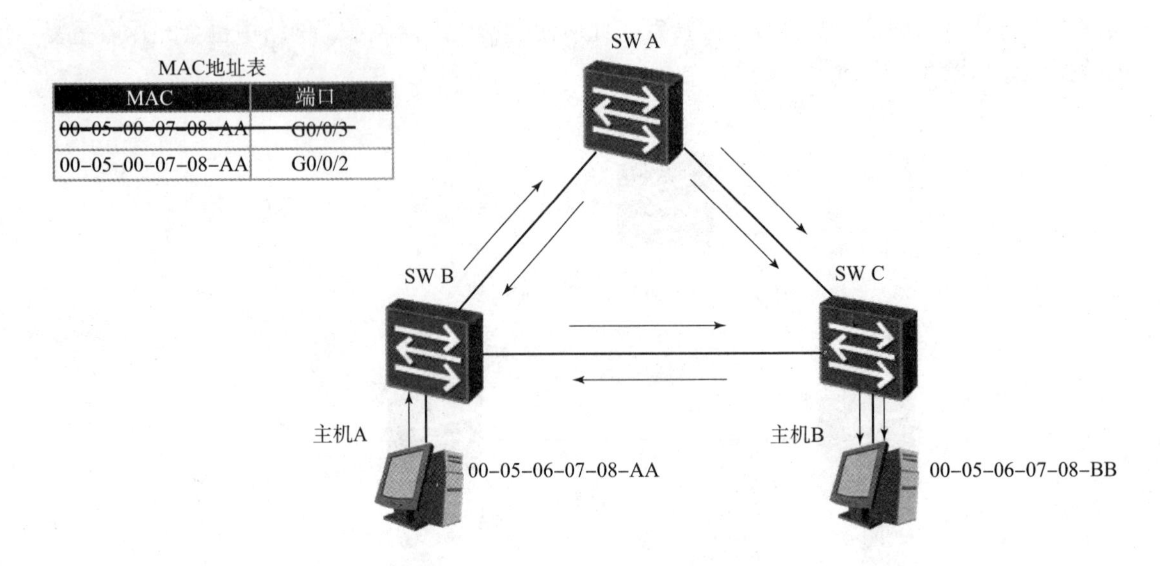

图 5－24　MAC 地址表震荡

3. STP 的定义

在以太网中，二层网络的环路会带来广播风暴、MAC 地址表震荡、重复数据帧等问题，为解决交换网络中的环路问题，提出了 STP。

STP 消除网络中的环路，其基本理论依据是根据网络拓扑构建（生成）无回路的连通图(就是树)，从而保证数据传输路径的唯一性，避免出现环路报文流量增加和循环。STP 是工作在 OSI 第二层（数据链路层）的协议。

STP 协议通过在交换机之间传递特殊的消息并进行分布式的计算，来决定一个有环路的网络中，哪台交换机的哪个端口应该被阻塞，用这种方法来剪切掉环路。

STP 通过构造一棵树来消除交换网络中的环路。

每个 STP 网络中，都会存在一个根桥，其他交换机为非根桥。根桥或者根交换机位于整个逻辑树的根部，是 STP 网络的逻辑中心，非根桥是根桥的下游设备。当现有根桥产生故障时，非根桥之间会交互信息并重新选举根桥，这种交互的信息被称为桥接数据单元（Bridge Protocol Data Unit，BPDU）。BPDU 中包含交换机在参加生成树计算时的各种参数信息，后面会有详细介绍。

STP 中定义了三种端口角色：指定端口，根端口和预备端口，如图 5－25 所示。

（1）根桥（Root Bridge，RB）。

根桥就是网桥 ID 最小的桥，由优先级和 MAC 地址组成。

（2）根端口（Root Port，RP）。

所谓根端口就是去往根桥路径开销最小的端口，根端口负责向根桥方向转发数据，这个端口的选择标准是根路径开销。在一台设备上所有使能 STP 的端口中，根路径开销最小者，就是根端口。很显然，在一个运行 STP 协议的设备上根端口有且只有一个，根桥上没有根端口。

（3）指定端口和指定桥。

每一个网段选择到根桥最近的网桥作为指定桥，该网桥到这个网段的端口为指定端口。

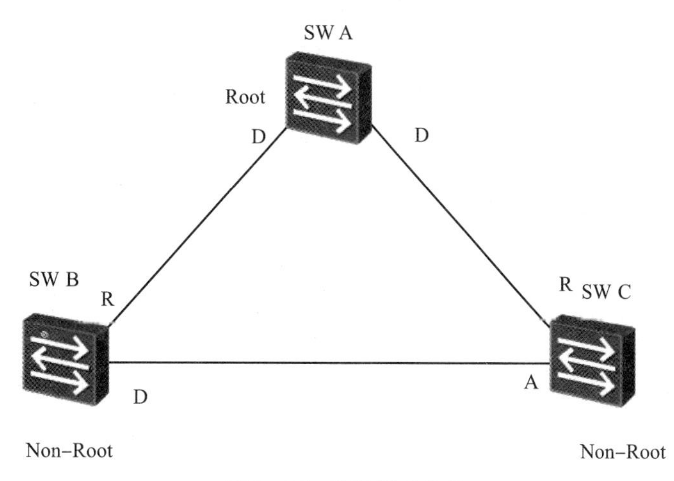

图5－25　STP端口角色

指定端口为负责转发流量的端口，指定桥为负责转发配置流量的设备。

一旦根桥、根端口、指定端口选举成功，则整个树型拓扑建立完毕。在拓扑稳定后，只有根端口和指定端口转发流量，其他的非根非指定端口都处于阻塞（Blocking）状态，它们只接收STP协议报文而不转发用户流量。

（4）根桥的选举。

STP中根桥的选举依据的是桥ID（Bridge ID），STP中的每个交换机都会有一个桥ID。桥ID由16位的桥优先级（Bridge Priority）和48位的MAC地址构成。在STP网络中，桥优先级是可以配置的，取值范围是0～65535，默认值为32768。优先级最高的设备（桥ID最小）会被选举为根桥。如果优先级相同，则会比较MAC地址，MAC地址越小则越优先。

如图5－26所示，SW A的优先级为4096，小于SW B和SW C的优先级，所以在这三台交换机进行生成树的选举时，SW A会被选举成根桥。

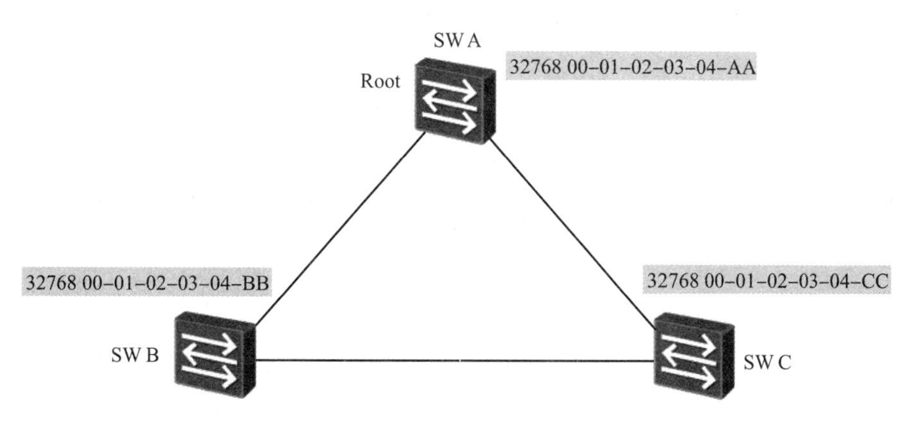

图5－26　根桥的选举

（5）根端口的选举。

非根交换机在选举根端口时分别依据该端口的根路径开销、对端BID（Bridge ID）、对端PID（Port ID）和本端PID判定。

交换机的每个端口都有一个端口开销（Port Cost）参数，此参数表示该端口发送数据时的开销值，即出端口的开销。STP 认为从一个端口接收数据是没有开销的。端口的开销和端口的带宽有关，带宽越高，开销越小。从一个非根桥到达根桥的路径可能有多条，每一条路径都有一个总的开销值，此开销值是该路径上所有出端口的端口开销总和，即根路径开销（Root Path Cost，RPC）。非根桥根据根路径开销来确定到达根桥的最短路径，并生成无环树状网络。根桥的根路径开销是 0。

一般情况下，企业网络中会存在多种厂商的交换设备，华为 X7 系列交换机支持多种 STP 的路径开销计算标准，提供最大限度的兼容性。缺省情况下，华为 X7 系列交换机使用 IEEE 802.1T 标准来计算路径开销。

运行 STP 交换机的每个端口都有一个端口 ID（Port ID），端口 ID 由端口优先级和端口号构成。端口优先级取值范围是 0 ~ 240，步长为 16，即取值必须为 16 的整数倍。缺省情况下，端口优先级是 128。端口 ID 可以用来确定端口角色。

每个非根桥都要选举一个根端口。根端口是距离根桥最近的端口，这个最近的衡量标准是靠累计根路径开销来判定的，即累计根路径开销最小的端口就是根端口。端口收到一个 BPDU 报文后，抽取该 BPDU 报文中累计根路径开销字段的值，加上该端口本身的路径开销即为累计根路径开销。如果有两个或两个以上的端口计算得到的累计根路径开销相同，那么选择收到发送者 BID 最小的那个端口作为根端口。

如果两个或两个以上的端口连接到同一台交换机上，则选择发送者 PID 最小的那个端口作为根端口。如果两个或两个以上的端口通过集线器连接到同一台交换机的同一个接口上，则选择本交换机的这些端口中的 PID 最小的作为根端口。

（6）指定端口的选举。

在网段上抑制其他端口（无论是自己的还是其他设备的）发送 BPDU 报文的端口，就是该网段的指定端口。每个网段都应该有一个指定端口，根桥的所有端口都是指定端口（除非根桥在物理上存在环路）。

指定端口的选举也是首先比较累计根路径开销，累计根路径开销最小的端口就是指定端口。如果累计根路径开销相同，则比较端口所在交换机的桥 ID，所在桥 ID 最小的端口被选举为指定端口。如果通过累计根路径开销和所在桥 ID 选举不出来，则比较端口 ID，端口 ID 最小的被选举为指定端口。

网络收敛后，只有指定端口和根端口可以转发数据。其他端口为预备端口，被阻塞，不能转发数据，只能够从所连网段的指定交换机接收到 BPDU 报文，并以此来监视链路的状态。

（7）STP 的端口状态与转化。

STP 的端口状态迁移机制，即运行 STP 协议的设备上端口状态有五种，如图 5 – 27 所示。

①Forwarding：转发状态。端口既可转发用户流量也可转发 BPDU 报文，只有根端口或指定端口才能进入 Forwarding 状态。

②Learning：学习状态。端口可根据收到的用户流量构建 MAC 地址表，但不转发用户流量。增加 Learning 状态是为了防止临时环路。

③Listening：侦听状态。端口可以转发 BPDU 报文，但不能转发用户流量。

④Blocking：阻塞状态。端口仅仅能接收并处理 BPDU，不能转发 BPDU，也不能转发用户流量。此状态是预备端口的最终状态。

⑤Disabled：禁用状态。端口既不处理和转发 BPDU 报文，也不转发用户流量。

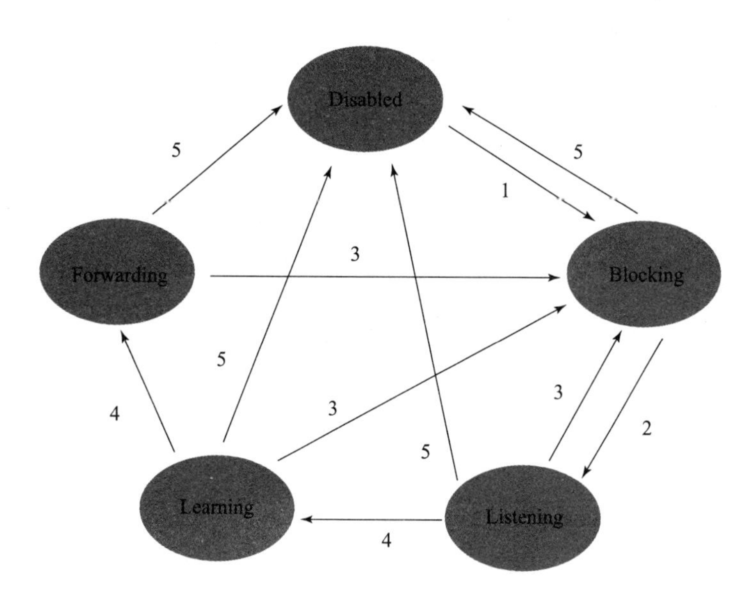

图 5－27　STP 端口状态

1—端口初始化或使能；2—端口被选为根端口或指定端口；

3—端口不再是根端口或指定端口；4—计时器超时（Forward Delay）；

5—端口禁用或链路失效

5.4.2　典型任务：STP 配置及应用

1. 任务描述

（1）通过在交换机上运行 STP，确保网络中没有环路。

（2）通过调整参数，保证 SW 4 成为网络中的根桥设备。

（3）生成树模式使用 802.1d 标准。

2. 任务分析

（1）需要在四台交换机上开启 STP 功能，以阻止网络出现环路。

（2）把 STP 的模式设置为 STP（802.1d）。

（3）更改 SW 4 的优先级，确保 SW 4 成为网络中的根桥设备。

3. 配置流程

STP 配置流程如图 5－29 所示。

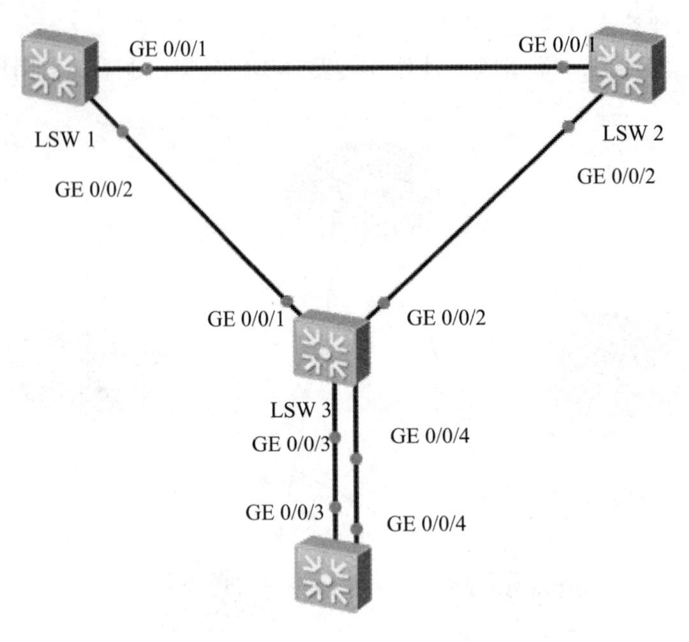

图 5－28　STP 基本配置实验

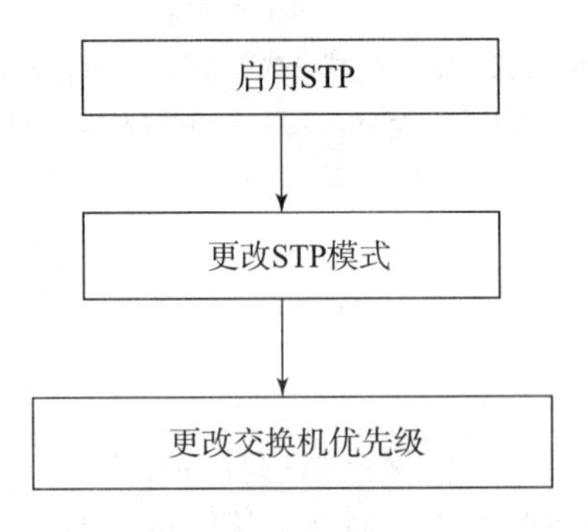

图 5－29　STP 配置流程

4. 关键配置

(1) 四台交换机启用 STP 并且设置模式为 STP (802.1d)

```
[SWX]stp enable                    //开启 STP
[SWX]stp mode stp                  //更改 STP 模式
```

(2) 在 SW 4 上调整 STP 优先级，确保 SW 4 成为网络中的根桥。

```
[SW4]stp priority 0                //优先级越小越优先
```

(3) 在交换机上查看根桥的 MAC 地址信息。

```
[SW1]display stp
-------[CIST Global Info][Mode STP]-------
CIST Bridge                     :32768.4C1f-cc8f-d7ac
Config Times                    :Hello 2s MaxAge 20s FwDly 15s MaxHop 20
Active Times                    :Hello 2s MaxAge 20s FwDly 15s MaxHop 20
CIST Root/ERPC                  :0     .4clf-cc1b-6253/2
CIST RegRoot/IRPC               :32768.4clf-cc8b-d7ac/0
CIST RootPortId                 :128.2
BPDU-Protection                 :Disabled
TC or TCN received              :47
TC count per hello              :0
STP Converge Mode               :Normal
Time since last TC              :0 days oh:om:51s
Number of TC                    :10
Last TC occurred                :Gigabit Etherner0/0/2
```

5.4.3　任务拓展

1. 任务描述

某公司发现部署生成树后，网络中部分链路流量过大，而部分链路过于空闲，为了提高网络现有链路利用率，技术负责人员提出如下需求：

（1）使用多实例生成树。

（2）将网络中交换机进行流量的负载均衡。

（3）让 SW 1 作为奇数 VLAN 的根桥，SW 2 作为偶数 VLAN 的根桥，如图 5-30 所示。

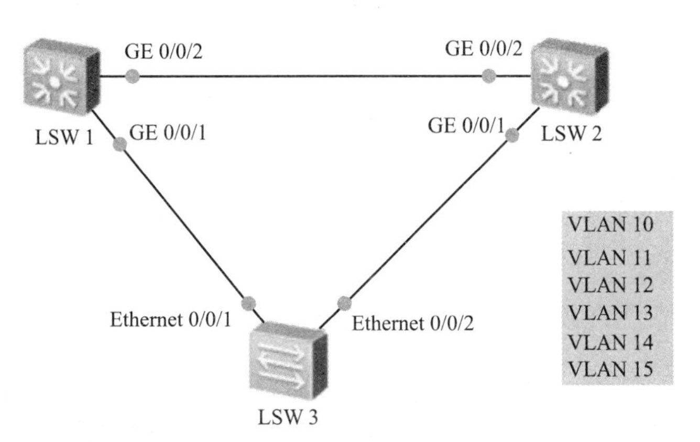

图 5-30　MSTP 基本配置实验

2. 任务分析

（1）配置生成树模式为 MSTP。

（2）创建实例 1、实例 2，并将奇数 VLAN 和偶数 VLAN 分别划入不同的实例中。

（3）调整 SW 1 与 SW 2 的两个实例的优先级，使 SW 1 与 SW 2 分别为不同的实例根桥。

3. 配置流程

MSTP 配置流程如图 5 - 31 所示。

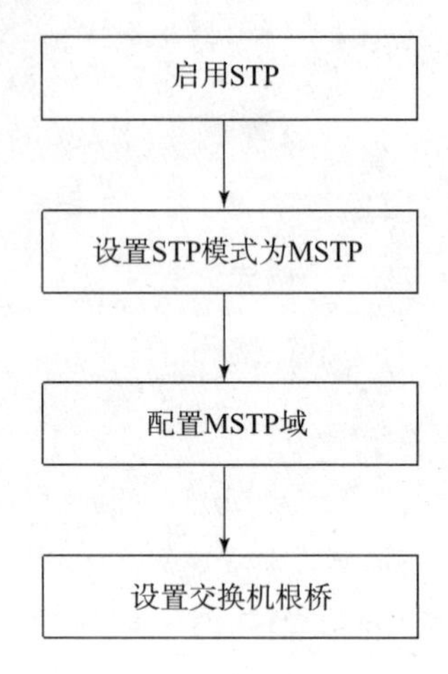

图 5 - 31　MSTP 配置流程

4. 关键配置

（1）在三台交换机上创建公司必要的 6 个 VLAN。

```
[SWX]vlan batch 10 to 15
```

（2）更改交换机模式为多实例生成树，并且创建域名和实例映射关系，注意最后一定要激活域配置，否则不会生效。

```
[SWX]stp enable
[SWX]stp mode mstp                                    //设置模式为 MSTP
[SWX]stp region - configuration                       //配置 MSTP 域
[SWX - mst - region]region - name HUAWEI              //创建域名
[SWX - mst - region]instance 1 vlan 11 13 15          //将奇数 VLAN 划入实例 1
[SWX - mst - region]instance 2 vlan 10 12 14          //将偶数 VLAN 划入实例 2
[SWX - mst - region]active region - configuration//激活域配置
```

（3）将 SW 1 设置为奇数 VLAN 的根桥、偶数 VLAN 的备份根桥。

```
[SW1]stp instance 1 root primary           //设置成实例 1 的根桥
[SW1]stp instance 2 root secondary         //设置成实例 2 的备份根桥
```

（4）将 SW 2 设置为奇数 VLAN 的备份根桥、偶数 VLAN 的根桥。

```
[SW2]stp instance 1 root secondary      //设置成实例 1 的备份根桥
[SW2]stp instance 2 root primary        //设置成实例 2 的根桥
```

（5）互联的接口配置成 Trunk 接口并且允许所有 VLAN 通行。

```
[SW1]interface GigabitEthernet 0/0/1
[SW1-GigabitEthernet0/0/1]port link-type trunk
[SW1-GigabitEthernet0/0/1]port trunk allow-pass vlan all
[SW1]interface GigabitEthernet 0/0/2
[SW1-GigabitEthernet0/0/1]port link-type trunk
[SW1-GigabitEthernet0/0/1]port trunk allow-pass vlan all
[SW2]interface GigabitEthernet 0/0/1
[SW2-GigabitEthernet0/0/1]port link-type trunk
[SW2-GigabitEthernet0/0/1]port trunk allow-pass vlan all
[SW2]interface GigabitEthernet 0/0/2
[SW2-GigabitEthernet0/0/1]port link-type trunk
[SW2-GigabitEthernet0/0/1]port trunk allow-pass vlan all
[SW3]interface Ethernet 0/0/1
[SW3-Ethernet0/0/1]port link-type trunk
[SW3-Ethernet0/0/1]port trunk allow-pass vlan all
[SW3]interface Ethernet 0/0/2
[SW3-Ethernet0/0/1]port link-type trunk
[SW3-Ethernet0/0/1]port trunk allow-pass vlan all
```

（6）在SW 3上查看，实例1中E0/0/1口为根端口，处于转发状态，实例2中E0/0/2是根端口，处于转发状态。

```
[SW3-Ethernet0/0/1]display stp brief
MSTID  Port                    Role  STP State      Protection
 0     Ethernet0/0/1           DESI  FORWARDING       NONE
 0     Ethernet0/0/2           DESI  FORWARDING       NONE
 1     Ethernet0/0/1           ROOT  FORWARDING       NONE
 2     Ethernet0/0/1           ROOT  FORWARDING       NONE
```

思考与练习

1. 在STP的网络中，如何保证指定的设备成为根桥设备？
2. 在STP中的设备优先级最小值是多少？第二小的值是多少？为什么？

5.5　任务五：链路聚合配置及应用

5.5.1　预备知识

1. 链路聚合简述

链路聚合，也称为端口捆绑、端口聚集或端口聚合。链路聚合将多个链路聚合在一起形成一个汇聚组，以实现出、入负荷在各成员端口中的分担，如图 5－32 所示。从外面看起来，一个汇聚组好像就是一个端口。链路聚合在数据链路层上实现。在没有使用链路聚合前，百兆以太网的双绞线在两个互联的网络设备间的带宽仅为 100 Mb/s。若想达到更高的数据传输速率，则需要更换传输媒介，使用千兆光纤或升级成为千兆以太网。这样的解决方案成本昂贵，不适合中小型企业和学校应用。如果采用链路聚合技术把多个接口捆绑在一起，则可以以较低的成本满足提高接口带宽的需求。例如，把三个 100 Mb/s 的全双工接口捆绑在一起，就可以达到 300 Mb/s 的最大带宽。

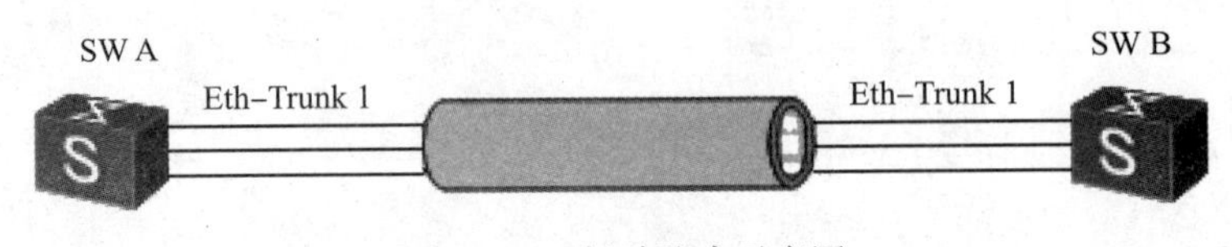

图 5－32　链路聚合示意图

链路聚合接口可以作为普通的以太网接口来使用，实现各种路由协议以及其他业务。它与普通以太网接口的差别在于：转发的时候链路聚合组需要从成员接口中选择一个或多个接口来进行数据转发。

（1）链路聚合、链路聚合组和链路聚合接口。

链路聚合是指将若干条物理接口捆绑在一起作为一个逻辑接口来增加带宽及可靠性的技术。链路聚合组（Link Aggregation Group，LAG）是指将若干条以太链路捆绑在一起所形成的逻辑链路，简写为 Eth－Trunk。每个聚合组对应着唯一一个逻辑接口，这个逻辑接口称之为聚合接口或 Eth－Trunk 接口。

（2）成员接口和成员链路。

组成 Eth－Trunk 接口的各个物理接口称为成员接口。成员接口对应的链路称为成员链路。链路聚合组的成员接口存在活动接口和非活动接口两种。转发数据的接口称为活动接口，不转发数据的接口称为非活动接口。活动接口对应的链路称为活动链路，非活动接口对应的链路称为非活动链路。

（3）活动接口数上限阈值。

设置活动接口数上限阈值的目的是在保证带宽的情况下提高网络的可靠性。当前活动链路数目达到上限阈值时，再向 Eth－Trunk 中添加成员接口，不会增加 Eth－Trunk 活动接口的数目，超过上限阈值的链路状态将被置为 Down，作为备份链路。

例如，有 8 条无故障链路在一个 Eth－Trunk 内，每条链路都能提供 1 Gb/s 的带宽，现在最多需要 5 Gb/s 的带宽，那么上限阈值就可以设为 5 或者更大的值。其他的链路就自动进入备份状态以提高网络的可靠性。

（4）活动接口数下限阈值。

设置活动接口数下限阈值是为了保证最小带宽，当前活动链路数目小于下限阈值时，Eth－Trunk 接口的状态转为 Down。

例如，每条物理链路能提供 1 Gb/s 的带宽，现在最少需要 2 Gb/s 的带宽，那么活动接口数下限阈值必须要大于等于 2。

2. 链路聚合的优点

（1）通过多个物理链路捆绑成一条逻辑链路可以提高带宽。

（2）任意一条物理链路坏掉不会导致逻辑链路的通信中断，增加了网络的可靠性。

（3）一条逻辑捆绑链路就是一个 STP 的逻辑链路，从而避免了二层环路。

（4）保证了网络的基本冗余。

3. 转发机制

如图 5－33 所示，Eth－Trunk 位于 MAC 子层与物理层之间，属于数据链路层。

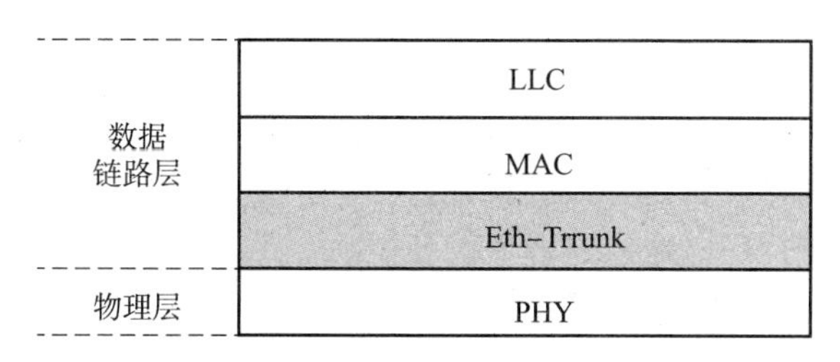

图 5－33　Eth－Trunk 接口在以太网协议栈的位置

对于 MAC 子层来说，Eth－Trunk 接口可以认为是一个物理接口。因此，MAC 子层在传输数据的时候，仅需要把数据提交给 Eth－Trunk 模块即可。Eth－Trunk 模块内部维护一张转发表，这张表由以下两项组成：

（1）HASH－KEY 值。HASH－KEY 值是根据数据包的 MAC 地址或 IP 地址等，经 HASH 算法计算得出。

（2）接口号。Eth－Trunk 转发表表项分布和设备每个 Eth－Trunk 支持加入的成员接口数量相关，不同的 HASH－KEY 值对应不同的出接口。

例如，某设备每 Eth－Trunk 支持最大加入接口数为八个，将接口 1、2、3、4 捆绑为一个 Eth－Trunk 接口，此时生成的转发表如图 5－34 所示。其中 HASH－KEY 值为 0、1、2、3、4、5、6、7，对应的出接口号分别为 1、2、3、4、1、2、3、4。

HASH-KEY	0	1	2	3	4	5	6	7
接口	1	2	3	4	1	2	3	4

图 5－34　Eth－Trunk 转发表示例

Eth－Trunk 模块根据转发表转发数据帧的过程如下：

- Eth－Trunk 模块从 MAC 子层接收到一个数据帧后，根据负载分担方式提取数据帧的源 MAC 地址/IP 地址或目的 MAC 地址/IP 地址。
- 根据 HASH 算法进行计算，得到 HASH－KEY 值。
- Eth－Trunk 模块根据 HASH－KEY 值在转发表中查找对应的接口，把数据帧从该接口发送出去。

在使用 Eth－Trunk 转发数据时，由于聚合组两端设备之间有多条物理链路，就会产生同一数据流的第一个数据帧在一条物理链路上传输，而第二个数据帧在另外一条物理链路上传输的情况。这样，同一数据流的第二个数据帧就有可能比第一个数据帧先到达对端设备，从而产生接收数据包乱序的情况。

为了避免这种情况的发生，Eth－Trunk 采用逐流负载分担的机制，这种机制把数据帧中的地址通过 HASH 算法生成 HASH－KEY 值，然后根据这个数值在 Eth－Trunk 转发表中寻找对应的出接口，不同的 MAC 或 IP 地址 HASH 得出的 HASH - KEY 值不同，从而出接口也就不同，这样既保证了同一数据流的帧在同一条物理链路转发，又实现了流量在聚合组内各物理链路上的负载分担，即逐流的负载分担。逐流负载分担能保证包的顺序，但不能保证带宽利用率。

数据流是指一组具有某个或某些相同属性的数据包。这些属性有源 MAC 地址、目的 MAC 地址、源 IP 地址、目的 IP 地址、TCP/UDP 的源端口号、TCP/UDP 的目的端口号等。

负载分担的类型主要包括以下几种，用户可以根据具体应用选择不同的负载分担类型。

（1）根据报文的源 MAC 地址进行负载分担。

（2）根据报文的目的 MAC 地址进行负载分担。

（3）根据报文的源 IP 地址进行负载分担。

（4）根据报文的目的 IP 地址进行负载分担。

（5）根据报文的源 MAC 地址和目的 MAC 地址进行负载分担。

（6）根据报文的源 IP 地址和目的 IP 地址进行负载分担。

（7）根据报文的 VLAN、源物理端口等对 L2、IPv4、IPv6 和 MPLS 报文进行增强型负载分担。

4. 链路聚合的实现方式

（1）手工负载分担模式。

根据是否启用链路聚合控制协议（Link Aggregation Control Protocol，LACP），链路聚合分为手工负载分担模式和 LACP 模式。手工负载分担模式下，Eth - Trunk 的建立、成员接口的加入由手工配置，没有 LACP 的参与。该模式下所有活动链路都参与数据的转发，平均分担流量，因此称为负载分担模式。如果某条活动链路故障，链路聚合组自动在剩余的活动链路中平均分担流量。当需要在两个直连设备间提供一个较大的链路带宽而设备又不支持 LACP 时，可以使用手工负载分担模式。

（2）LACP 模式。

作为链路聚合技术，手工负载分担模式 Eth - Trunk 可以完成多个物理端口聚合成一个 Eth - Trunk 口来提高带宽，同时能够检测到同一聚合组内的成员链路是否有断路等有限故障，但是无法检测到链路层故障、链路错连故障等。

为了提高 Eth - Trunk 的容错性，并且能提供备份功能，保证成员链路的高可靠性，出现了 LACP，LACP 模式就是采用 LACP 的一种链路聚合模式。

LACP 为交换数据的设备提供一种标准的协商方式，以供设备根据自身配置自动形成聚合链路并启动聚合链路收发数据。聚合链路形成以后，LACP 负责维护链路状态，在聚合条件发生变化时，自动调整或解散链路聚合。

如图 5 - 35 所示，设备 A 与设备 B 之间创建 Eth - Trunk，需要将设备 A 上的四个接口与设备 B 捆绑成一个 Eth - Trunk。由于错将设备 A 上的一个接口与设备 C 相连，会导致设备 A 向设备 B 传输数据时可能将本应该发到设备 B 的数据发送到设备 C 上。而手工负载分担模式的 Eth - Trunk 不能及时检测到故障。

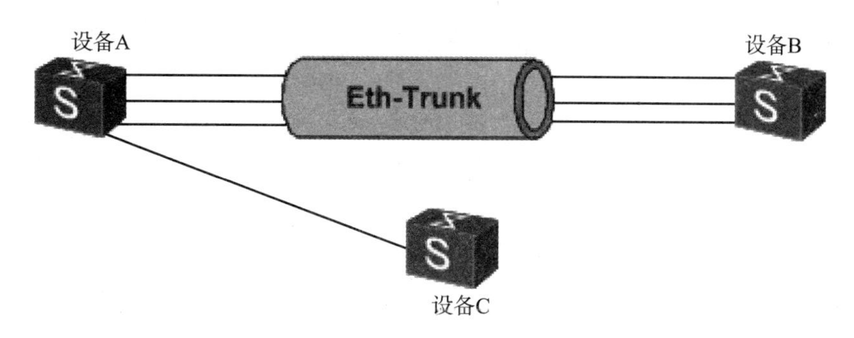

图 5-35 Eth-Trunk 错连示意图

如果在设备 A 和设备 B 上都启用 LACP，经过协商后，Eth-Trunk 就会选择正确连接的链路作为活动链路来转发数据，从而设备 A 发送的数据能够正确到达设备 B。

（3）系统 LACP 优先级。

系统 LACP 优先级是为了区分两端设备优先级的高低而配置的参数。LACP 模式下，两端设备所选择的活动接口必须保持一致，否则链路聚合组就无法建立。此时可以使其中一端具有更高的优先级，另一端根据高优先级的一端来选择活动接口即可。系统 LACP 优先级值越小优先级越高。

（4）接口 LACP 优先级。

接口 LACP 优先级是为了区别不同接口被选为活动接口的优先程度，优先级高的接口将优先被选为活动接口。接口 LACP 优先级值越小，优先级越高。

（5）成员接口间 $M:N$ 备份。

LACP 模式链路聚合由 LACP 确定聚合组中的活动和非活动链路，又称为 $M:N$ 模式，即 M 条活动链路与 N 条备份链路的模式。这种模式提供了更高的链路可靠性，并且可以在 M 条链路中实现不同方式的负载均衡。

如图 5-36 所示，两台设备间有 $M+N$ 条链路，在聚合链路上转发流量时在 M 条链路上分担负载，即活动链路，不在另外的 N 条链路转发流量，这 N 条链路提供备份功能，即备份链路。此时链路的实际带宽为 M 条链路的总和，但是能提供的最大带宽为 $M+N$ 条链路的总和。

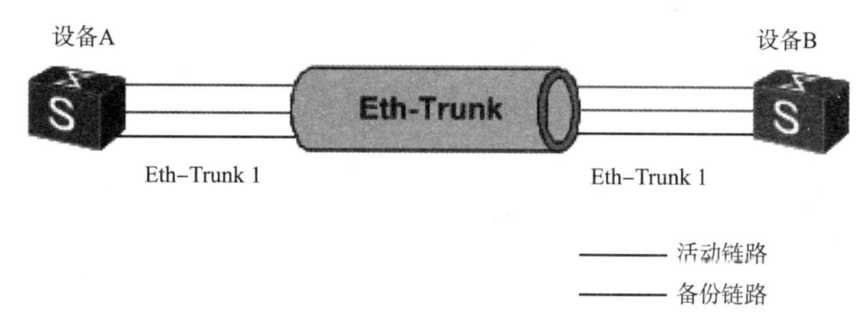

图 5-36 $M:N$ 备份示意图

当 M 条链路中有一条链路故障时，LACP 会从 N 条备份链路中找出一条优先级高的可用链路替换故障链路。此时链路的实际带宽还是 M 条链路的总和，但是能提供的最大带宽就

变为 $M+N-1$ 条链路的总和。

这种场景主要应用在只向用户提供 M 条链路的带宽，同时又希望提供一定的故障保护能力。当有一条链路出现故障时，系统能够自动选择一条优先级最高的可用备份链路变为活动链路。

如果在备份链路中无法找到可用链路，并且目前处于活动状态的链路数目低于配置的活动接口数下限阈值，那么系统将会把聚合端口关闭。

（6）LACP 模式实现原理。

基于 IEEE 802.3ad 标准的 LACP 是一种实现链路动态聚合与解聚合的协议。LACP 通过链路聚合控制协议数据单元（Link Aggregation Control Protocol Data Unit，LACPDU）与对端交互信息。

在 LACP 模式的 Eth－Trunk 中加入成员接口后，这些接口将通过发送 LACPDU 向对端通告自己的系统优先级、MAC 地址、接口优先级、接口号和操作 KEY 等信息。对端接收到这些信息后，将这些信息与自身接口所保存的信息比较并选择能够聚合的接口，双方对哪些接口能够成为活动接口达成一致，确定活动链路。

LACPDU 报文详细信息如图 5－37 所示。主要字段信息解释如表 5－6 所示。

Destination Address
Source Address
Length/Type
Subtype=LACP
Version Number
TLV_type=Actor Information
Actor_Information_Length=20
Actor_System_Priority
Actor_System
Actor_Key
Actor_Port_Priority
Actor_Port
Actor_State
Reserved
TLV_type=Partner Information
Partner_Information_Length=20
Partner_System_Priority
Partner_System
Partner_Key
Partner_Port_Priority
Partner_Port
Partner_State
Reserved
TLV_type=Collector Information
Collector_Information_Length=16
CollectorMaxDelay
Reserved
TLV_type=Terminator
Terminator_Length=0
Reserved
FCS

图 5－37　LACPDU 报文

表 5－6　主要字段信息解释

项目	描述
Actor_Port/Partner_Port	本端/对端接口信息
Actor_State/Partner_State	本端/对端状态
Actor_System_Priority/Partner_System_Priority	本端/对端系统优先级
Actor_System/Partner_System	本端/对端系统 ID
Actor_Key/Partner_Key	本端/对端操作 KEY
Actor_Port_Priority/Partner_Port_Priority	本端/对端接口优先级

（7）LACP 模式 Eth－Trunk 建立的过程。

①两端互相发送 LACPDU 报文。

如图 5－38 所示，在设备 A 和设备 B 上创建 Eth－Trunk 并配置为 LACP 模式，然后向 Eth－Trunk 中手工加入成员接口。此时成员接口上便启用了 LACP，两端互发 LACPDU 报文。

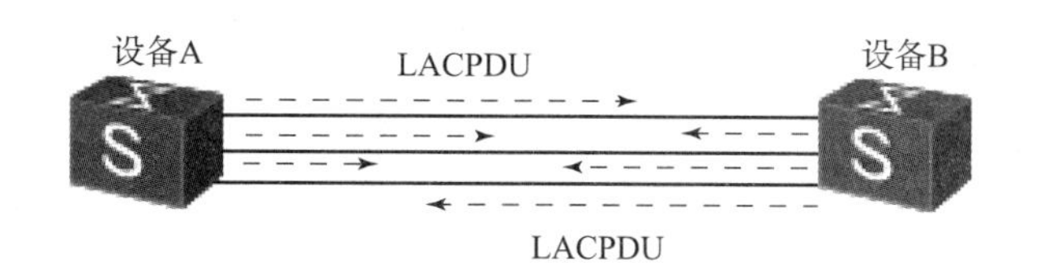

图5－38 LACP模式链路聚合互发LACPDU

②确定主动端和活动链路。

如图5－39所示，两端设备均会收到对端发来的LACPDU报文。以设备B为例，当设备B收到设备A发送的报文时，设备B会查看并记录对端信息，并且比较系统优先级字段，如果设备A的系统优先级高于本端的系统优先级，则确定设备A为LACP主动端。

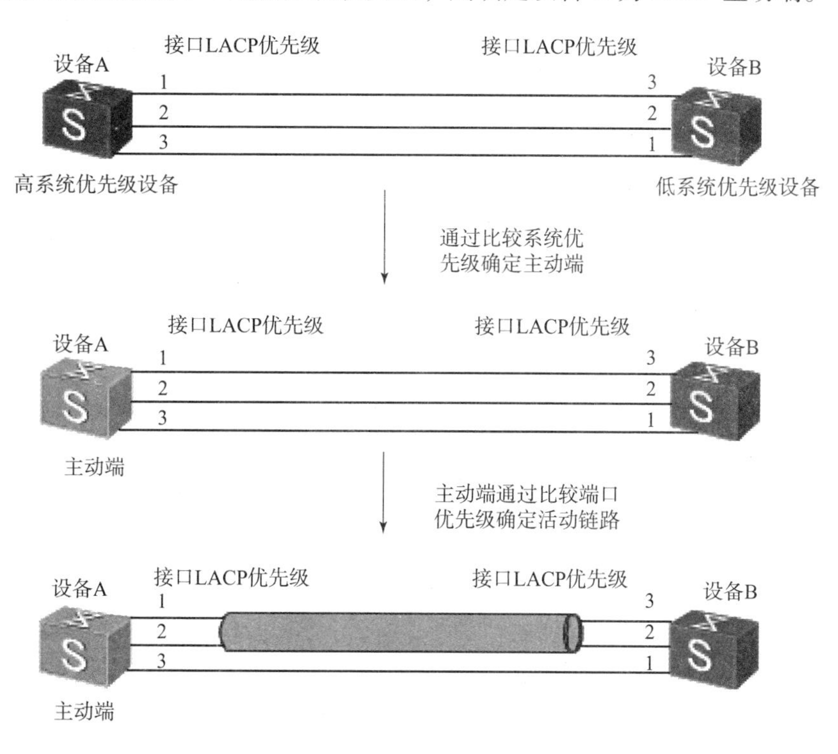

图5－39 LACP模式确定主动端和活动链路的过程

选出主动端后，两端都会以主动端的接口优先级来选择活动接口，两端设备选择了一致的活动接口，活动链路组便可以建立起来，从这些活动链路中以负载分担的方式转发数据。

（8）LACP抢占。

使能LACP抢占后，聚合组会始终保持高优先级的接口作为活动接口的状态。

如图5－40所示，接口Port 1、Port 2和Port 3为Eth－Trunk的成员接口，设备A为主动端，活动接口数上限阈值为2，三个接口的LACP优先级分别为10、20、30。当通过LACP协商完毕后，接口Port 1和Port 2因为优先级较高被选作活动接口，Port 3成为备份接口。

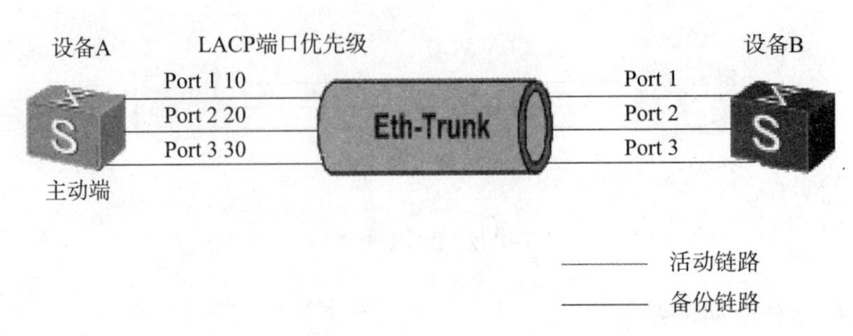

图 5－40　LACP 抢占场景

以下两种情况需要使能 LACP 的抢占功能：

①Port 1 接口出现故障而后又恢复了正常。当接口 Port 1 出现故障时被 Port 3 所取代，如果在 Eth－Trunk 接口下未使能抢占，则故障恢复时 Port 1 将处于备份状态；如果使能了 LACP 抢占，当 Port 1 故障恢复时，由于其接口优先级比 Port 3 高，它将重新成为活动接口，Port 3 再次成为备份接口。

②如果希望 Port 3 接口替换 Port 1、Port 2 中的一个接口成为活动接口，可以配置 Port 3 的接口 LACP 优先级较高，但前提条件是已经使能了 LACP 抢占功能。如果没有使能 LACP 抢占功能，即使将备份接口的优先级调整为高于当前活动接口的优先级，系统也不会进行重新选择活动接口的过程，不切换活动接口。

（9）LACP 抢占延时。

LACP 抢占发生时，处于备用状态的链路将会等待一段时间后再切换到转发状态，这就是抢占延时。配置抢占延时是为了避免由于某些链路状态频繁变化而导致 Eth－Trunk 数据传输不稳定的情况。

如图 5－40 所示，Port 1 由于链路故障切换为非活动接口，此后该链路又恢复了正常。若系统使能了 LACP 抢占并配置了抢占延时，Port 1 重新切换回活动状态就需要经过抢占延时的时间。

（10）活动链路与非活动链路切换。

LACP 模式链路聚合组两端设备中任何一端检测到以下事件，都会触发聚合组的链路切换：

①链路 Down 事件。

②以太网 OAM 检测到链路失效。

③LACP 协议发现链路故障。

④接口不可用。

在使能了 LACP 抢占前提下，更改备份接口的优先级高于当前活动接口的优先级。

当满足上述切换条件其中之一时，按照如下步骤进行切换：

①关闭故障链路。

②从 N 条备份链路中选择优先级最高的链路接替活动链路中的故障链路。

③优先级最高的备份链路转为活动状态并转发数据，完成切换。

5.5.2　典型任务：链路聚合配置及应用

1. 任务描述

SW 1 与 SW 2 通过四条线路相连，通过静态手工链路聚合实现将四条物理链路逻辑捆绑成为一条逻辑 Trunk 链路，如图 5 - 41 所示。

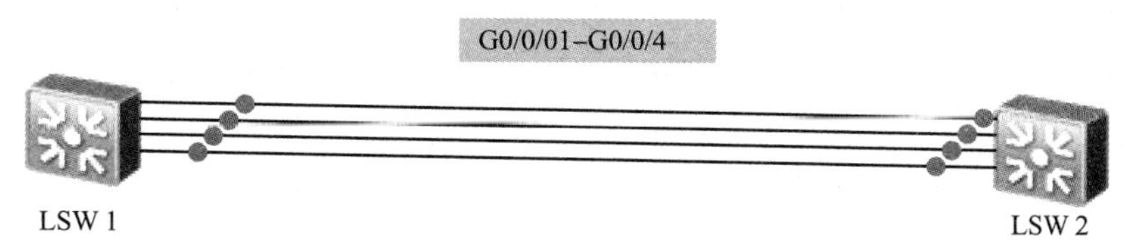

图 5 - 41　静态捆绑基本配置

2. 任务分析

（1）在 SW 1 SW 2 上创建 Eth - Trunk 接口。

（2）把端口加入到 Eth - Trunk 接口中。

（3）设置端口的 802. 1q 属性。

3. 配置流程

静态捆绑配置流程如图 5 - 42 所示。

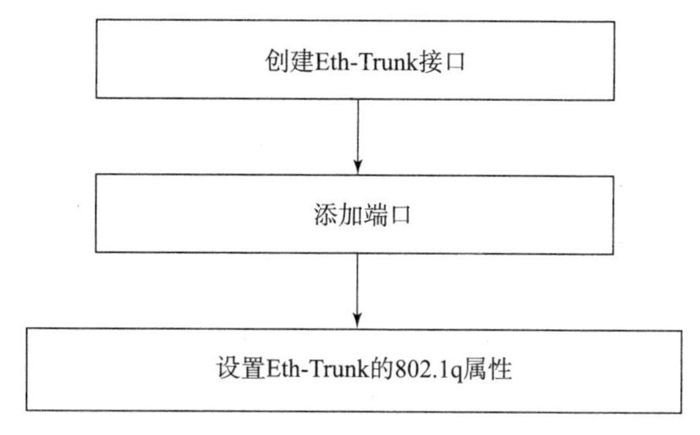

图 5 - 42　静态捆绑配置流程

4. 关键配置

（1）SW 1 配置如下（SW 2 同）：

```
[SW1]interface Eth - Trunk 1          //创建 Eth - Trunk 接口
[SW1 - Eth - Trunk1]trunkport gigabitethernet 0 /0 /1 to 0 /0 /4   //将 G0 /0 /1 -
4 接口划入到 Eth - Trunk 接口中
```

```
[SW1 - Eth - Trunk1]port link - type trunk          //接口模式改为 Trunk 模式
[SW1 - Eth - Trunk1]port trunk allow - pass vlan 2 to 4094 //放行所有 VLAN
信息
```

（2）验证 Eth - Trunk 的配置是否生效。

```
[SW1]display eth-trunk
Eth-Trunk1's state information is:
WorkingMode:Normal              Hash ari thmetic:According to SIP-XOR
-DIP
Least Active-linknumber:1      Max Bandwidth-affected-linknumber:8
Operate status:up               Number Of Up Port In Trunk:4
------------------------------------------------------------------------
PortName                        Status      Weight
GigabitEthernet0/0/1            Up          1
GigabitEthernet0/0/2            Up          1
GigabitEthernet0/0/3            Up          1
GigabitEthernet0/0/4            Up          1
```

5.5.3 任务拓展

1. 任务描述

（1）SW 1 与 SW 2 通过四条线路相连；

（2）通过 LACP 实现将四条物理链路中的三条逻辑链路捆绑成为一条逻辑 Trunk 链路；

（3）优先使用端口号大的三条链路，G0/0/1 为备份链路；

（4）当任意一条链路失效时，G0/0/1 加入到逻辑组中；

（5）当失效的链路恢复时，G0/0/1 退出逻辑组，成为备份端口，如图 5－43 所示。

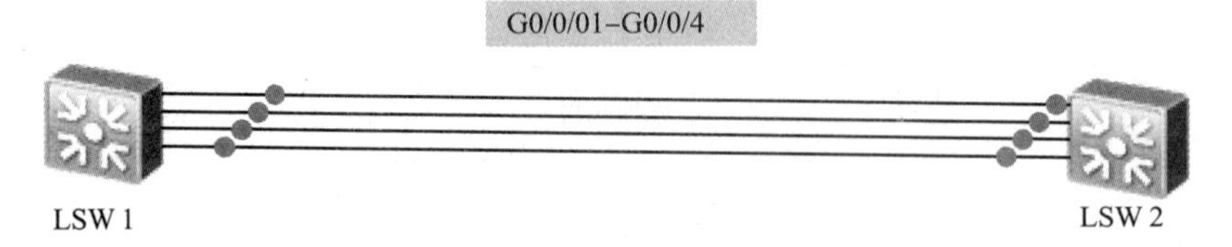

图 5－43　LACP 基本配置

2. 任务分析

（1）在 SW 1、SW 2 上创建 Eth－Trunk 接口。

（2）四条链路中，有三条为激活状态，一条为备份状态。

（3）因为 LACP 的优先级越小越优先，所以 G0/0/1 端口优先级应该被调大。

（4）当失效链路恢复时，可以立刻成为 ACTIVE 状态，说明 LACP 的抢占是开启的。

3. 配置流程

LACP 配置流程如图 5－44 所示。

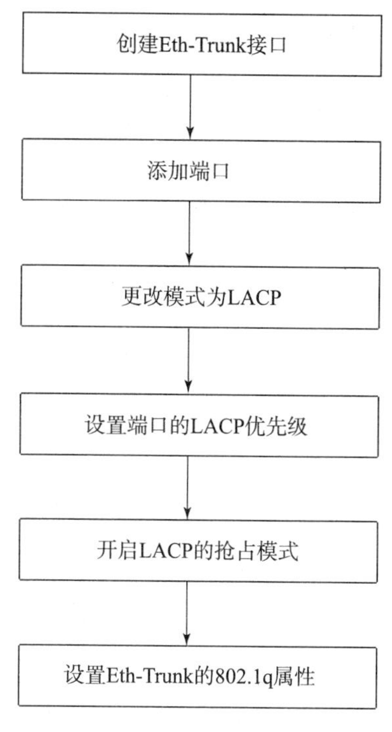

图 5－44　LACP 配置流程

4. 关键配置

（1）SW 1 创建 Eth－Trunk 1 并设置相应参数。

```
[SW1]interface Eth-Trunk 1
[SW1-Eth-Trunk1]mode lacp-static                  //模式为静态 LACP
[SW1-Eth-Trunk1]max active-link number 3         //活动接口上限阈值为 3
[SW1-Eth-Trunk1]lacp preempt enable              //开启 LACP 抢占模式
```

（2）将 SW 1 的四个接口分别添加进 Eth－Trunk 中。

```
[SW1]interface gigabitethernet 0/0/1
[SW1-GigabitEthernet0/0/1]eth-trunk 1    //将接口划入到 Eth-Trunk 中
[SW1]interface gigabitethernet 0/0/2
[SW1-GigabitEthernet0/0/2]eth-trunk 1
[SW1]interface gigabitethernet 0/0/3
[SW1-GigabitEthernet0/0/3]eth-trunk 1
[SW1]interface gigabitethernet 0/0/4
[SW1-GigabitEthernet0/0/4]eth-trunk 1
```

（3）调整 SW 1 的 LACP 接口优先级。

```
[SW1]interface gigabitethernet 0/0/1
[SW1-GigabitEthernet0/0/1]lacp priority 65535    //设置优先级为 65535
```

（4）SW 2 配置同 SW 1，此处省略。

（5）验证 Eth－Trunk 的配置是否生效。

```
[SW1]display eth-trunk
Eth-Trunkl's state information is:
Local:
LAG ID:1                      WorkingMode:STATIC
Preempt Delay Time:30         Hash arithmetic:According to SIP-XOR-DIP
Svstem Priority:32768         System ID:4clf-oc3b-3dce
Least Active-linknumber:1     Max Active-linknumber:3
Operate status:up             Number Of Up Port In Trunk:3
--------------------------------------------------------------------------------
ActorPortName          Status     PortType  PortPri  PortNo PortKey  PortState  Weight
GigabitEthernet0/0/1   Unselect   1GE       65535    2  305          10100000   1
GigabitEthernet0/0/2   Selected   1GE       32768    3  305          10111100   1
GigabitEthernet0/0/3   Selected   1GE       32768    4  305          10111100   1
GigabitEthernet0/0/4   Selected   1GE       32768    5  305          10111100   1

Partner:
--------------------------------------------------------------------------------
ActorPortName          SysPri  SystemID         PortPri  PortNo  PortKey  PortState
GigabitEthernet0/0/1   32768   4clf-cc45-adf0   32768    2       305      10100000
GigabitEthernet0/0/2   32768   4clf-cc45-adf0   32768    3       305      10111100
GigabitEthernet0/0/3   32768   4clf-cc45-adf0   32768    4       305      10111100
GigabitEthernet0/0/4   32768   4clf-cc45-adf0   32768    5       305      10111100
```

思考与练习

1. 链路聚合的优点是什么？
2. LACP 和手工绑定相比有什么好处？

5.6　任务六：端口镜像的配置与应用

5.6.1　预备知识

在日常的网络维护中遇到网络性能不正常现象（如网络很卡、丢包严重、频繁断网等），我们就会怀疑网络中有病毒在频繁发送广播报文，或者网络中某台主机遭到了不明攻击，或者网络中有用户进行非法的网络应用（如网上看视频、下载大容量文件等）等。此时最有效的手段就是对网络中的特定用户、协议、端口，VLAN 中的流量进行捕获，然后利用一些专门的工具软件进行分析。而这时首先必须要做的一件事就是在网络设备上配置好镜像功能，把要监控的流量复制一份到监控设备上，以便在监控设备捕获要监控的流量。

镜像指的是在不影响报文正常处理流程的情况下，将镜像端口（源端口）的报文复制一份（并不是重定向原来的报文）到观察端口（目的端口），然后用户可以利用数据监控设备（如安装了 Sniffer、科来、Wireshark 等数据分析软件的设备）来分析复制到观察端口的报文，进行网络监控和故障排除。

5.6.1.1 基本镜像原理

镜像就是在不影响报文正常处理的情况下，把镜像端口上的报文复制一份到观察端口的过程，所以它不是报文的重定向，数据原来的传输路径仍然不会改变。

根据镜像端口的数量不同，又分为“1:1”镜像和“N:1”镜像两大分类。

1:1 镜像指仅镜像一个端口上的报文到观察端口，即此时为一个镜像端口、一个观察端口。如图 5-45 所示，镜像端口 B 的报文被复制到观察端口 C。

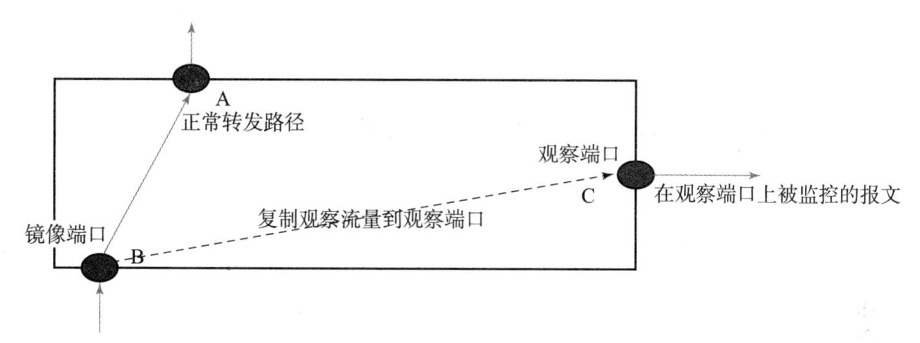

图 5-45　1:1 镜像示意图

N:1 指多个镜像端口对应一个观察端口，如图 5-46，镜像端口 B、D 均将流量复制到观察端口 C。

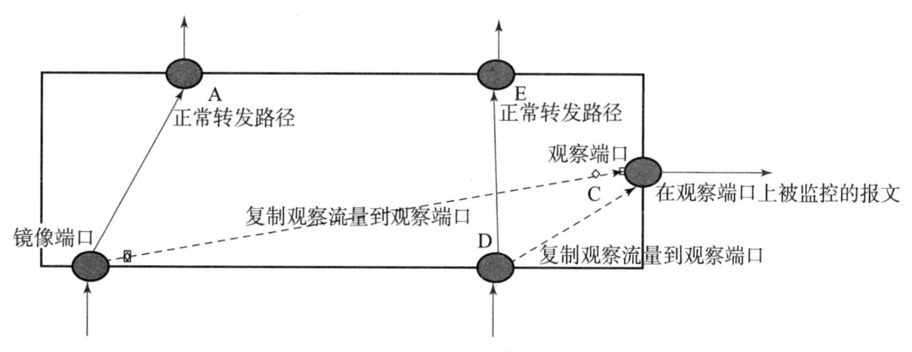

图 5-46　N:1 镜像示意图

5.6.1.2　镜像的分类

1. 端口镜像

端口镜像是指设备复制一份从镜像端口流经的报文，并将此报文传送到指定的观察端口进行分析和监控，如图 5-47 所示。

端口镜像的方向分为三种：

(1) 入方向：仅对端口接收的报文进行镜像。

(2) 出方向：仅对端口发送的报文进行镜像。

(3) 双向：对端口接收和发送的报文都进行镜像。

端口镜像分为本地端口镜像和远程端口镜像：

(1) 本地端口镜像：监控设备与观察端口直接相连，如图 5-48 所示。

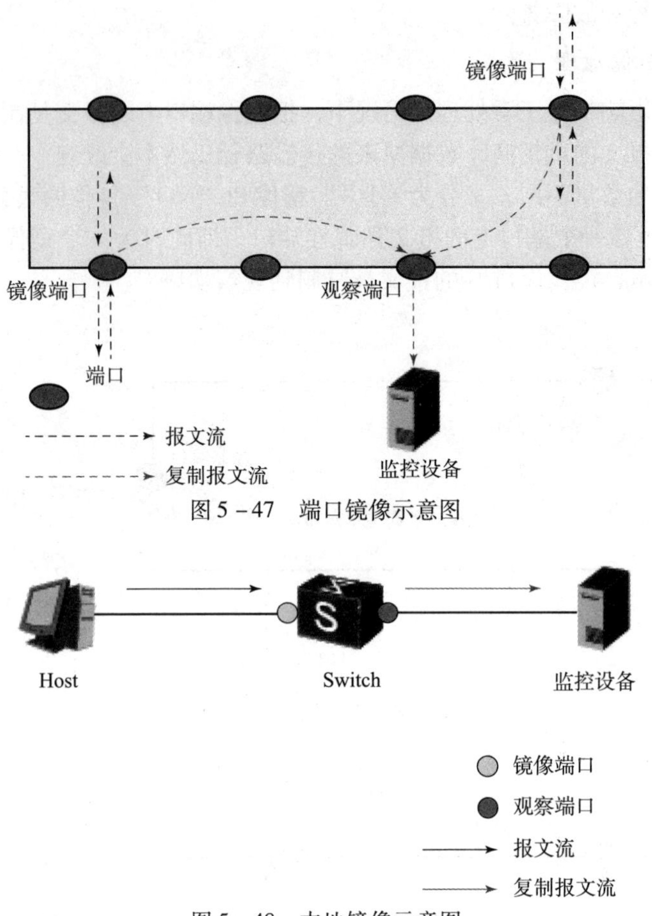

图 5－47　端口镜像示意图

图 5－48　本地镜像示意图

（2）远程端口镜像：监控设备与观察端口所在设备之间通过二层网络相连。

二层远程端口镜像（Remote Switched Port Analyzer，RSPAN）：设备将流经镜像端口的报文封装 VLAN，然后通过观察端口在远程镜像 VLAN 中广播，将报文转发至监控设备，如图 5－49 所示。

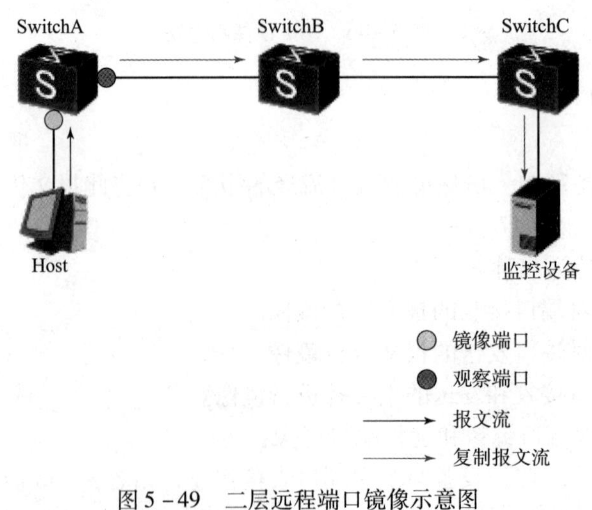

图 5－49　二层远程端口镜像示意图

2. 流镜像

流镜像就是将镜像端口上特定业务流的报文复制到观察端口进行分析和监控。在流镜像中，镜像端口应用了包含流镜像行为的流策略。如果从镜像端口流经的报文匹配流分类规则，则将被复制到观察端口，如图 5－50 所示。

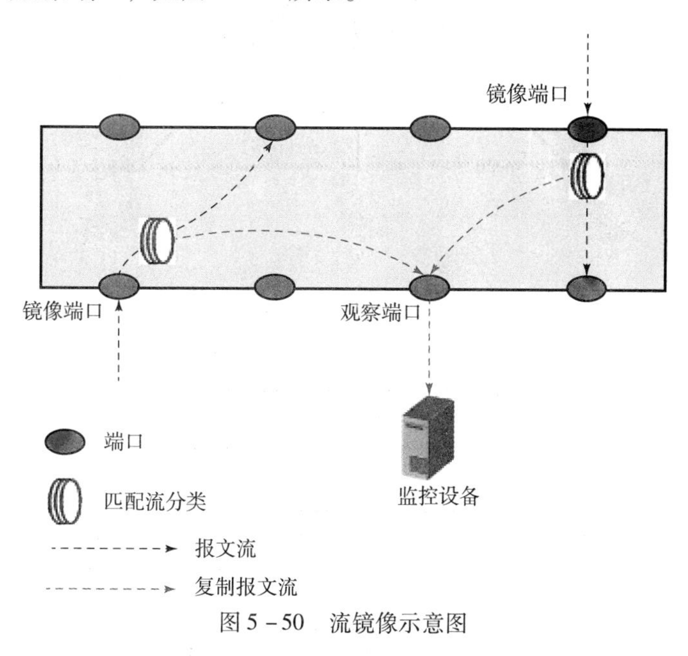

图 5－50　流镜像示意图

同端口镜像一样，流镜像也分为本地流镜像和远程流镜像。

3. VLAN 镜像

VLAN 镜像是指将指定 VLAN 内所有活动接口的入方向上的报文镜像到观察端口。用户可以对某个 VLAN 或者某些 VLAN 内的报文进行监控。

4. MAC 地址镜像

MAC 地址镜像是指将匹配源或目的 MAC 地址的报文镜像到观察端口。MAC 地址镜像提供了一种更加精确的镜像方式，用户可以对网络中特定设备的报文进行监控。

在本书中主要介绍端口镜像的基本配置。

5.6.2　典型任务：本地端口镜像的配置

5.6.2.1　任务描述

在 SW 1 上配置端口镜像，让 PC 3 可以观察到 PC 1 访问 PC 2 的数据包。本地端口镜像拓扑图如图 5－51 所示。

5.6.2.2　任务分析

（1）将 SW 1 中的 GE 0/0/1 口配置成镜像端口。

（2）将 SW 1 中的 GE 0/0/3 口配置成本地观察端口。

（3）在 PC 3 上通过抓包软件观察捕获的数据包。

5.6.2.3　配置流程：

本地端口镜像配置流程如图 5－52 所示。

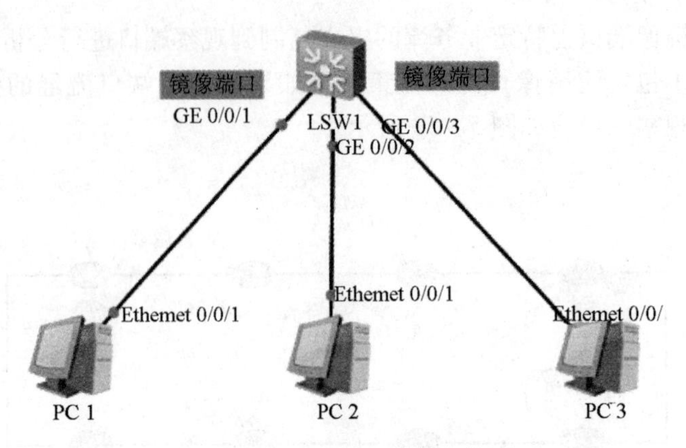

图 5-51　本地端口镜像拓扑图

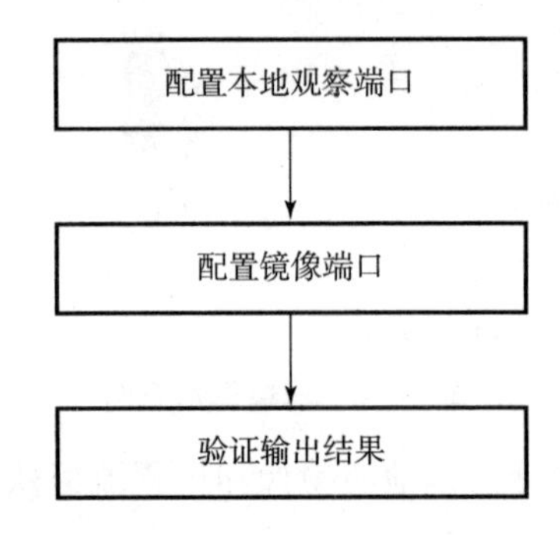

图 5-52　本地端口镜像配置流程

5.6.2.4　关键配置

（1）在 SW 1 上配置接口 GE 0/0/3 为本地观察端口。

```
[SW1] observe-port 1 interfacegigabitethernet 0/0/3
```

（2）在 SW 1 上配置接口 GE 0/0/1 为镜像端口，以监控 PC 1 发送的报文。

```
[SW1] interfacegigabitethernet 0/0/1
[SW1-GigabitEthernet0/0/1] port-mirroring to observe-port 1 in-
bound
```

5.6.3　扩展任务：二层远端端口镜像的配置

5.6.3.1　任务描述

在 SW 1 上配置端口镜像，让 PC 3 可以观察到 PC 1 访问 PC 2 的数据包。二层远端端口镜像拓扑图如图 5-53 所示。

5.6.3.2　任务分析

（1）配置 SW 1，SW 2 和 SW 3 的接口，实现设备间二层可达。

（2）配置 SW 1 的接口 GE 0/0/1 为远程观察端口，实现镜像报文穿越二层网络传送至监控设备服务器。

（3）配置 SW 1 的接口 GE 0/0/2 为镜像端口，实现对接口的报文进行监控。

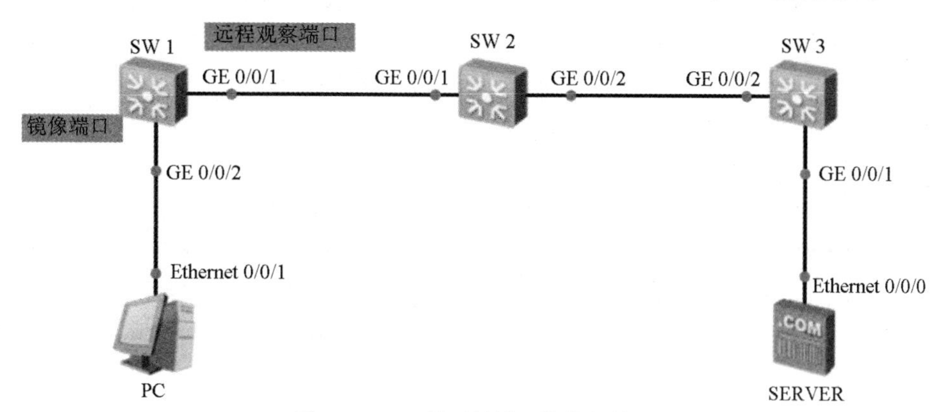

图 5－53　二层远端端口镜像拓扑图

5.6.3.3　配置流程

二层远端端口镜像配置流程如图 5－54 所示。

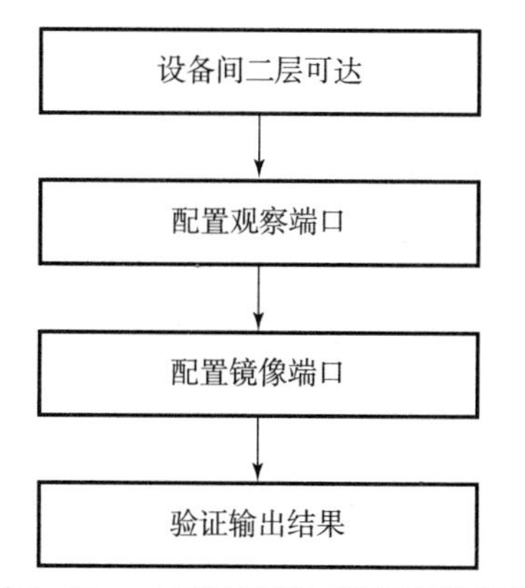

图 5－54　二层远端端口镜像配置流程

5.6.3.4　关键配置

（1）配置各接口，使各设备间二层可达。

①SW 1 的配置。

```
[SW1] vlan 3
[SW1] interface gigabitethernet 0/0/2
[SW1-GigabitEthernet0/0/2] port link-type access
[SW1-GigabitEthernet0/0/2] port default vlan 3
[SW1-GigabitEthernet0/0/2] quit
```

②SW 2 的配置。

```
[SW2] vlan 2
[SW2-vlan2] quit
[SW2] interface gigabitethernet 0/0/1
[SW2-GigabitEthernet0/0/1] port link-type trunk
[SW2-GigabitEthernet0/0/1] port trunk allow-pass vlan 2
[SW2-GigabitEthernet0/0/1] quit
[SW2] interface gigabitethernet 0/0/2
[SW2-GigabitEthernet0/0/2] port link-type trunk
[SW2-GigabitEthernet0/0/2] port trunk allow-pass vlan 2
[SW2-GigabitEthernet0/0/2] quit
```

③SW 3 的配置。

```
[SW3] vlan 2
[SW3-vlan2] quit
[SW3] interface gigabitethernet 0/0/1
[SW3-GigabitEthernet0/0/1] port link-type access
[SW3-GigabitEthernet0/0/1] port default vlan 2
[SW3-GigabitEthernet0/0/1] quit
[SW3] interface gigabitethernet 0/0/2
[SW3-GigabitEthernet0/0/2] port link-type trunk
[SW3-GigabitEthernet0/0/2] port trunk allow-pass vlan 2
[SW3-GigabitEthernet0/0/2] quit
```

（2）在 SW 1 上配置接口 GE 0/0/1 为远程观察端口。

```
[SW1] observe-port 1 interface gigabitethernet 0/0/1 vlan 2
```

（3）在 SW 1 上配置接口 GE 0/0/2 为镜像端口。

```
[SW1] interface gigabitethernet 0/0/2
[SW1-GigabitEthernet0/0/2] port-mirroring to observe-port 1 inbound
[SW1-GigabitEthernet0/0/2] quit
```

（4）查看观察端口的配置情况。

```
<SW1> display observe-port
----------------------------------------------------------------------------
Index    : 1
Interface:GigabitEthernet0/0/1
Vlan     : 2
----------------------------------------------------------------------------
```

（5）查看镜像端口的配置情况。

```
<SW1> display port-mirroring
Port-mirror:
--------------------------------------------------------------------------------
Mirror-port               Direction    Observe-port
--------------------------------------------------------------------------------
GigabitEthernet0/0/2      Inbound      GigabitEthernet0/0/1
--------------------------------------------------------------------------------
```

思考与练习

1. 通过端口镜像可以做哪些事情?
2. 再端口镜像中是否可以配置多个镜像端口，并将流量镜像到同一个端口上?

第 6 章

路由器的配置

内容概述

本章将主要介绍路由器的操作方法。通过本章的学习，读者将全面了解路由器的工作原理。

知识要点

1. 路由器工作原理；
2. 华为常见的路由器设备；
3. ACL 工作原理及应用；
4. NAT 工作原理及应用；
5. DHCP 工作原理及应用；
6. VRRP 工作原理及应用。

6.1 任务一：路由基本原理与应用

6.1.1 预备知识

1. 路由器定义以及转发原理

路由器顾名思义，就是用来路由的机器，它是一种典型的网络连接设备，用来进行路由选择和报文转发。路由器可以根据收到报文的目的地址选择一条合适的路径（包含一个或多个路由器的网络），当路由器从一个端口收到一个报文后，去除链路层封装，交给网络层处理。网络层首先检查报文是否为送给本机的，若是，则去掉网络层封装，送给上层协议处理；若不是，则根据报文的目的地址查找路由表，若找到路由，将报文交给相应端口的数据链路层，封装端口所对应链路层协议后，将报文传送到下一个路由器，若找不到路由，将报文丢弃。路径终端的路由器负责将报文送交目的主机。

2. 路由和路由表

路由就是引导数据包如何到达目的网络的路径信息，而进行路由的设备我们称之为路由器，路由器可以根据接收的数据包网络层头部的目的地址选择一个合适的路径，将其传递下去，最终传递给目的主机。

路由表是保存于路由器中的传输路径相关信息，路由器根据收到的 IP 报文中目的地址在路由表中进行最优路径的转发。打个比方，路由表就像我们平时使用的地图，标识着各种路线。

路由表存在于路由器的 RAM 中，也就是说设备需要维护的路由信息越多，就越需要有足够的 RAM 空间，而且一旦路由器断电重启，路由表就会消失，然后重新构建。

路由表可以由网络管理员手工设置（静态路由），也可以根据网络情况自动调整（动态路由协议）。

3. 路由表的构成

（1）目的网络号：目的地址的逻辑网络的网络号。

（2）子网掩码：也叫网络掩码、地址掩码，用于指明一个 IP 地址哪些位表示所在子网，哪些位表示主机地址。子网掩码不能单独存在，必须和 IP 地址同时使用才有意义。

（3）下一跳地址：标明 IP 报文匹配此条路由发往的 IP 地址。

（4）出接口：IP 包离开路由器去往目的网络经过的接口。

（5）路由信息来源：表示此路由信息是通过哪种方式构建而成的，可以是由管理员手工创建的静态路由，也可以是通过配置动态路由协议学习而来的动态路由。

（6）路由优先级：当相同路由信息从不同的路由协议学习时，则会比较路由的优先级，优先级越小，路由则越优。优先级如表 6－1 所示。

表 6－1　路由协议缺省时的外部优先级

路由协议的类型	路由协议的外部优先级	路由协议的类型	路由协议的外部优先级
Direct	0	OSPF ASE	150
OSPF	10	OSPF NSSA	150
IS－IS	15	IBGP	255
Static	60	EBGP	255
RIP	100		

4. 路由的过程

在介绍完路由表之后，下面通过一个实例加深对路由过程的了解。如图 6－1 所示，RT A 左侧连接网络 10.3.1.0，RT C 右侧连接网络 10.4.1.0，当 10.3.1.0 网络有一个数据包要发送到 10.4.1.0 网络时，IP 路由的过程如下：

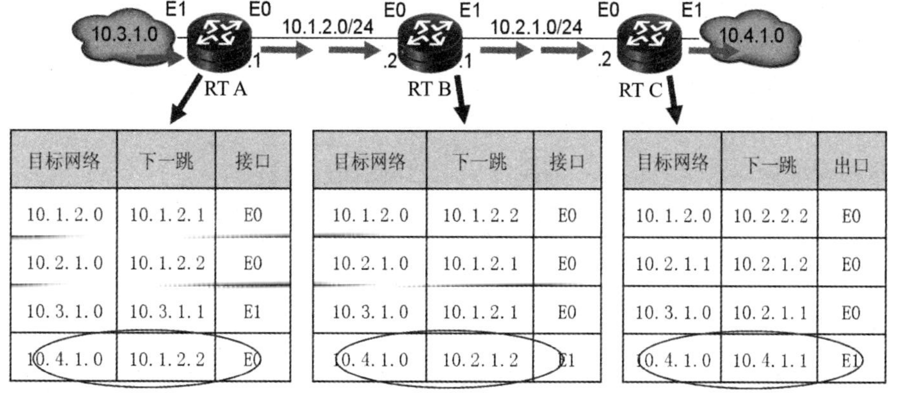

图 6－1　路由的过程

(1) 10.3.1.0 网络的数据包被发送给与网络直接相连的 RT A 的 E1 端口，E1 端口收到数据包后查找自己的路由表，找到去往目的地址的下一跳为 10.1.2.2，出接口为 E0，于是数据包从 E0 接口发出，交给下一跳 10.1.2.2。

(2) RT B 的 10.1.2.2 (E0) 接口收到数据包后，同样根据数据包的目的地址查找自己的路由表，查找到去往目的地址的下一跳为 10.2.1.2，出接口为 E1，同样，数据包被从 E1 接口发出，交给下一跳 10.2.1.2。

(3) RT C 的 10.2.1.2 (E0) 接口收到数据后，依旧根据数据包的目的地址查找自己的路由表，查找目的地址是自己的直连网段，并且去往目的地址的下一跳为 10.4.1.1，接口是 E1。最后数据包从 E1 接口送出，交给目的地址。

5. 路由的来源

路由的来源主要有三种，分别是直连路由、静态路由和动态路由。

(1) 直连路由。

当路由器在接口上配置 IP 地址时，就会在路由表中自动生成次网络与接口关联的信息，这种信息叫作直连路由。

直连路由是路由设备链路层发现的，其特点是自动发现，开销小，缺点是只能发现本接口所属的网络信息。

当路由器的接口配置了 IP 地址并状态正常时，即物理连线正常，并且可以正常检测到数据链路层协议的 Keepalive 信息时，接口上配置的网络地址自动出现在路由表中并且与接口关联，其中产生方式为直连的，路由优先级为 0，拥有最高的路由优先级，其 Metric 值为 0，表示拥有最小的 Metric 值。

直连路由会随着接口的状态变化在路由表中自动地变化，当接口的物理层与数据链路层状态正常时，直连路由会自动出现在路由表中，当路由器检测到此接口 Down 掉以后此路由就会自动消失。

(2) 静态路由。

静态路由是由管理员手工配置的。虽然通过配置静态路由同样可以达到网络互通的目的。但这种配置会存在问题，当网络发生故障后，静态路由不会自动修正，必须由管理员重新修改其配置。静态路由一般应用于小规模网络。

静态路由有如下优点：

①使用简单，容易实现；

②可精确控制路由走向，对网络进行最优化调整；

③对设备性能要求较低，不额外占用链路带宽。

静态路由有如下缺点：

①网络是否通畅以及是否优化，完全取决于管理员的配置；

②网络规模扩大时，由于路由表项的增多，将增加配置的繁杂度以及管理员的工作量；

③网络拓扑发生变更时，不能自动适应，需要管理员参与修正。

(3) 默认路由。

默认路由又称作缺省路由，是一种特殊的静态路由。当路由表中的其他路由全部选择失败时，将使用默认路由。从而大大减轻了路由器的处理负担。在路由表中，默认路由的目的

网络地址为0.0.0.0，掩码也为0.0.0.0。

默认路由的默认优先级也是60。在路由选择过程中，默认路由会被最后匹配。如果一个报文不能匹配上任何路由，那么这个报文只能被路由器丢弃，而把报文丢向“未知”的目的地是我们所不希望的，为了使路由器完全连接，它一定要有一条路由连到某个网络上。路由器既要保持完全连接，又不需要记录每个单独路由时，就可以使用默认路由。通过默认路由，可以指定一条单独的路由来表示所有的其他路由。

（4）动态路由。

当网络拓扑结构十分复杂时，手工配置静态路由工作量大而且容易出现错误，这时就可用动态路由协议，让其自动发现和修改路由，无须人工维护，但动态路由协议开销大，配置复杂。

6. 路由的选路规则

路由表中有众多条目，当路由器准备转发数据时，将按照最长匹配原则查找出合适条目，再按照条目中指定路径发送。

最长匹配原则应用过程如下：数据报文基于目的IP地址进行转发，当数据包文到达路由器时，路由器首先提取出报文的目的IP地址，查找路由表，将报文的目的IP地址与路由表中的最长的掩码字段做“与”操作，“与”操作后的结果跟路由表该表项的目的IP地址比较，相同则匹配成功，否则就没有匹配成功；若未匹配成功，路由器将寻找出拥有第二长掩码字段的条目，并重复刚才的操作，依此类推。一旦匹配成功，路由器将立即按照条目指定路径转发数据包，若最终都未能匹配，则丢弃该数据包。如下面示例中目的地址为9.1.2.1的数据报文，将命中9.1.0.0/16的路由。

在示例中，proto部分表示此路由的学习方式，其中Static表示管理员手工静态添加，RIP、OSPF表示通过对应的动态路由协议学习的路由，Direct表示路由器直连路由。

```
[Quidway]display ip routing-table
Routing Tables:
Destination/Mask      proto   pref     Metric   Nexthop        interface
0.0.0.0/0             Static  60       0        120.0.0.2      Serial0/0
8.0.0.0/8             RIP     100      3        120.0.0.2      Serial0/1
9.0.0.0/8             OSPF    10       50       20.0.0.2       Ethernet0/0
9.1.0.0/16            RIP     100      4        120.0.0.2      Serial0/0
11.0.0.0/8            Static  60       0        120.0.0.2      Serial0/1
20.0.0.0/8            Direct  0        0        20.0.0.1       Ethernet0/2
20.0.0.1/32           Direct  0        0        127.0.0.1      LoopBack0
```

6.1.2 典型任务：静态路由的基本配置

1. 任务描述

通过配置静态路由，使PC 2与PC 3能够互通，如图6-2所示。

2. 任务分析

（1）PC 2通过配置的默认网关将目的地址为192.168.3.254的数据包发到R 2。

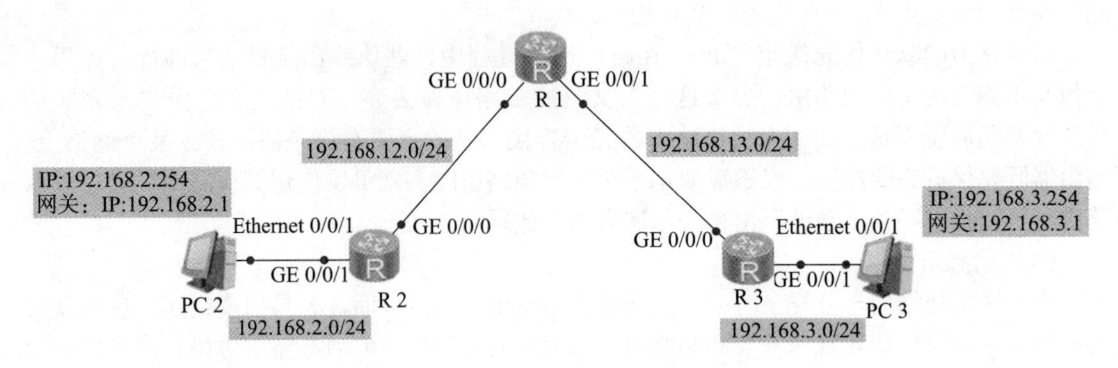

图 6－2　静态路由的基本配置

（2）R 2 的路由表中，并没有直连到 192. 168. 3. 0 网段的直连接口，所以需要配置静态路由将数据包发往 R 1。

（3）R 1 的路由表中，并没有直连到 192. 168. 3. 0 网段的直连接口，所以需要配置静态路由将数据包发往 R 3。

（4）PC 3 通过配置的默认网关将目的地址为 192. 168. 2. 254 的数据包发到 R 3。

（5）R 3 的路由表中，并没有直连到 192. 168. 2. 0 网段的直连接口，所以需要配置静态路由将数据包发往 R 1。

（6）R 1 的路由表中，并没有直连到 192. 168. 2. 0 网段的直连接口，所以需要配置静态路由将数据包发往 R 2。

3. 配置流程

静态路由配置流程如图 6－3 所示。

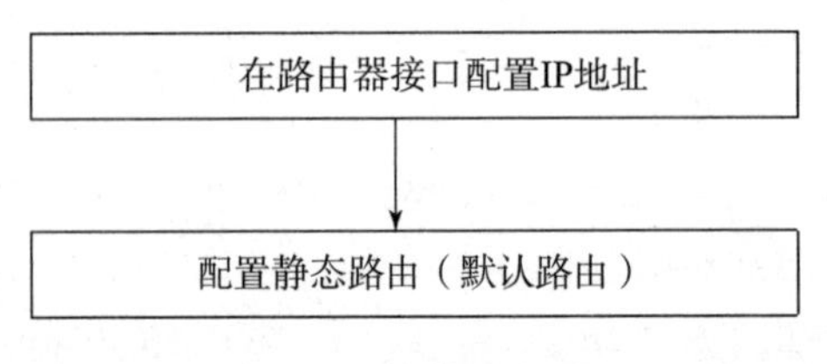

图 6－3　静态路由配置

4. 关键配置

（1）为路由器配置 IP 地址。

①配置 R 1 接口 IP。

```
[R1]interface g 0/0/1
[R1-GigabitEthernet0/0/1]ip address 192.168.13.1 24
[R1]interface g 0/0/0
[R1-GigabitEthernet0/0/0]ip address 192.168.12.1 24
```

②配置 R 2 接口 IP。

```
[R2]interface g 0/0/0
[R2-GigabitEthernet0/0/0]ip address 192.168.12.2 24
[R2]interface g 0/0/1
[R2-GigabitEthernet0/0/1]ip address 192.168.2.1 24
```

③配置 R 3 接口 IP。

```
[R3]interface g 0/0/0
[R3-GigabitEthernet0/0/0]ip address 192.168.13.3 24
[R3]interface g 0/0/1
[R3-GigabitEthernet0/0/1]ip address 192.168.3.1 24
```

（2）配置静态路由。

①关键命令。

```
[R3]ip route-static 192.168.2.0  255.255.255.0  192.168.13.1  //配置目标网络、子网掩码、下一跳地址
[R2]ip route-static 192.168.3.0  255.255.255.0  192.168.12.1
[R1]ip route-static 192.168.3.0  255.255.255.0  192.168.13.3
[R1]ip route-static 192.168.2.0  255.255.255.0  192.168.12.2
```

②查看 R 1 设备的路由表。

```
[R1]display ip routing-table
Route Flags:R-relay,D-download to fib
------------------------------------------------------------------------------
Routing Tables:Public
        Destinations:12       Routes:12
Destination/Mask    Proto  Pre  Cost  Flags  NextHop      Interface

127.0.0.0/8         Direct 0    0     D      127.0.0.1    InLoopBack0
127.0.0.1/32        Direct 0    0     D      127.0.0.1    InLoopBack0
127.255.255.255/32  Direct 0    0     D      127.0.0.1    InLoopBack0
192.168.2.0/24      Static 60   0     RD     192.168.12.2 GigabitEther-
net0/0/0
192.168.2.1/24      Static 60   0     RD     192.168.13.3 GigabitEther-
net0/0/1
192.168.12.0/24     Direct 0    0     D      192.168.12.1 GigabitEther-
net0/0/0
192.168.12.1/32     Direct 0    0     D      127.0.0.1     GigabitEther-
net0/0/0
192.168.12.225/32   Direct 0    0     D      127.0.0.1     GigabitEther-
net0/0/0
```

```
192.168.13.0/24      Direct 0    0    D         192.168.13.1 GigabitEther-
net0/0/1
192.168.12.1/32      Direct 0    0    D         127.0.0.1    GigabitEther-
net0/0/1
192.168.12.225/32    Direct 0    0    D         127.0.0.1    GigabitEther-
net0/0/1
225.255.255.255/32   Direct 0    0    D         127.0.0.1    InLoopBack0
```

③查看 R 2 设备的路由表。

```
[R2]display ip routing-table
Route Flags:R-relay,D-download to fib
------------------------------------------------------------------------------
Routing Tables:Public
        Destinations:11       Routes:11
Destination/Mask     Proto  Pre  Cost  Flags  NextHop       Interface

127.0.0.0/8          Direct 0    0     D      127.0.0.1     InLoopBack0
127.0.0.1/32         Direct 0    0     D      127.0.0.1     InLoopBack0
127.255.255.255/32   Direct 0    0     D      127.0.0.1     InLoopBack0
192.168.2.0/24       Static 60   0     RD     192.168.13.1  GigabitEther-
net0/0/0
192.168.3.0/24       Direct 0    0     D      192.168.3.1   GigabitEther-
net0/0/1
192.168.3.1/32       Direct 0    0     D      127.0.0.1     GigabitEther-
net0/0/1
192.168.3.255/32     Direct 0    0     D      127.0.0.1     GigabitEther-
net0/0/1
192.168.13.0/24      Direct 0    0     D      192.168.13.3  GigabitEther-
net0/0/0
192.168.13.3/32      Direct 0    0     D      127.0.0.1     GigabitEther-
net0/0/0
192.168.13.255/32    Direct 0    0     D      127.0.0.1     GigabitEther-
net0/0/0
255.255.255.225/32   Direct 0    0     D      127.0.0.1     InLoopBack0
```

④查看 R 3 设备的路由表。

```
[R3]display ip routing-table
Route Flags:R-relay,D-download to fib
------------------------------------------------------------------------------
Routing Tables:Public
```

```
        Destinations:11       Routes:11
Destination/Mask     Proto  Pre  Cost  Flags  NextHop       Interface

127.0.0.0/8          Direct 0    0     D      127.0.0.1     InLoopBack0
127.0.0.1/32         Direct 0    0     D      127.0.0.1     InLoopBack0
127.255.255.255/32   Direct 0    0     D      127.0.0.1     InLoopBack0
192.168.2.0/24       Static 60   0     RD     192.168.13.1  GigabitEther-
net0/0/0
192.168.3.0/24       Direct 0    0     D      192.168.3.1   GigabitEther-
net0/0/1
192.168.3.1/32       Direct 0    0     D      127.0.0.1     GigabitEther-
net0/0/1
192.168.3.255/32     Direct 0    0     D      127.0.0.1     GigabitEther-
net0/0/1
192.168.13.0/24      Direct 0    0     D      192.168.13.3  GigabitEther-
net0/0/0
192.168.13.3/32      Direct 0    0     D      127.0.0.1     GigabitEther-
net0/0/0
192.168.13.255/32    Direct 0    0     D      127.0.0.1     GigabitEther-
net0/0/0
255.255.255.225/32   Direct 0    0     D      127.0.0.1     InLoopBack0
```

⑤在 PC 上测试能否 ping 通。

```
PC >ping 192.168.3.254

Ping 192.168.3.254:32 data bytes,  Press  Ctrl_c to break
From 192.168.3.254:bytes =32 seq =1 ttl =125 time =31 ms
From 192.168.3.254:bytes =32 seq =2 ttl =125 time =16 ms
From 192.168.3.254:bytes =32 seq =3 ttl =125 time =31 ms
From 192.168.3.254:bytes =32 seq =4 ttl =125 time =31 ms
From 192.168.3.254:bytes =32 seq =5 ttl =125 time =16 ms
```

6.1.3　任务拓展

在典型任务中已完成了路由器静态路由的配置，下面在拓展任务中用三层交换机和路由器实现单臂路由。

1. 路由器子接口介绍

子接口通过协议和技术将一个物理接口虚拟出来的多个逻辑接口，相对子接口而言，这个物理接口称为主接口。每个子接口从功能、作用上来说，与每个物理接口是没有任何区别的，它的出现打破了每个设备物理接口数量有限的局限性，子接口共用主接口的物理层参数，又可以分别配置各自的链路层和网络层参数。用户可以禁用或者激活子接口，这不会对主接口产生影响；但主接口状态的变化会对子接口产生影响，特别是只有主接口处于连通状态时，子接口才能正常工作。通常应用在 FR、X. 25 以及快速以太网中。

（1）应用在 X. 25/FR 网络。

X. 25/FR 都是采用虚电路连接终端，适用于点对多点的拓扑结构，因此对于中心的路由器，往往一个物理端口要同时通过多条虚电路连接多个终端，那么在路由的过程中会出现“水平分割”的问题。这时因为路由协议中为了避免路由环路，采用水平分割的原理，即从一个邻居学到的关于某个网络的路由将不再向这个邻居广播该网络的路由信息。这样，会导致中心路由器学不到连接的多个终端中的网络路由信息。于是，通过在一个物理端口上创建多个子端口分别与不同的终端建立连接，在路由协议中对多个逻辑端口是作为类似多个物理端口来处理的，也就是说，不会受到水平分割的限制。

（2）应用在以太网中。

在虚拟局域网（VLAN）中，通常是一个物理接口对应一个 VLAN。在多个 VLAN 的网络上，无法使用单台路由器的一个物理接口实现 VLAN 间通信，同时路由器也有其物理局限性，不可能带有大量的物理接口。

子接口的产生正是为了打破物理接口的局限性，它允许一个路由器的单个物理接口通过划分多个子接口的方式，实现多个 VLAN 间的路由和通信。在路由器中，一个子接口的取值范围是 0 ~ 4096，当然受主接口物理性能限制，实际中并无法完全达到 4096 个，数量越多，各子接口性能越差。

（3）子接口的优缺点。

子接口的优点是打破了物理接口的数量限制，在一个接口中实现多个网络间的路由和通信；但是子接口也有一些不足，例如多个子接口共用主接口，性能比单个物理接口差，负载大的情况下容易成为网络流量瓶颈。

由于独立的物理接口无带宽争用现象，与子接口相比，物理接口的性能更好。来自所连接的各子网流量可访问与子网相连的物理路由器接口的全部带宽，以实现不同子网间路由。

单臂路由，即在路由器上设置多个逻辑子接口，每个子接口对应一个 VLAN。每个子接口的数据在物理链路上传递都要标记封装。Cisco 设备支持 ISL 和 802. 1q（dot1q）协议。华为只支持 802. 1q 协议。

2. 任务描述

路由器 AR2220 和交换机 S3700 用单臂路由的方式，实现 VLAN 10 与 VLAN 20 之间的 PC 互通，如图 6 - 4 所示。

3. 任务分析

（1）PC 1 与 PC 2 在不同的 VLAN 中。SW 1 为二层交换机，所以 PC 1 与 PC 2 不能直接通过交换机通信。

（2）在 AR 1 上可以配置子接口来识别不同 VLAN 的 Tag ID。

（3）在 SW 1 的 E0/0/1 接口通过配置 Trunk 接口来传递多个 VLAN 的流量。

4. 配置流程

（1）交换机配置流程如图 6 - 5 所示。

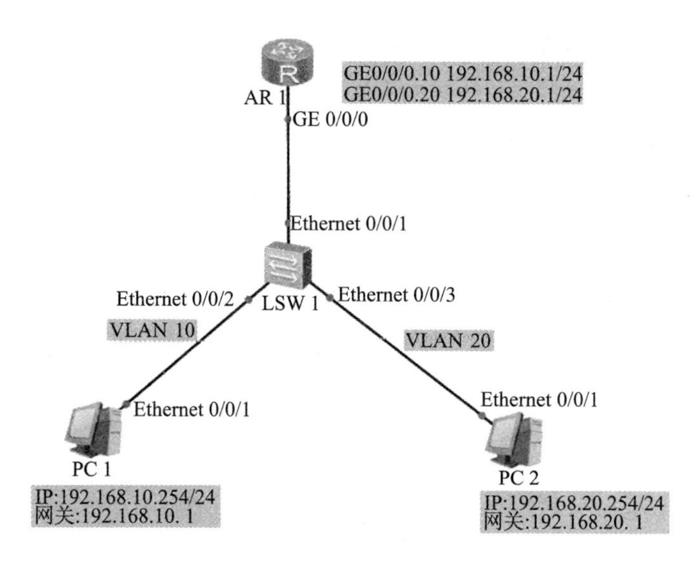

图 6－4　单臂路由的基本配置

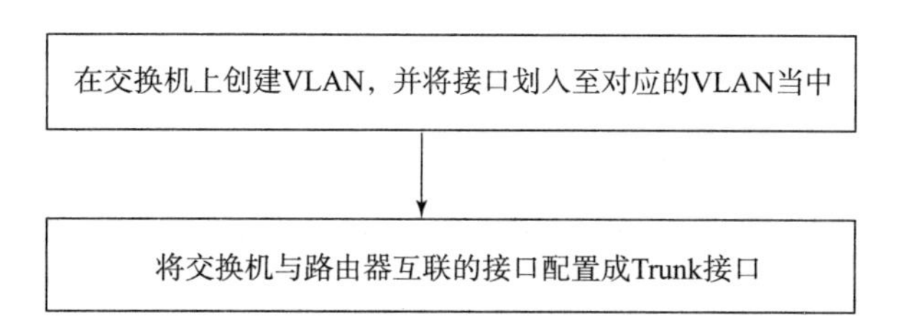

图 6－5　交换机配置流程

（2）路由器配置流程如图 6－6 所示。

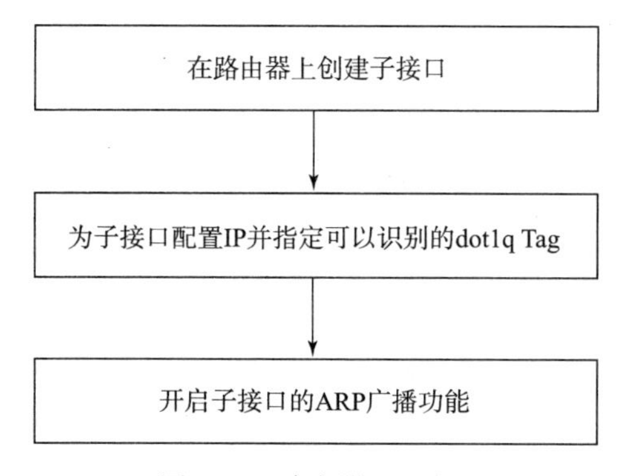

图 6－6　路由器配置流程

5. 关键配置

（1）交换机配置。

①在交换机中创建 VLAN，并且将与 PC 相连的接口划入到对应 VLAN 当中，在交换机中创建 VLAN。

```
[SW1]vlan batch 10 20
[SW1]interface Ethernet 0/0/2
[SW1-Ethernet0/0/2]port link-type access
[SW1-Ethernet0/0/2]port default vlan 10
[SW1]interface Ethernet 0/0/3
[SW1-Ethernet0/0/3]port link-type access
[SW1-Ethernet0/0/3]port default vlan 20
```

②将交换机与路由器相连的接口封装为 Trunk 接口，使其在传递报文时能够携带 dot1q Tag，并且放行 VLAN 10 与 VLAN 20 的流量。

```
[SW1]interface Ethernet 0/0/1
[SW1-Ethernet0/0/1]port link-type trunk
[SW1-Ethernet0/0/1]port trunk allow-pass vlan 10 20
```

（2）路由器配置。

①创建子接口配置 IP 地址，并且指定子接口可以识别的 dot1q Tag。

```
[R1]interface g 0/0/0.10
[R1-GigabitEthernet0/0/0.10]ip address 192.168.10.1 24
[R1-GigabitEthernet0/0/0.10]dot1q  termination vid 10   //为子接口配置可识别的 VLAN ID
[R1]interface g 0/0/0.20
[R1-GigabitEthernet0/0/0.20]ip address 192.168.20.1 24
[R1-GigabitEthernet0/0/0.20]dot1q termination vid 20
```

②开启子接口的 ARP 广播功能（华为路由器 ARP 广播功能默认关闭）。

```
[R1-GigabitEthernet0/0/0.10]arp broadcast enable
[R1-GigabitEthernet0/0/0.20]arp broadcast enable
```

（3）PC 配置 IP 如图 6-4 所示。

注意：CLIENT 1 的网关一定要和 VID 为 10 的虚拟子接口 IP 一致。
　　　CLIENT 2 的网关一定要和 VID 为 20 的虚拟子接口 IP 一致。

思考与练习

1. 路由器的选路原则有哪些？
2. 单臂路由中交换机部分的配置和 VLAN 交换机的配置有何异同？

6.2　任务二：RIP 协议的配置及应用

6.2.1　预备知识

1. 动态路由协议

动态路由协议是路由器之间交互信息的一种语言。路由器之间通过该协议可以共享网络状态和网络中的一些可达路由的信息。只有使用同种语言的路由器才可以交互信息。路由协议定义了一套路由器之间通信时使用的规则，通信的双方共同遵守该规则。同时路由器也通过动态路由协议维护路由表，提供最佳转发路径。

（1）常见的路由协议如下：

①RIP：Routing Information Protocol，路由信息协议。

②OSPF：Open Shortest Path First，开放式最短路径优先。

③IS－IS：Intermediate System to Intermediate System，中间系统到中间系统。

④BGP：Border Gateway Protocol，边界网关协议。

在以上路由协议中，RIP 路由协议配置简单，收敛速度慢，常用于中小型网络；OSPF 协议由 IETF 开发，协议原理本身比较复杂，使用非常广泛；IS－IS 设计思想简单，扩展性好，目前在大型 ISP 的网络中被广泛配置；BGP 用于 AS 之间交换路由信息。

（2）路由协议分类。

①根据作用的范围分类。

首先，需要了解一下自治系统（AS，Autonomous System）的概念。自治系统的典型定义是指由同一个技术管理机构，使用统一选路策略的一些路由器的集合。而当前自治系统的概念发生了一些变化，指在一个自治系统下，可以使用多个技术管理机构，并可以使用多种选路策略的一些路由器的集合。

每个自治系统都有唯一的自治系统编号，这个编号是由 IANA 分配的。通过不同的编号来区分不同的自治系统。自治系统的编号范围是从 1 到 65535，其中 1 到 64511 是注册的 Internet 编号，64512 到 65535 是私有网络编号。

根据作用的范围，路由协议可分为内部网关协议和外部网关协议两类。

内部网关协议（Interior Gateway Protocol，简称 IGP）：在一个自治系统内部运行，常见的 IGP 协议包括 RIP、OSPF 和 IS－IS。

外部网关协议（Exterior Gateway Protocol，简称 EGP）：运行于不同自治系统之间，BGP 是目前最常用的 EGP 协议。

②根据路由算法分类。

路由算法是指路由协议收集路由信息并对其进行分析，从而得到最佳路由的方式方法。根据路由算法，路由协议可分为距离矢量协议和链路状态协议两类。

距离矢量（Distance－Vector）协议：包括 RIP 和 BGP。其中，BGP 也被称为路径矢量（Path－Vector）协议。

距离矢量路由协议基于贝尔曼－福特算法，使用该算法的路由器通常以一定的时间间隔向相邻的路由器发送它们完整的路由表。

距离矢量路由器关心的是到目的网段的距离（Metric）和矢量（方向，即从哪个接口转发数据）。距离矢量路由协议的优点是配置简单，占用较少的内存和CPU处理时间。缺点是扩展性较差，如RIP最大跳数不能超过16跳。

链路状态（Link - State）协议：包括OSPF和IS - IS。

链路状态路由协议基于Dijkstra算法，有时也被称为SPF（Shortest Path First，最短路径优先）算法。D - V算法关心网络中链路或接口的状态（Up或Down、IP地址、掩码），每个路由器将自己已知的链路状态向该区域的其他路由器通告，通过这种方式区域内的每台路由器都建立了一个本区域的完整的链路状态数据库。然后路由器根据收集到的链路状态信息来创建它自己的网络拓扑图，形成一张到各个目的网段的带权有向图。

链路状态算法使用增量更新的机制，只有当链路的状态发生变化时，才发送路由更新信息，这种方式节省了相邻路由器之间的链路带宽。部分更新只包含发生改变的链路状态信息，而不是整个路由表。

③根据目的地址类型分类。

根据目的地址的类型，路由协议可分为单播路由协议和组播路由协议。

单播路由协议（Unicast Routing Protocol）：包括RIP、OSPF、BGP和IS - IS等。

组播路由协议（Multicast Routing Protocol）：包括PIM - SM（Protocol Independent Multicast - Sparse Mode）、PIM - DM（Protocol Independent Multicast - Dense Mode）等。

2. RIP概述

RIP是Routing Information Protocol（路由信息协议）的简称，它是一种较为简单的内部网关协议。RIP是一种基于距离矢量算法的协议，它使用跳数（Hop Count）作为度量来衡量到达目的网络的距离。RIP通过UDP报文进行路由信息的交换，使用的端口号为520。

RIP包括RIPv1和RIPv2两个版本，RIPv2对RIPv1进行了扩充，使其更具有优势。

（1）RIPv1为有类别路由协议，不支持VLSM和CIDR。RIPv2为无类别路由协议，支持VLSM，支持路由聚合与CIDR。

（2）RIPv1使用广播发送报文；RIPv2有两种发送方式——广播方式和组播方式，缺省是组播方式。RIPv2的组播地址为224.0.0.9。组播发送报文的好处是在同一网络中那些没有运行RIP的网段可以避免接收RIP的广播报文；另外，组播发送报文还可以使运行RIPv1的网段避免错误地接收和处理RIPv2中带有子网掩码的路由。

（3）RIPv1不支持认证功能，RIPv2支持明文认证和MD5密文认证。

由于RIP的实现较为简单，在配置和维护管理方面也远比OSPF和IS - IS容易，因此RIP主要应用于规模较小的网络中，例如校园网以及结构较简单的地区性网络。对于更为复杂的环境和大型网络，一般不使用RIP协议。

RIP是一种基于距离矢量算法的协议，使用UDP协议作为传输协议，端口号为520，它使用跳数作为度量值来衡量到达目的地址的距离。在RIP网络中，缺省情况下，设备到与它直接相连网络的跳数为0，通过一个设备可达的网络的跳数为1，其余依此类推。也就是说，度量值等于从本网络到达目的网络间的设备数量。为限制收敛时间，RIP规定度量值取0～15之间的整数，大于或等于16的跳数被定义为无穷大，即目的网络或主机不可达。由于这个限制，使得RIP不可能在大型网络中得到应用。

3. RIP 的工作过程

RIP 启动时的初始路由表仅包含本设备的一些直连接口路由。通过相邻设备互相学习路由表项，才能实现各网段路由互通。

RIP 路由形成的过程如图 6－7 所示。

(1) RIP 协议启动之后，R A 会向相邻的路由器广播一个请求报文。

(2) 当 R B 从接口接收到 R A 发送的请求报文后，把自己的 RIP 路由表封装在应答报文内，然后向该接口对应的网络广播。

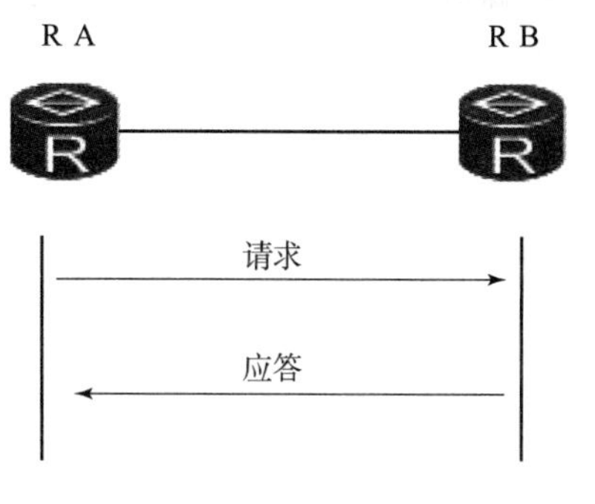

图 6－7　RIP 路由表形成过程

(3) R A 根据 R B 发送的应答报文，形成自己的路由表。

4. RIP 的更新与维护

(1) RIP 协议在更新和维护路由信息时，主要使用四个定时器：

①更新定时器（Update Timer）：当此定时器超时时，立即发送更新报文。

②老化定时器（Age Timer）：RIP 设备如果在老化时间内没有收到邻居发来的路由更新报文，则认为该路由不可达。

③垃圾收集定时器（Garbage－Collect Timer）：如果在垃圾收集时间内不可达路由没有收到来自同一邻居的更新，则该路由将被从 RIP 路由表中彻底删除。

④抑制定时器（Suppress Timer）：当 RIP 设备收到对端的路由更新，且 Cost 为 16，对应路由进入抑制状态，并启动抑制定时器。为了防止路由震荡，在抑制定时器超时之前，即使再收到对端路由 Cost 小于 16 的更新，也不接收。当抑制定时器超时后，就重新允许接收对端发送的路由更新报文。

(2) RIP 路由与定时器之间的关系。

RIP 的更新信息发布是由更新定时器控制的，默认为每 30 s 发送一次。

每一条路由表项对应两个定时器：老化定时器和垃圾收集定时器。当学到一条路由并添加到 RIP 路由表中时，老化定时器启动。如果老化定时器超时，设备仍没有收到邻居发来的更新报文，则把该路由的度量值置为 16（表示路由不可达），并启动垃圾收集定时器。如果垃圾收集定时器超时，设备仍然没有收到更新报文，则在 RIP 路由表中删除该路由。

(3) 触发更新。

触发更新是指当路由信息发生变化时，立即向邻居设备发送触发更新报文，而不用等待更新定时器超时，从而避免产生路由环路。

如图 6－8 所示，网络 11.4.0.0 不可达时，R C 最先得到这一信息。

如果设备不具有触发更新功能，R C 发现网络故障之后，需要等待更新定时器超时。在等待过程中，如果 R B 的更新报文传到了 R C，R C 就会学到 R B 的去往网络 11.4.0.0 的错误路由。这样 R B 和 R C 上去往网络 11.4.0.0 的路由都指向对方从而形成路由环路。

如果设备具有触发更新功能，R C 发现网络故障之后，不必等待更新定时器超时，立即发送路由更新信息给 R B，这样就避免了路由环路的产生。

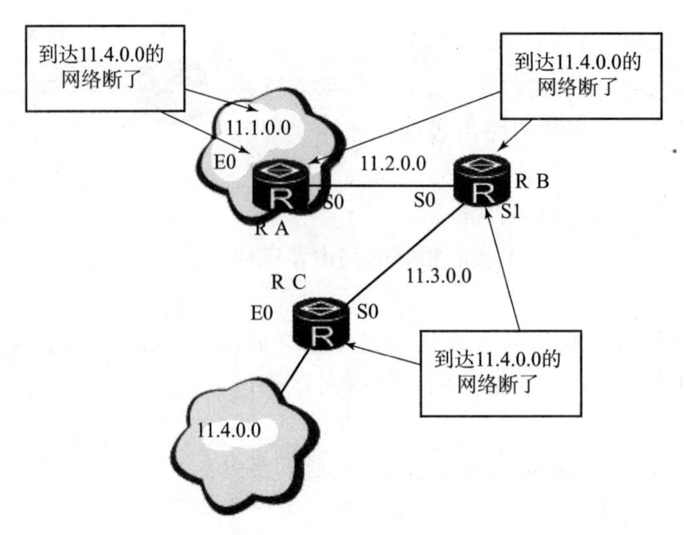

图 6-8　触发更新原理

6.2.2　典型任务：RIP 协议的基本配置

1. 任务描述

通过 RIP，使得 R 1、R 2、R 3 三台路由器环回口地址实现互通，如图 6-9 所示。

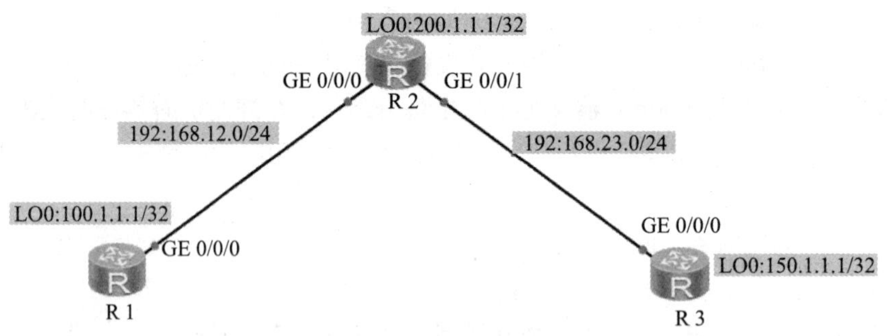

图 6-9　RIP 基本配置

2. 任务分析

（1）创建 RIP 进程，建议使用版本 2。

（2）确定哪些网络需要运行 RIP，将其通告进 RIP 协议。

（3）检查路由表，验证配置。

3. 配置流程

RIP 配置流程如图 6-10 所示。

4. 关键配置

（1）R 1 配置。

```
[R1]rip 1                                   //创建 RIP 进程
[R1-rip-1]version 2                         //设置使用版本 2 的 RIP 协议
[R1-rip-1]network 192.168.12.0              //通告主类网络
[R1-rip-1]network 100.0.0.0
```

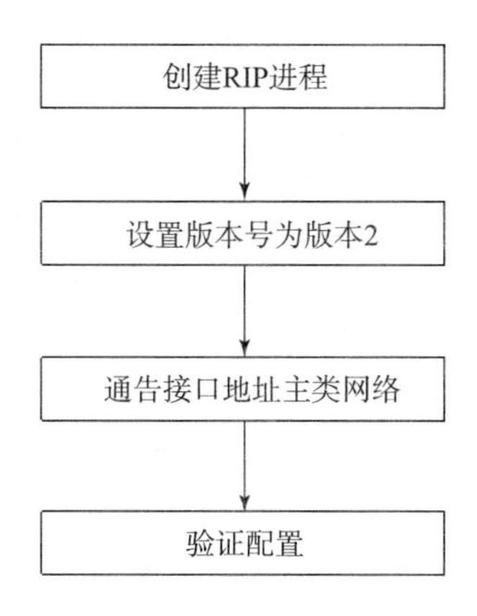

图 6－10　RIP 配置流程

（2）R 2 配置。

```
[R2]rip 1
[R2-rip-1]version 2
[R2-rip-1]network 192.168.12.0
[R2-rip-1]network 192.168.23.0
[R2-rip-1]network 200.1.1.0
```

（3）R 3 配置。

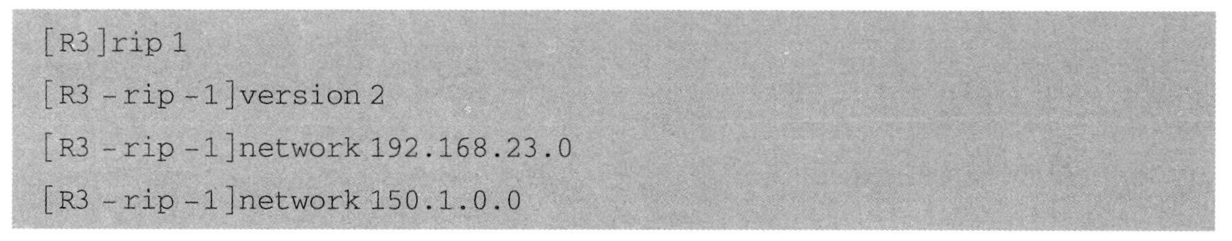

```
[R3]rip 1
[R3-rip-1]version 2
[R3-rip-1]network 192.168.23.0
[R3-rip-1]network 150.1.0.0
```

（4）通过 display RIP 1 Route 可以显示 RIP 路由的信息。

（5）在 R 1、R 2、R 3 上查看 RIP 进程 1 的路由条目。

```
[R1]display rip 1 route
Route Flags:R-RIP
        A-Aging,G-Garbage-collect
---------------------------------------------------------------------------
Peer 192.168.12.2 on GigabitEthernet0/0/0
Destination/Mask      Nexthop         Cost    Tag    Flags    Sec
    192.168.23.0/24   192.168.12.2    1       0      RA       19
    200.1.1.1/32      192.168.12.2    1       0      RA       19
    150.1.1.1/32      192.168.12.2    2       0      RA       19
```

```
[R2]display rip 1 route
Route Flags:R - RIP
          A - Aging,G - Garbage - collect
-------------------------------------------------------------------------------
Peer 192.168.12.1 on GigabitEthernet0/0/0
    Destination/Mask      Nexthop          Cost    Tag    Flags    Sec
    100.1.1.1/32          192.168.12.1     1       0      RA       11
Peer 192.168.23.2 on GigabitEthernet0/0/1
    Destination/Mask      Nexthop          Cost    Tag    Flags    Sec
    150.1.1.1/32          192.168.23.2     1       0      RA       16
```

```
[R3]display rip 1 route
Route Flags:R - RIP
          A - Aging,G - Garbage - collect
-------------------------------------------------------------------------------
Peer 192.168.23.1 on GigabitEthernet0/0/0
    Destination/Mask      Nexthop          Cost    Tag    Flags    Sec
    192.168.12.0/24       192.168.23.1     1       0      RA       8
    100.1.1.1/32          192.168.23.1     2       0      RA       8
    200.1.1.1/32          192.168.23.1     1       0      RA       8
```

6.2.3 任务拓展

路由汇聚的含义是把一组路由汇聚为一个单个的路由广播。

它的好处是：缩小路由表的尺寸，通过在网络连接断开之后限制路由通信的传播来提高网络的稳定性。如果一台路由器仅向下一个下游的路由器发送汇聚的路由，那么，它就不会广播与汇聚范围内包含的具体子网有关的变化。例如，如果一台路由器仅向其临近的路由器广播汇聚路由地址 172.16.0.0/16，那么，如果它检测到 172.16.10.0/24 局域网网段中的一个故障，它将不更新临近的路由器。

举例说明，一台把一组分支办公室连接到公司总部的路由器能够把这些分支办公室使用的全部子网汇聚为一个单个的路由广播。如果所有这些子网都在 172.16.16.0/24 至 172.16.31.0/24 的范围内，那么，这个地址范围就可以汇聚为 172.16.16.0/20。这是一个与位边界（Bit Boundary）一致的连续地址范围，因此，可以保证这个地址范围能够汇聚为一个单一的声明。要实现路由汇聚的好处的最大化，制定细致的地址管理计划是必不可少的。

1. 任务描述

R 1、R 2 两台设备运行 RIPv2 协议，使用认证，保证两台设备之间传递路由时更加安全。在 R 2 上连接了三个网段并使用 RIP 协议通告给 R 1，要求 R 1 上只能看到一条 172.16.0.0/16 的 RIP 路由，并且能够正常访问这三个网段，如图 6－11 所示。

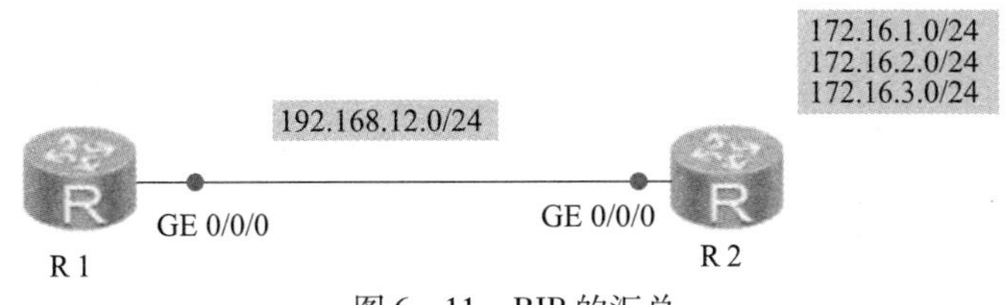

图 6－11　RIP 的汇总

2. 任务分析

（1）需求明确提出使用 RIPv2 协议。

（2）题目要求使用 RIPv2 的认证，需要创建密钥并进行调用。

（3）R 2 上存在三个网段信息，要求只能在 R 1 上看到一条 RIP 路由，说明需要进行 RIP 协议的路由汇总。

3. 配置流程

RIP 配置流程如图 6－12 所示。

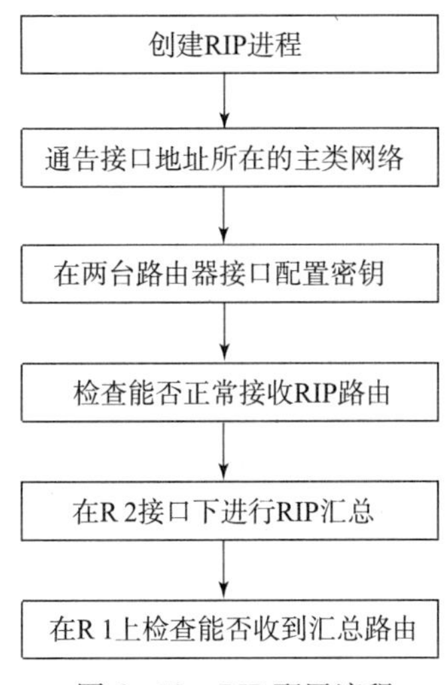

图 6－12　RIP 配置流程

4. 关键配置

（1）在 R 1、R 2 上创建 RIP 进程，进行 RIP 的基本配置。

```
[R1]rip 1
[R1-rip-1]version 2
[R1-rip-1]network 192.168.12.0
```

```
[R2]rip 1
[R2-rip-1]version 2
[R2-rip-1]network 192.168.12.0
[R2-rip-1]network 172.16.0.0
```

（2）在 R 1 上进行认证。

```
[R1]interface GigabitEthernet 0/0/0
[R1-GigabitEthernet0/0/0]rip authentication-mode md5 usual plain huawei
//配置认证模式为MD5 模式,密钥为 huawei
```

（3）在 R 2 上进行认证。

```
[R2]interface GigabitEthernet 0/0/0
[R2-GigabitEthernet0/0/0]rip authentication-mode md5 usual plain huawei
```

（4）进行 RIP 汇总。

```
[R2-GigabitEthernet0/0/0]rip summary-address 172.16.0.0 255.255.0.0
//配置 RIP 的手工汇总
```

思考与练习

1. 哪种网络更适用于 RIP 协议？
2. RIP 协议有哪些缺陷？

6.3　任务三：OSPF 协议的配置及应用

6.3.1　预备知识

OSPF（Open Shortest Path First，开放式最短路径优先）路由协议是链路状态算法的 IGP 路由协议，它作为现网三大路由协议之一，主要应用于大型企业网和中小型骨干网，本节将系统介绍 OSPF 基本特点、工作原理、基本配置。

OSPF 路由协议，由互联网工程任务组（IETF）开发。OSPF 的发展主要经过了三个版本：OSPFv1 在 RFC1131 中定义，该版本只处于试验阶段并未对外公布；现今在 IPv4 网络中主要应用 OSPFv2，它最早在 RFC1247 中定义，之后在 RFC2328 中得到完善和补充；面对 IPv4 地址耗尽问题，对现有版本改进为 OSPFv3，从而能很好地支持 IPv6（后面所说的 OSPF 默认为版本 2）。

1. OSPF 的特点

（1）支持 CIDR 和 VLSM：OSPF 在通告路由信息时，在其协议报文中携带子网掩码，使其能很好地支持 VLSM（可变长度子网掩码）和 CIDR（无类域间路由）。

（2）区域内无路由自环：在该协议中采用 SPF（最短路径优先）算法，形成一棵最短路径树，从根本上避免了路由环路的产生。

（3）支持区域分割：为了防止区域边界范围过大，OSPF 允许自治系统内的网络被划分成区域来管理。通过划分区域实现更加灵活的分级管理。

（4）路由收敛变化速度快：OSPF 作为链路状态路由协议，其更新方式采用触发式增量

更新，即网络发生变化时候会立刻发送通告出去，而不像 RIP 那样要等到更新周期的到来才会通告，同时其更新也只发送改变部分，只在很长时间段内才会周期性更新，默认为 30 分钟一次。因此它的收敛速度要比 RIP 快很多。

（5）使用组播和单播收发协议报文：为了防止协议报文过多占用网络流量，OSPF 不再采用广播的更新方式，使用组播和单播大大减少了协议报文发送数目。

（6）支持等价负载分担：OSPF 只支持等价负载分担，即只支持从源到目标开销值完全相同的多条路径的负载分担。默认为 4 条，最大为 8 条。它不支持非等价负载分担。

（7）支持协议报文的认证：为了防止非法设备连接到合法设备从而获取全网路由信息，只有通过验证才可以形成邻接关系。它支持明文的接口、区域认证，密文的接口、区域认证。

2. OSPF 的基本概念

（1）Router ID：OSPF 中使用一个 32 位的整数来唯一标识一台路由器，Router ID 如果手工设置，则优先使用。如果没有手工设置，则选取设备上激活的 Loopback 接口地址最大的，如设备没有 Loopback 地址，则选取物理接口 IP 地址最大的。

（2）协议号：和前面 RIP 不同的是，OSPF 直接运行于 IP 协议之上，使用 IP 协议号 89。它的封装方式如图 6－13 所示。

（3）DR 和 BDR：在多路访问的网络中，OSPF 设备会选取一个 DR 和 BDR 来代表这个网络。

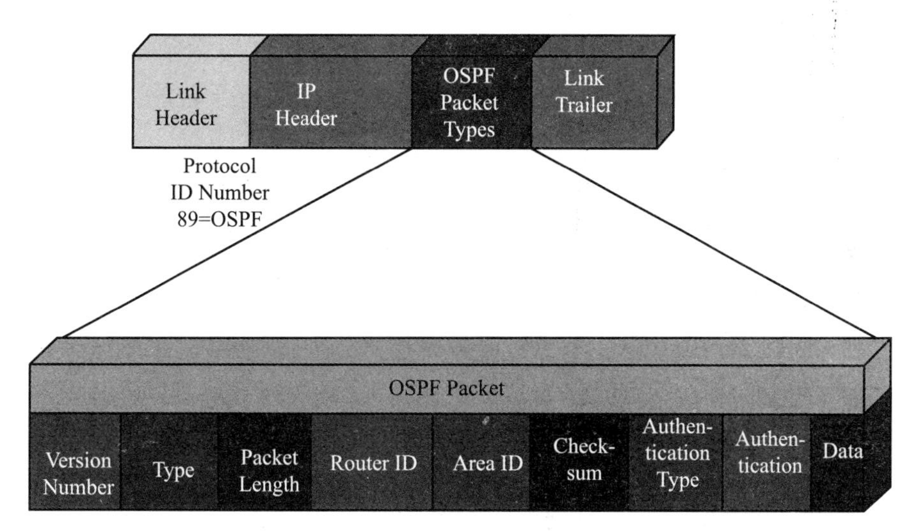

图 6－13　OSPF 报文示意图

（4）邻接关系：能够相互交换链路状态信息的稳定邻居状态称作邻接关系。

（5）邻居关系：能够交互 Hello 报文的一组 OSPF 设备，称作 OSPF 邻居关系。

（6）邻居表：包含所有邻居路由器的集合。

（7）链路状态数据库：包含网络中所有链路状态信息的集合，代表了整张的网络拓扑，区域内所有路由器的数据库保持一致。

（8）路由表：链路状态数据库通过 SPF 算法计算出的最优路径，作为 IP 报文的转发依据。

3. OSPF 的算法

链路状态路由协议，并不是像 RIP 协议那样直接交互路由信息，而是在区域内的相邻设备相互交互链路信息，形成链路状态数据库，为了保证可靠性，所有的路由器最终会得到一份完全相同的链路状态数据库。

OSPF 使用 Cost 值，作为度量值，每个接口都会根据它的带宽值自动的计算出 Cost 值，默认以 100 Mb/s 为参考带宽，到达某个目的网段的开销，就是这台路由器到达目的网络中间所有链路的开销总和。

OSPF 并不会周期性的扩散路由信息，OSPF 路由器通过使用 Hello 报文来维持自己的邻居关系，特定时间内，如果没有收到邻居发来的 Hello 报文，则认为邻居已经失效。

OSPF 的路由刷新时间是递增的，路由器通常只在拓扑结构发生改变时发出刷新消息，当 LSA 的 Age 到达 1800 s 时，也会重新发送一个 LSA。

4. OSPF 的网络类型

OSPF 根据链路层协议，将网络类型分为如下四种类型：

（1）广播类型：当链路层协议是 Ethernet、FDDI 时，缺省情况下，OSPF 认为网络类型是 Broadcast。

在该类型的网络中，通常以组播形式发送 Hello 报文、LSU 报文和 LSAck 报文。其中，224. 0. 0. 5 的组播地址为 OSPF 设备的预留 IP 组播地址；224. 0. 0. 6 的组播地址为 OSPFDR/BDR 的预留 IP 组播地址。以单播形式发送 DD 报文和 LSR 报文。

（2）NBMA 类型：当链路层协议是帧中继、X. 25 时，缺省情况下，OSPF 认为网络类型是 NBMA。

在该类型的网络中，以单播形式发送协议报文（Hello 报文、DD 报文、LSR 报文、LSU 报文、LSAck 报文）。

（3）点到多点（P2MP）类型：没有一种链路层协议会被缺省的认为是点到多点类型。点到多点必须是由其他的网络类型强制更改的。常用做法是将非全连通的 NBMA 改为点到多点的网络。

在该类型的网络中，以组播形式（224. 0. 0. 5）发送 Hello 报文。以单播形式发送其他协议报文（DD 报文、LSR 报文、LSU 报文、LSAck 报文）。

（4）点到点（P2P）类型：当链路层协议是 PPP、HDLC 和 LAPB 时，缺省情况下，OSPF 认为网络类型是 P2P。

在该类型的网络中，以组播形式（224. 0. 0. 5）发送协议报文（Hello 报文、DD 报文、LSR 报文、LSU 报文、LSAck 报文）。

5. DR 与 BDR

每一个含有至少两个路由器的广播型网络和 NBMA 网络都有一个指定路由器（Designated Router，DR）和备份指定路由器（Backup Designated Router，BDR）。

DR 和 BDR 的作用如下：

（1）减少邻接关系的数量，从而减少链路状态信息以及路由信息的交换次数，这样可

以节省带宽，减少路由器硬件的负担。一个既不是DR也不是BDR的路由器只与DR和BDR形成邻接关系并交换链路状态信息以及路由信息，这样就大大减少了大型广播型网络和NBMA网络中的邻接关系数量。

（2）在描述拓扑的LSDB中，一个NBMA网段或者广播型网段是由单独一条LSA来描述的，这条LSA是由该网段上的DR产生的。

DR和BDR由OSPF的Hello协议选举，选举是根据端口的路由器优先级（Router Priority）进行的。如果Router Priority被设置为0，那么该路由器将不允许被选举成DR或者BDR。Router Priority越大越优先，如果相同，Router ID大者优先。但是为了维护网络上邻接关系的稳定性，如果网络中已经存在DR和BDR，则新添加进该网段的路由器不会成为DR和BDR，不管该路由器的Router Priority是否最大。如果当前DR故障，当前BDR自动成为新的DR，网络中重新选举BDR；如果当前BDR故障，则DR不变，重新选举BDR。这种选举机制的目的是保持邻接关系的稳定，减小拓扑结构的改变对邻接关系的影响。

6. 报文类型

Hello报文用于发现和维护邻居关系，在广播型网络和NBMA网络上Hello报文也用来选举DR和BDR。

DD报文通过携带LSA头部信息来描述链路状态摘要信息。LS Request报文用于发送下载LSA的请求信息，这些被请求的LSA是通过接收DD报文发现的，但是本路由器上没有的。LS Update报文通过发送详细的LSA来同步链路状态数据库。LSAck报文通过泛洪确认信息确保路由信息的交换过程是可靠的。除了Hello报文以外，其他所有报文只在建立了邻接关系的路由器之间发送。

7. OSPF状态机

邻居状态和邻接状态的建立分别如图6－14和图6－15所示。

（1）Down：这是邻居的初始状态，表示没有从邻居收到任何信息。在NBMA网络上，此状态下仍然可以向静态配置的邻居发送Hello报文，发送间隔为PollInterval，通常和RouterDeadInterval间隔相同。

（2）Attempt：此状态只在NBMA网络上存在，表示没有收到邻居的任何信息，但是已经周期性的向邻居发送报文，发送间隔为HelloInterval。如果RouterDeadInterval间隔内未收到邻居的Hello报文，则转为Down状态。

（3）Init：在此状态下，路由器已经从邻居收到了Hello报文，但是它不在所收到的Hello报文的邻居列表中，表示尚未与邻居建立双向通信关系。在此状态下的邻居要被包含在自己所发送的Hello报文的邻居列表中。

（4）2－Way Received：此事件表示路由器发现与邻居的双向通信已经开始（发现自己在邻居发送的Hello报文的邻居列表中）。Init状态下产生此事件之后，如果需要和邻居建立邻接关系则进入ExStart状态，开始数据库同步过程，如果不能与邻居建立邻接关系则进入2－Way。

（5）2－Way：在此状态下，双向通信已经建立，但是没有与邻居建立邻接关系。这是建立邻接关系以前的最高级状态。

（6）1－Way Received：此事件表示路由器发现自己没有在邻居发送Hello报文的邻居列表中，通常是由于对端邻居重启造成的。

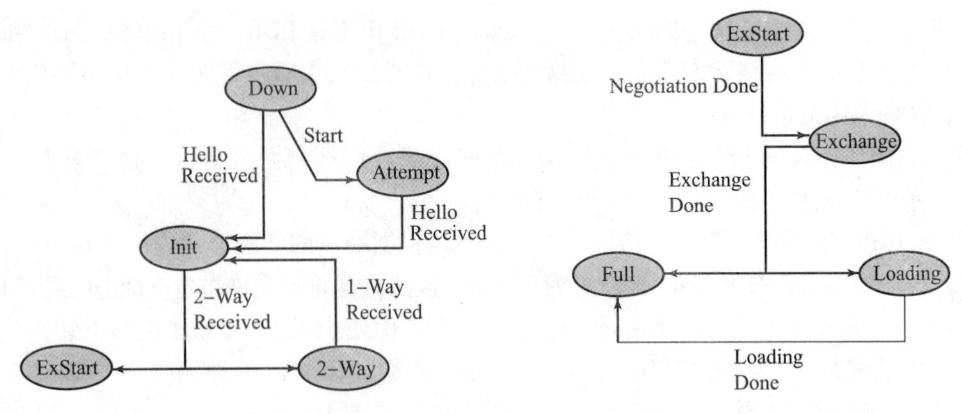

图 6-14　邻居状态建立　　　　图 6-15　邻接状态建立

（7）ExStart：这是形成邻接关系的第一个步骤，邻居状态变成此状态以后，路由器开始向邻居发送 DD 报文。主从关系是在此状态下形成的；初始 DD 序列号是在此状态下决定的。在此状态下发送的 DD 报文不包含链路状态描述。

（8）Exchange：此状态下路由器相互发送包含链路状态信息摘要的 DD 报文，描述本地 LSDB 的内容。

（9）Loading：相互发送 LS Request 报文请求 LSA，发送 LS Update 通告 LSA。

（10）Full：两个路由器的 LSDB 已经同步。

主从选举步骤如下，过程如图 6-16 所示：

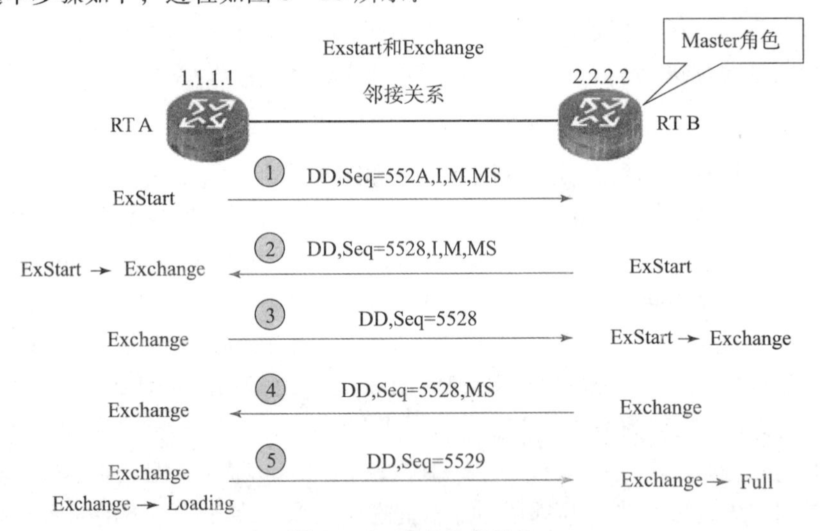

图 6-16　主从选举过程

（1）邻居状态机变为 ExStart 以后，RT A 向 RT B 发送第一个 DD 报文，在这个报文中，DD 序列号被设置为 552A（假设），Initial 比特为 1 表示这是第一个 DD 报文，More 比特为 1 表示后续还有 DD 报文要发送，Master 比特为 1 表示 RT A 宣告自己为主路由器。

（2）邻居状态机变为 ExStart 以后，RT B 向 RT A 发送第一个 DD 报文，在这个报文中，DD 序列号被设置为 5528（假设）。由于 RT B 的 Router ID 比 RT A 的大，所以 RT B 应当为主路由器，Router ID 的比较结束后，RT A 会产生一个 Negotiation Done 事件，所以 RT A 将状态机从 ExStart 改变为 Exchange。

（3）邻居状态机变为Exchange以后，RT A发送一个新的DD报文，在这个新的报文中包含LSDB的摘要信息，序列号设置为RT B在步骤（2）里使用的序列号，More比特为0表示不需要另外的DD报文描述LSDB，Master比特为0表示RT A宣告自己为从路由器。收到这样一个报文以后，RT B会产生一个Negotiation Done的事件，因此RT B将邻居状态改变为Exchange。

（4）邻居状态变为Exchange以后，RT B发送一个新的DD报文，该报文中包含LSDB的描述信息，DD序列号设为5529（上次使用的序列号加1）。

（5）即使RT A不需要新的DD报文描述自己的LSDB，但是作为从路由器，RT A需要对主路由器RT B发送的每一个DD报文进行确认。所以，RT A向RT B发送一个新的DD报文，序列号为5529，该报文内容为空。

数据库同步步骤如下，过程如图6－17所示：

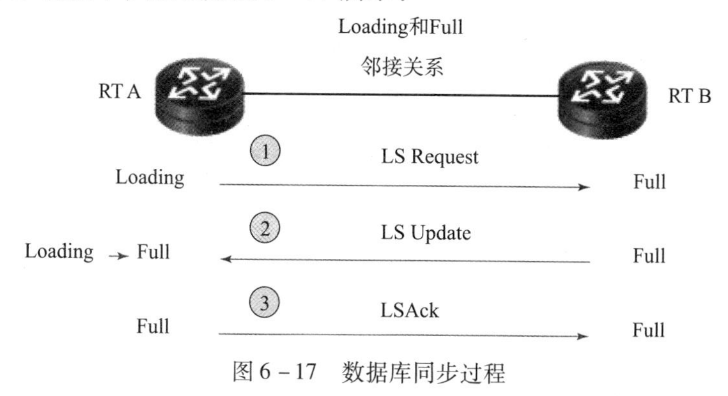

图6－17　数据库同步过程

（1）邻居状态变为Loading之后，RT A开始向RT B发送LS Request报文，请求那些在Exchange状态下通过DD报文发现的，而且在本地LSDB中没有的链路状态信息。

（2）RT B收到LS Request报文之后，向RT A发送LS Update报文，在LS Update报文中，包含了那些被请求的链路状态的详细信息。RT A收到LS Update报文之后，将邻居状态从Loading改变成Full。

（3）RT A向RT B发送LSAck报文，确保信息传输的可靠性。LSAck报文用于泛洪对已接收LSA的确认。邻居状态变成Full，表示达到完全邻接状态。

8. OSPF区域划分

随着网络规模日益扩大，当一个大型网络中的路由器都运行OSPF路由协议时，路由器数量的增多会导致LSDB非常庞大，占用大量的存储空间，并使得运行SPF算法的复杂度增加，导致CPU负担很重。

在网络规模增大之后，拓扑结构发生变化的概率也增大，网络会经常处于“动荡”之中，造成网络中会有大量的OSPF协议报文在传递，降低了网络的带宽利用率。更为严重的是，每一次变化都会导致网络中所有的路由器重新进行路由计算。

OSPF协议通过将自治系统划分成不同的区域（Area）来解决上述问题。区域是从逻辑上将路由器划分为不同的组，每个组用区域号（Area ID）来标识，骨干区域用Area 0表示。OSPF支持将一组网段组合在一起，这样的一个组合称为一个区域，即区域是一组网段的集合。

划分区域可以缩小LSDB规模，减少网络流量。OSPF协议将网络中流量类型分为三种：

（1）区域内流量——在同一个区域的路由器间通信；

（2）区域间流量——在不同区域间的路由器之间通信；

（3）外部流量——OSPF 区域路由器与外部协议域的路由器间通信。

区域内的详细拓扑信息不向其他区域发送，区域间传递的是抽象的路由信息，而不是详细地描述拓扑结构的链路状态信息。每个区域都有自己的 LSDB，不同区域的 LSDB 是不同的。路由器会为每一个自己所连接到的区域维护一个单独的 LSDB。由于详细链路状态信息不会被发布到区域以外，因此 LSDB 的规模大大缩小了。

当区域部署如图 6－18 所示时，则会发生区域间路由环路，这是万万不可取的。

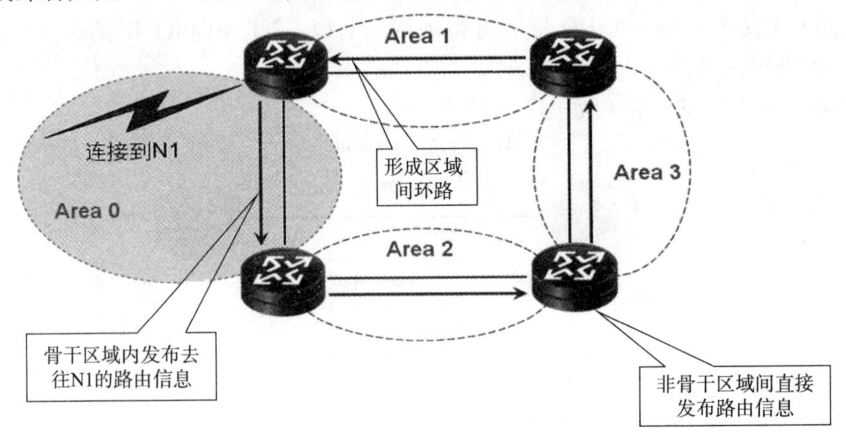

图 6－18　OSPF 区域间环路

为了避免区域间路由环路，定义这样的规则：非骨干区域之间不允许直接相互发布区域间路由信息。骨干区域负责在非骨干区域之间发布由区域边界路由器汇总的路由信息（并非详细的链路状态信息）。但如果这样，会造成孤立的区域问题（在虚电路中有阐述），需要通过虚电路解决这一问题。因此在部署网络时，尽可能避免此类情况发生，即部署网络的原则是：非骨干区域需要直接连接到骨干区域，如图 6－19 所示。

OSPF 路由器可以分为以下四类：

（1）BR（Backbone Router）——骨干路由器，它是指至少有一个端口（或者虚连接）连接到骨干区域的路由器。包括所有的 ABR 和所有端口都在骨干区域的路由器。由于非骨干区域必须与骨干区域直接相连，因此骨干区域中路由器（即骨干路由器）往往会处理多个区域的路由信息。

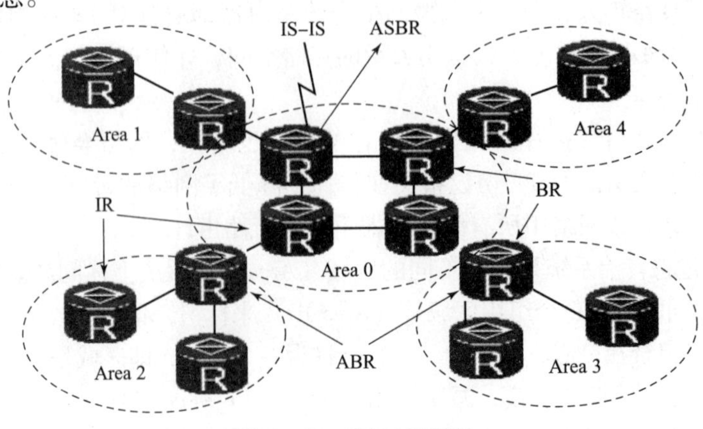

图 6－19　OSPF 规划图

（2）IR（Internal Router）——内部路由器，它是指所有连接的网段都在一个区域的路由器。属于同一个区域的 IR 维护相同的 LSDB。

（3）ABR——区域边界路由器，它是指连接到多个区域的路由器，并且至少有一个接口在骨干区域。ABR 为每一个所连接的区域维护一个 LSDB。区域之间的路由信息通过 ABR 来交互。

（4）ASBR——AS（自治系统）边界路由器，它是指和其他 AS 中的路由器交换路由信息的路由器，这种路由器负责向整个 AS 通告 AS 外部路由信息的。是 AS 内部路由器通过 ASBR 与 AS 外部通信。AS 边界路由器可以是内部路由器 IR，或者是 ABR，可以属于骨干区域也可以不属于骨干区域。

9. OSPF 与 RIP 协议的对比

虽然 OSPF 与 RIP 同属于 IGP 协议，但是二者在很多地方存在差异，具体对比如图 6－20 所示。

	OSPF	RIPv2	RIPv1
协议类型	链路状态	距离矢量	距离矢量
CIDR	支持	支持	不支持
VLSM	支持	支持	不支持
自动聚合	不支持	支持	支持
手动聚合	支持	支持	不支持
路由泛洪	组播更新	周期组播更新	周期广播
路由开销	带宽	跳数	跳数
路由收敛	快	慢	慢
跳数限制	无	15	15
邻居认证	支持	支持	不支持
分级网络	支持（区域）	不支持	不支持
更新	事件触发更新	路由表更新	路由表更新
路由计算	Dijkstra	Bellman-Ford	Bellman-Ford

图 6－20　OSPF 与 RIP 的对比

6.3.2　典型任务：OSPF 协议的基本配置

1. 任务描述

（1）R 1～R 5 五台路由器在同一个 OSPF 的 AS 中，使用环回口为 0 的 IP 地址作为设备的 Router - ID；

（2）R 1、R 2、R 3 在 Area 0 中；

（3）R 2、R 4 在 Area 1 中；

（4）R 3、R 5 在 Area 2 中；

（5）在 R 1、R 2、R 3 之间的 MA 网络中确保 R 1 优先成为 DR，R 2 优先成为 BDR；

（6）实现全网互通，如图 6 - 21 所示。

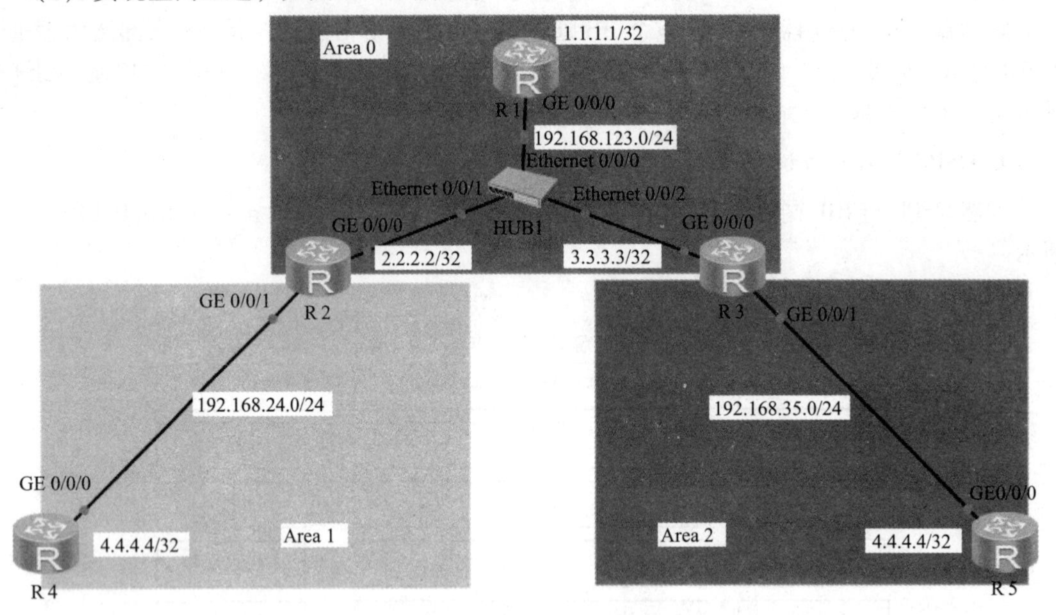

图 6 - 21　OSPF 基本配置

2. 任务分析

（1）通过配置基本的 OSPF 实现网络互通。

（2）R 1、R 2、R 3 之间的选举通过调整接口优先级来实现。

注意：OSPF 的 DR 因为存在非抢占原则，所以建议先在接口配置优先级，后配置 OSPF 进程，防止 DR 被抢占。

3. 配置流程

OSPF 配置流程如图 6 - 22 所示。

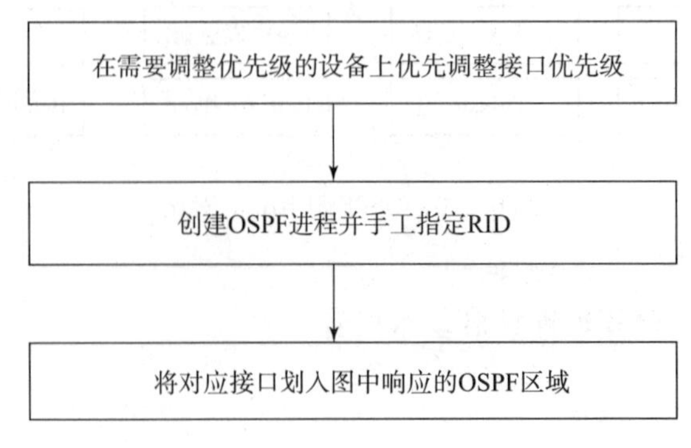

图 6 - 22　OSPF 配置流程

4. 关键配置

（1）调整 R 1、R 2、R 3 设备接口优先级。

```
[R1]interface GigabitEthernet 0/0/0
[R1-GigabitEthernet0/0/0]ospf dr-priority 255    //优先级越大,越有可能成为 DR 设备
[R2]interface GigabitEthernet 0/0/0
[R2-GigabitEthernet0/0/0]ospf dr-priority 254    //优先级较低,优先成为BDR 设备
[R3]interface GigabitEthernet 0/0/0
[R3-GigabitEthernet0/0/0]ospf dr-priority 0      //优先级为 0,放弃参选
```

（2）五台设备创建 OSPF 进程，并将对应接口划入到 OSPF 进程。

```
[R1]ospf 1 router-id 1.1.1.1          //创建进程并指定 RID
[R1-ospf-1]area 0                     //配置 Area 0
[R1-ospf-1-area-0.0.0.0]network 1.1.1.1 0.0.0.0    //通配符为0.0.0.0 表示精确匹配前面的 IP 地址,和前面 IP 地址一样的接口会运行 OSPF
[R1-ospf-1-area-0.0.0.0]network 192.168.123.1 0.0.0.0
[R2]ospf 1 router-id 2.2.2.2
[R2-ospf-1]area 0
[R2-ospf-1-area-0.0.0.0]network 192.168.123.2 0.0.0.0
[R2-ospf-1-area-0.0.0.0]network 2.2.2.2 0.0.0.0
[R2-ospf-1]area 1
[R2-ospf-1-area-0.0.0.1]network 192.168.24.2 0.0.0.0
[R3]ospf 1 router-id 3.3.3.3
[R3-ospf-1]area 0
[R3-ospf-1-area-0.0.0.0]network 192.168.123.3 0.0.0.0
[R3-ospf-1-area-0.0.0.0]network 3.3.3.3 0.0.0.0
[R3-ospf-1]area 2
[R3-ospf-1-area-0.0.0.2]network 192.168.35.3 0.0.0.0
[R4]ospf 1 router-id 4.4.4.4
[R4-ospf-1]area 1
[R4-ospf-1-area-0.0.0.1]network 192.168.24.4 0.0.0.0
[R4-ospf-1-area-0.0.0.1]network 4.4.4.4 0.0.0.0
[R5]ospf 1 router-id 5.5.5.5
[R5-ospf-1]area 2
[R5-ospf-1-area-0.0.0.2]network 192.168.35.5 0.0.0.0
[R5-ospf-1-area-0.0.0.2]network 5.5.5.5 0.0.0.0
```

（3）检查：在 R 5 上查看路由表，可以看到其他区域的路由信息，并且能够 ping 通其

他区域的网络。

```
[R5]display ip routing-table
Route Flags:R-relay,D-download to fib
------------------------------------------------------------------------------
Routing Tables:Public
        Destinations:11       Routes:11
Destination/Mask    Proto  Pre  Cost  Flags  NextHop       Interface


1.1.1.1/32          OSPF   10   2     D      192.168.35.5  GigabitEther-
net0/0/0
2.2.2.2/32          OSPF   10   2     D      192.168.35.5  GigabitEther-
net0/0/0
3.3.3.3/32          OSPF   10   1     D      192.168.35.5  GigabitEther-
net0/0/0
4.4.4.4/32          OSPF   10   3     D      192.168.35.5  GigabitEther-
net0/0/0
5.5.5.5/32          Direct 0    0     D      127.0.0.1     InLoopBack0
127.0.0.0/8         Direct 0    0     D      127.0.0.1     InLoopBack0
127.0.0.1/32        Direct 0    0     D      127.0.0.1     InLoopBack0
192.168.24.0/24     OSPF   10   3     D      192.168.35.3  GigabitEther-
net0/0/0
192.168.35.0/24     Direct 0    0     D      192.168.35.3  GigabitEther-
net0/0/0
192.168.35.5/32     Direct 0    0     D      127.0.0.1 GigabitEthernet0/
0/0
192.168.123.0/24    OSPF   10   2     D      192.168.35.3  GigabitEther-
net0/0/0
```

（4）在 R 1 上查看 OSPF 邻居关系，可以看到 R 1 是 DR 设备，R 2 为 BDR 设备。

```
[R1]display ospf peer
   OSPF Process 1 with Router ID 1.1.1.1
         Neighbors
Area 0.0.0.0 interface 192.168.123.1(GigabitEthernet0/0/0)'s neighbors
Router ID:2.2.2.2           Address:192.168.123.2
  State:Full  Mode:Nbr is  Master  Priority:254
  DR:192.168.123.1  BDR:192.168.123.2  MTU:0
  Dead timer due in 40  sec
  Retrans timer interval:5
```

```
  Neighbor is up for 00:14:54
  Authentication Sequence:[0]

Router ID:3.3.3.3          Address:192.168.123.3
  State:Full  Mode:Nbr is  Master  Priority:0
  DR:192.168.123.1  BDR:192.168.123.2  MTU:0
  Dead timer due in 31  sec
  Retrans timer interval:5
  Neighbor is up for 00:12:44
  Authentication Sequence:[0]
```

6.3.3 任务拓展

与 RIP 协议类似，OSPF 可以通过路由聚合来减少路由条目。在 OSPF 网络中进行路由聚合存在如下优点：

（1）减小路由表的大小，降低内存的负荷；

（2）将拓扑变化的影响范围限制到更小；

（3）减少 LSA 数量，节约 CPU 的资源。

但是在 OSPF 中，进行路由的聚合有着更加严格的要求，即只允许在特定的路由器上对特定的路由进行聚合。换句话说，OSPF 的路由聚合并不是随意的。

对 OSPF 的内部路由进行聚合只能在 ABR 设备上进行，对 OSPF 的外部路由只能在 OSPF 的 ASBR 上进行聚合。

（1）ABR 上的聚合。

在区域间 OSPF 会以三类 LSA 的形式，将一个区域的路由信息传入另一个区域中。一旦传递的网络信息过多，就会造成需要传递的三类 LSA 过多，这时就可以在 ABR 上部署路由聚合，使用一条聚合的三类 LSA 来替代多条明细 LSA。

（2）ASBR 上的聚合。

在 OSPF 的网络中，ASBR 设备会将每一条外部路由以五类 LSA 的形式，通告进 OSPF 区域，所以可以在 ASBR 设备上进行部署五类 LSA 的聚合，用以缩减路由表。

1. 任务描述

（1）路由器 R 1 在 Area 0 中，路由器 R 3 在 Area 1 中，路由器 R 2 是网络中的 ABR 设备；

（2）路由器 R 2 中通告 8 条路由信息给 ABR 设备；

（3）在路由器 R 2 上进行路由聚合，R 2 将一条最优的路由通告给 C，实现路由器 R 3 对 Area 0 中的网络进行访问，如图 6 - 23 所示。

2. 任务分析

（1）通过配置基本的 OSPF，R 3 会收到 8 条由三类 LSA 生成的路由信息。

（2）由于三类 LSA 是由 ABR 设备生成的，因此需要在 ABR 设备上进行汇总的配置。

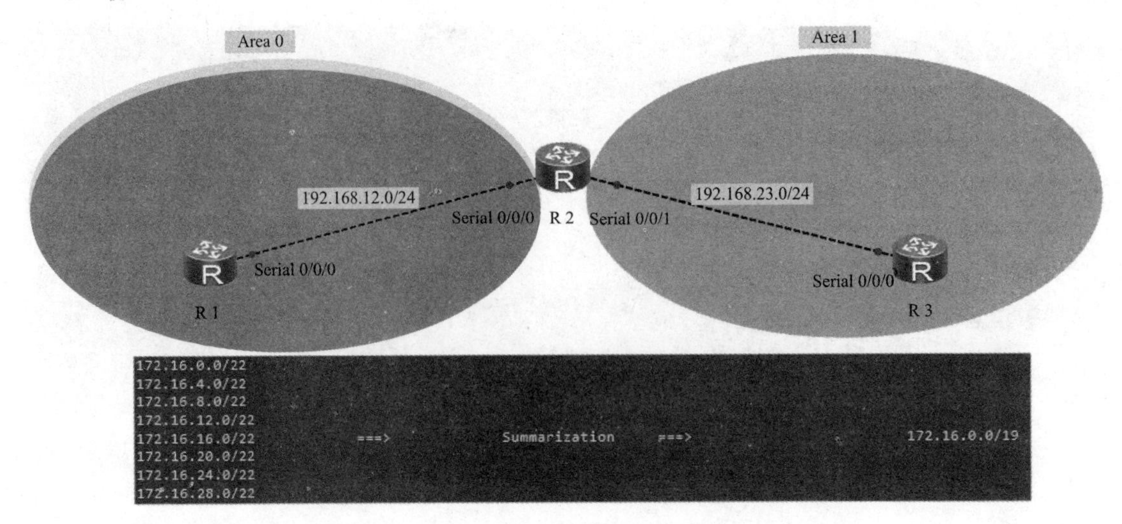

图 6－23　OSPF 区域间汇总

3. 配置流程

OSPF 区域间汇总配置流程如图 6－24 所示。

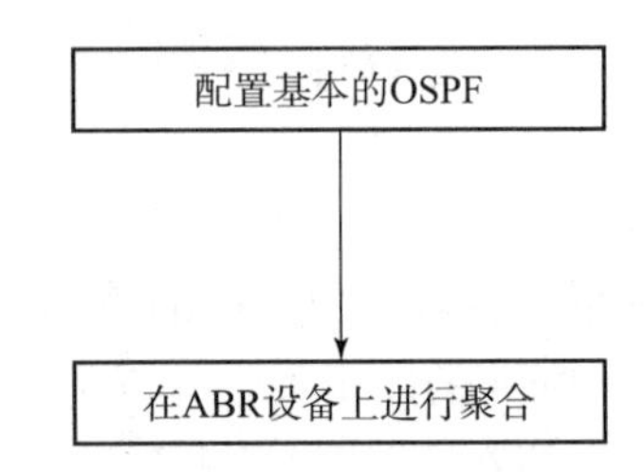

图 6－24　OSPF 区域间汇总配置流程

4. 关键配置

（1）在 R 1、R 2、R 3 上面配置基本的 OSPF。

```
[R1]ospf 1
[R1-ospf-1]area 0
[R1-ospf-1-area-0.0.0.0]network 172.16.0.0 0.0.255.255
[R1-ospf-1-area-0.0.0.0]network 192.168.12.1 0.0.0.0
[R2]ospf 1
[R2-ospf-1]area 0
[R2-ospf-1-area-0.0.0.0]network 192.168.12.2 0.0.0.0
[R2-ospf-1]area 1
[R2-ospf-1-area-0.0.0.1]network 192.168.23.2 0.0.0.0
[R3]ospf 1
[R3-ospf-1]area 1
[R3-ospf-1-area-0.0.0.1]network 192.168.23.3 0.0.0.0
```

（2）此时查看 R 3 的路由表，发现可以学习到八条 172. 16. X. X 的路由信息。

```
[R3]display ip routing-talbe
Route Flags:R-relay,D-download to fib
------------------------------------------------------------------------------
Routing Tables:Public
        Destinations:14       Routes:14

Destination/Mask    Proto   Pre Cost    Flags NextHop         Interface
127.0.0.0/8         Direct 0    0        D    127.0.0.1       InLoopBack0
127.0.0.1/32        Direct 0    0        D    127.0.0.1       InLoopBack0
172.16.0.1/32       OSPF   10   3124     D    192.168.23.2    Serial0/0/0
172.16.4.1/32       OSPF   10   3124     D    192.168.23.2    Serial0/0/0
172.16.8.1/32       OSPF   10   3124     D    192.168.23.2    Serial0/0/0
172.16.12.1/32      OSPF   10   3124     D    192.168.23.2    Serial0/0/0
172.16.16.1/32      OSPF   10   3124     D    192.168.23.2    Serial0/0/0
172.16.20.1/32      OSPF   10   3124     D    192.168.23.2    Serial0/0/0
172.16.28.1/32      OSPF   10   3124     D    192.168.23.2    Serial0/0/0
192.168.12.0/24     OSPF   10   3124     D    192.168.23.2    Serial0/0/0
192.168.23.0/24     Direct 0    0        D    192.168.23.3    Serial0/0/0
192.168.23.2/24     Direct 0    0        D    192.168.23.2    Serial0/0/0
192.168.23.3/24     Direct 0    0        D    127.0.0.1       Serial0/0/0
```

（3）在 R 2 上进行 OSPF 的汇总。

```
[R2]ospf 1
[R2-ospf-1]area 0
[R2-ospf-1-area-0.0.0.0]abr-summary 172.16.0.0 255.255.224.0
//进行三类 LSA 的汇总,生成子网掩码为 19 位的汇总路由
```

（4）R 3 重新查看路由表，只能看到一条 19 位的汇总路由。

```
[R3]display IP Routing-Talbe
Route Flags:R-relay,D-download to fib
------------------------------------------------------------------------------
Routing Tables:Public
        Destinations:7       Routes:7

Destination/Mask    Proto   Pre Cost    Flags NextHop         Interface
127.0.0.0/8         Direct 0    0        D    127.0.0.1       InLoopBack0
127.0.0.1/32        Direct 0    0        D    127.0.0.1       InLoopBack0
172.16.0.0/19       OSPF   10   3124     D    192.168.23.2    Serial0/0/0
192.168.12.0/24     OSPF   10   3124     D    192.168.23.2    Serial0/0/0
192.168.23.0/24     Direct 0    0        D    192.168.23.3    Serial0/0/0
192.168.23.2/32     Direct 0    0        D    192.168.23.2    Serial0/0/0
192.168.23.3/32     Direct 0    0        D    127.0.0.1       Serial0/0/0
```

思考与练习

1. OSPF 协议是通过什么办法防止环路发生的?
2. OSPF 常见的 LSA 有哪些?

6.4 任务四：DHCP 服务的配置与应用

6.4.1 预备知识

1. DHCP 概述

在常见的小型网络中（例如家庭网络和学校宿舍网络），网络管理员都是采用手工分配 IP 地址的方法，但是在大型网络中，手动分配 IP 地址的方法就不太合适了，而 DHCP 为我们提供了在网络中高效分配 IP 地址的方法。

（1）DHCP 的定义。

DHCP（Dynamic Host Configuration Protocol，动态主机分配协议）是一种运行在客户端和服务器之间的协议，用来分配 IP 地址，是基于 UDP 的应用，DHCP 客户端向 DHCP 服务器动态地请求网络配置信息，DHCP 服务器根据策略返回相应的配置信息（IP 地址、子网掩码、缺省网关等网络参数）。

（2）DHCP 的特点。

①IP 分配过程自动实现。

②所有配置信息（IP 地址、子网掩码、缺省网关等）由服务器统一管理。

③基于 C/S 架构。

④采用 UDP 协议，主机发送消息到 Server 的 67 端口，Server 返回消息给主机到 68 端口。

⑤DHCP 的安全性较差，服务器容易受到攻击。

（3）DHCP 的报文。

DHCP 采用客户端/服务器方式进行交互，由报文中“DHCP Message Type”字段的值来确定，后面括号中的值即为相应类型的值，具体含义如下：

①DHCP Discover 报文，是客户端开始 DHCP 过程的第一个报文。

②DHCP Offer 报文，是服务器对 DHCP Discover 报文的响应。

③DHCP Request 报文，是客户端开始 DHCP 过程中对服务器的 DHCP Offer 报文的回应，或者是客户端续延 IP 地址租期时发出的报文。

④DHCP Ack 报文，是服务器对客户端的 DHCP Request 报文的确认响应报文，客户端收到此报文后，才真正获得了 IP 地址和相关的配置信息。

⑤DHCP Nak 报文，是服务器对客户端的 DHCP Request 报文的拒绝响应报文，当服务器收到此报文后，一般会重新开始新的 DHCP 过程。

⑥DHCP Release 报文，是客户端主动释放服务器分配给它的 IP 地址的报文，当服务器收到此报文后，就可以回收这个 IP 地址，然后分配给其他的客户端。

由于DHCP是初始化协议，简单地说，就是让终端获取IP地址的协议。既然终端连IP地址都没有，何以能够发出IP报文呢？服务器给客户端回送的报文该怎么封装呢？为了解决这个问题，DHCP报文的封装采取了以下措施：

①首先链路层的封装必须是广播形式，即让在同一物理子网的所有主机都能够收到这个报文。在以太网中，就是目的MAC为全1。

②由于终端没有IP地址，IP头中的源IP规定填为0.0.0.0。

③当终端发出DHCP请求报文，它并不知道DHCP服务器的IP地址，因此IP头中的目的IP填为子网广播IP——255.255.255.255，以保证DHCP服务器不丢弃这个报文。

④上面的措施保证了DHCP服务器能够收到终端的请求报文，但仅凭链路层和IP层信息，DHCP服务区无法区分出DHCP报文，因此终端发出的DHCP请求报文的UDP层中源端口为68，目的端口为67，即DHCP服务器通过知名端口号67来判断一个报文是否为DHCP报文。

⑤DHCP服务器发给终端的响应报文将会根据DHCP报文中的内容决定是广播还是单播，一般都是广播形式。广播封装时，链路层的封装必须是广播形式，在以太网中，就是目的MAC为全1，IP头中的目的IP为广播IP——255.255.255.255。单播封装时，链路层的封装是单播形式，在以太网中，就是目的MAC为终端的网卡MAC地址。IP头中的目的IP填为有限的子网广播IP——255.255.255.255，或者是即将分配给用户的IP地址（当终端能够接收这样的IP报文时）。两种封装方式中UDP层都是相同的，源端口为67，目的端口为68。终端通过知名端口号68来判断一个报文是否为DHCP服务器的相应报文。

（4）DHCP的基本架构。

DHCP基本协议架构中，主要包括以下三种角色：

①DHCP客户端。

DHCP客户端，通过与DHCP服务器进行报文交互，获取IP地址和其他网络配置信息，完成自身的地址配置。在设备接口上配置DHCP客户端功能，这样接口可以作为DHCP客户端，使用DHCP协议从DHCP服务器动态获得IP地址等参数，方便用户配置，也便于集中管理。

②DHCP中继。

DHCP中继，负责转发来自客户端方向或服务器方向的DHCP报文，协助DHCP客户端和DHCP服务器完成地址配置功能。如果DHCP服务器和DHCP客户端不在同一个网段范围内，则需要通过DHCP中继来转发报文，这样可以避免在每个网段范围内都部署DHCP服务器，既节省了成本，又便于进行集中管理。

在DHCP基本协议架构中，DHCP中继不是必须的角色。只有当DHCP客户端和DHCP服务器不在同一网段内，才需要DHCP中继进行报文的转发。

③DHCP服务器。

DHCP服务器，负责处理来自客户端或中继的地址分配、地址续租、地址释放等请求，为客户端分配IP地址和其他网络配置信息。

DHCP的基本构架如图6－25所示。

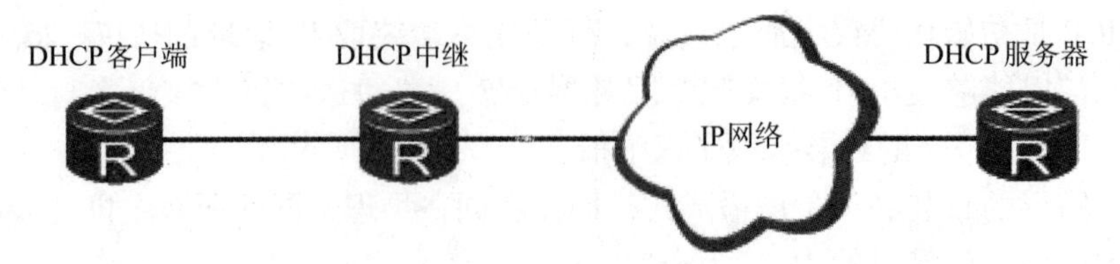

图 6－25　DHCP 基本构架示意图

2. DHCP 客户端与服务器的交互模式

DHCP 客户端为了获取合法的动态 IP 地址，在不同阶段与服务器之间交互不同的信息，通常存在以下三种模式：

（1）DHCP 客户端动态获取 IP 地址。

如图 6－26 所示，DHCP 客户端首次登录网络时，主要通过四个阶段与 DHCP 服务器建立联系。

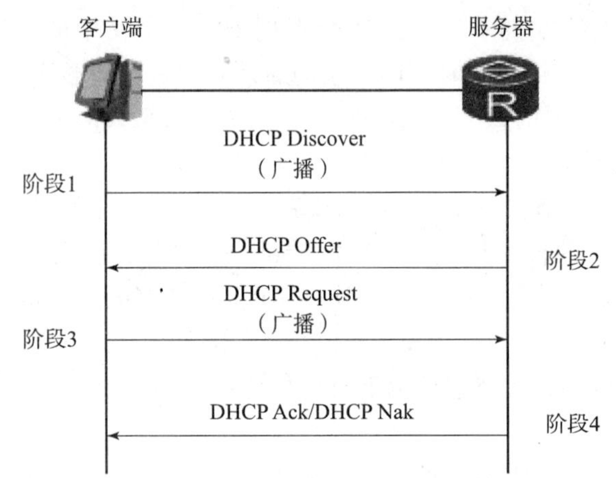

图 6－26　DHCP 客户端动态获取 IP 地址的四步交互过程

①发现阶段，即 DHCP 客户端寻找 DHCP 服务器的阶段。

如图 6－27 所示，DHCP 客户端通过发送 DHCP Discover 报文来寻找 DHCP 服务器。由于 DHCP 服务器的 IP 地址对于客户端来说是未知的，因此 DHCP 客户端以广播方式发送 DHCP Discover 报文。所有收到 DHCP Discover 报文的 DHCP 服务器都会发送回应报文，DHCP 客户端据此可以知道网络中存在的 DHCP 服务器的位置。

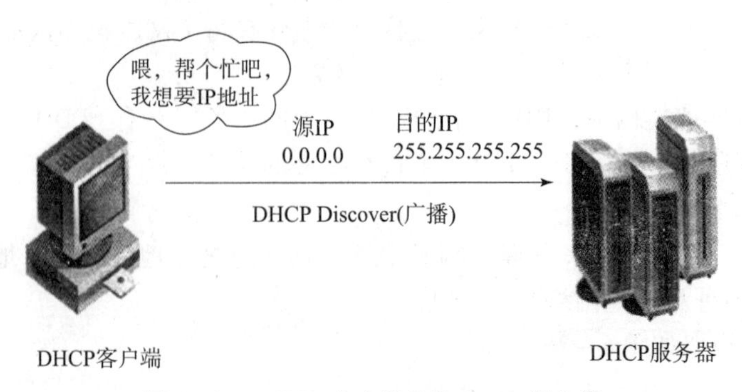

图 6－27　DHCP 客户端寻找 DHCP 服务器

②提供阶段，即 DHCP 服务器提供 IP 地址的阶段。

网络中接收到 DHCP Discover 报文的 DHCP 服务器，会从地址池选择一个合适的 IP 地址，连同 IP 地址租约期限和其他配置信息（如网关地址、域名服务器地址等）通过 DHCP Offer 报文发送给 DHCP 客户端，如图 6－28 所示。

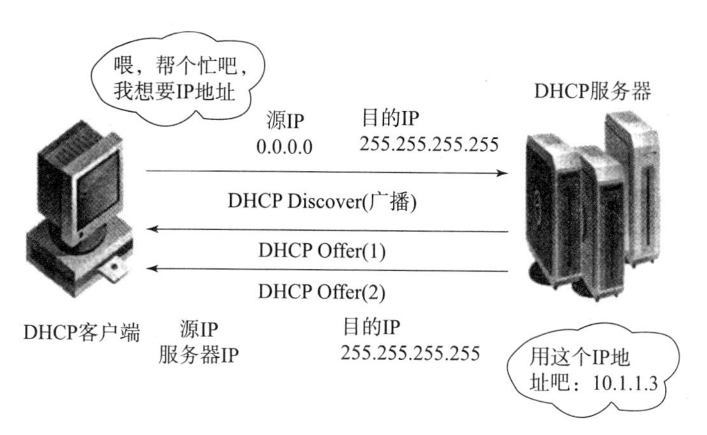

图 6－28　DHCP 服务器提供 IP 地址

③选择阶段，即 DHCP 客户端选择 IP 地址的阶段。

如果有多台 DHCP 服务器向 DHCP 客户端回应 DHCP Offer 报文，则 DHCP 客户端只接收第一个收到的 DHCP Offer 报文。然后以广播方式发送 DHCP Request 请求报文，该报文中包含服务器标识选项（Option 54），即它选择的 DHCP 服务器的 IP 地址信息。

以广播方式发送 DHCP Request 请求报文，是为了通知所有的 DHCP 服务器，它将选择 Option 54 中标识的 DHCP 服务器提供的 IP 地址，其他 DHCP 服务器可以重新使用曾提供的 IP 地址，如图 6－29 所示。

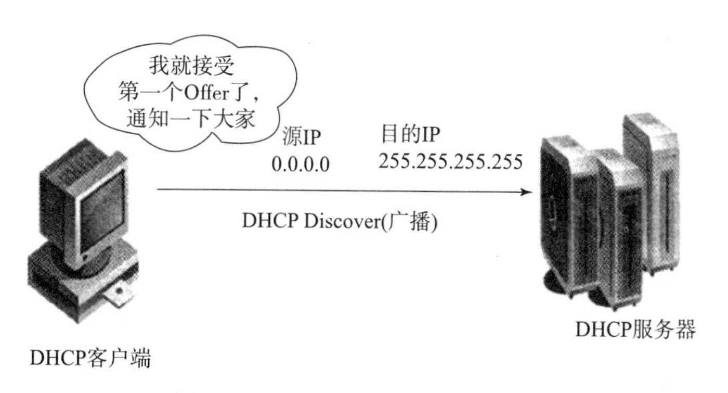

图 6－29　DHCP 客户端选择 IP 地址

④确认阶段，即 DHCP 服务器确认所提供 IP 地址的阶段。

如图 6－30 所示，当 DHCP 服务器收到 DHCP 客户端回答的 DHCP Request 报文后，DHCP 服务器会根据 DHCP Request 报文中携带的 MAC 地址来查找有没有相应的租约记录。如果有，则向客户端发送包含它所提供的 IP 地址和其他设置的 DHCP Ack 确认报文。DHCP 客户端收到该确认报文后，会以广播的方式发送免费 ARP 报文，探测是否有主机使用服务器分配的 IP 地址，如果在规定的时间内没有收到回应，客户端才使用此地址。

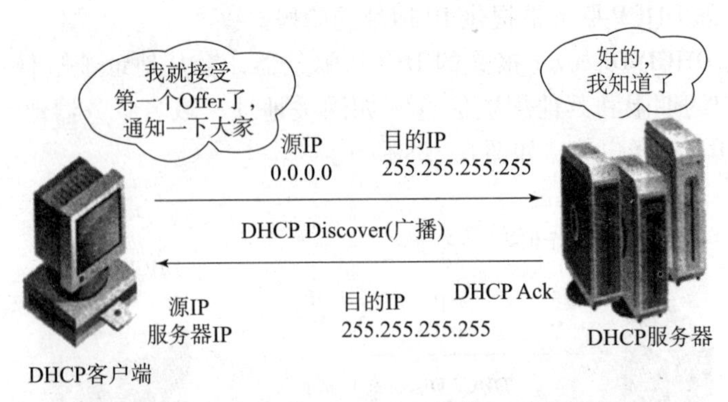

图 6－30　DHCP 服务器确认所提供 IP 地址的阶段

如果 DHCP 服务器收到 DHCP Request 报文后，没有找到相应的租约记录，或者由于某些原因无法正常分配 IP 地址，则发送 DHCP Nak 报文作为应答，通知 DHCP 客户端无法分配合适 IP 地址。DHCP 客户端需要重新发送 DHCP Discover 报文来申请新的 IP 地址。

DHCP 客户端获得 IP 地址后，上线之前会检测正在使用的网关的状态，如果网关地址错误或网关设备故障，DHCP 客户端将重新使用四步交互方式请求新的 IP 地址。

（2）DHCP 客户端重用曾经分配的 IP 地址。

如图 6－31 所示，DHCP 客户端重新登录网络时，主要通过以下几个步骤与 DHCP 服务器建立联系：

①重新登录网络是指客户端曾经分配到可用的 IP 地址，再次登录网络时 IP 地址还在相应的租期之内。客户端不需要再发送 DHCP Discover 报文，而是直接发送包含前一次分配的 IP 地址的 DHCP Request 请求报文，即报文中的 Option 50（请求的 IP 地址选项）字段填入曾经使用过的 IP 地址。

②DHCP 服务器收到 DHCP Request 报文后，如果客户端申请的地址没有被分配，则返回 DHCP Ack 确认报文，通知该 DHCP 客户端继续使用原来的 IP 地址。

③如果此 IP 地址无法再分配给该 DHCP 客户端使用（例如已分配给其他客户端），DHCP 服务器将返回 DHCP Nak 报文。客户端收到后，重新发送 DHCP Discover 报文请求新的 IP 地址。

（3）DHCP 客户端更新租约。

DHCP 客户端向服务器申请地址是可以携带期望租期，服务器在分配租约时把客户端期望租期和地址池中租期配置比较，分配其中一个较短的租期给客户端。

DHCP 服务器分配给客户端的动态 IP 地址通常有一定的租借期限，期满后服务器会收回该 IP 地址。如果 DHCP 客户端希望继续使用该地址，需要更新 IP 地址的租约（如延长 IP 地址租约）。

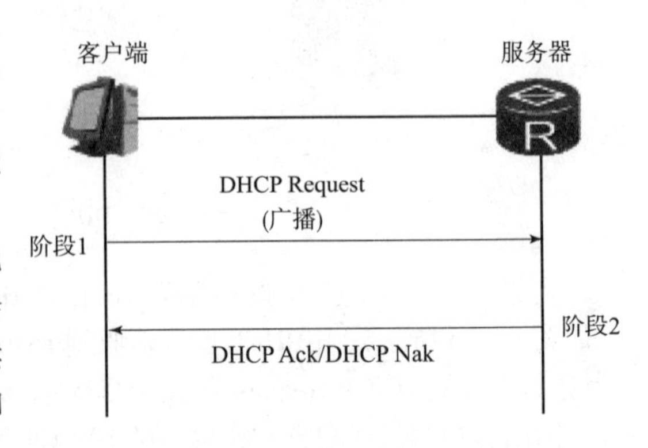

图 6－31　DHCP 客户端重用曾经分配的 IP 地址的两步交互过程

当 DHCP 客户端获得 IP 地址时，会进入到绑定状态，客户端会设置三个定时器，分

别用来控制租期更新、重绑定和判断是否已经到达租期。DHCP 服务器为客户分配 IP 地址时，可以为定时器指定确定的值。若服务器没有设置定时器的值，客户端就使用缺省值。定时器的缺省值如表 6－2 所示。

表 6－2 定时器的缺省值

定时器	默认值	定时器	默认值
租期更新	总租期的 50%	到达租期	总租期
重绑定	总租期的 87.5%		

如图 6－32 所示，DHCP 客户端更新租约，主要通过以下几个步骤与 DHCP 服务器建立联系：

①IP 租约期限达到 50%（T1）时，DHCP 客户端会自动以单播的方式，向 DHCP 服务器发送 DHCP Request 报文，请求更新 IP 地址租约。如果收到 DHCP Ack 报文，则租约更新成功；如果收到 DHCP Nak 报文，则重新发起申请过程。

②IP 租约期限达到 87.5%（T2）时，如果仍未收到 DHCP 服务器的应答，DHCP 客户端会自动向 DHCP 服务器发送更新其 IP 租约的广播报文。如果收到 DHCP Ack 报文，则租约更新成功；如果收到 DHCP Nak 报文，则重新发起申请过程。

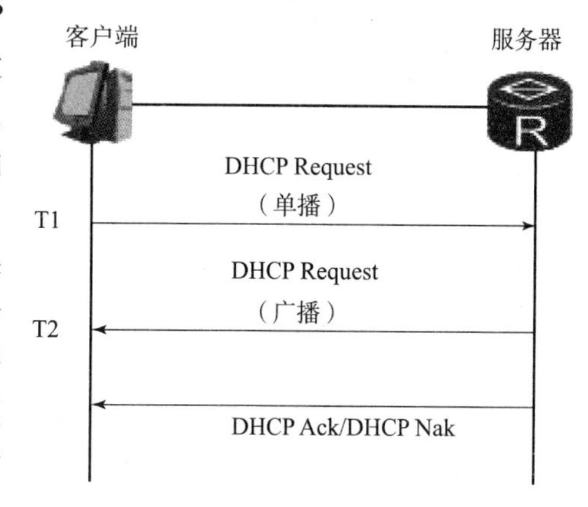

图 6－32 DHCP 客户端更新租约过程

③如果 IP 租约到期前都没有收到服务器响应，客户端停止使用此 IP 地址，重新发送 DHCP Discover 报文请求新的 IP 地址。

（4）DHCP 客户端主动释放 IP 地址。

DHCP 客户端不再使用分配的 IP 地址时，会主动向 DHCP 服务器发送 DHCP Release 报文，通知 DHCP 服务器释放 IP 地址的租约。DHCP 服务器会保留这个 DHCP 客户端的配置信息，以便该客户端重新申请地址时，重用这些参数。

3. DHCP 中继工作过程

DHCP Relay 即 DHCP 中继，它实现了不同网段间的 DHCP 服务器和客户端之间的报文交互。DHCP 中继承担处于不同网段间的 DHCP 客户端和服务器之间中继服务，将 DHCP 协议报文跨网段透传到目的 DHCP 服务器，最终使网络上的 DHCP 客户端可以共同使用一个 DHCP 服务器。

（1）客户端首次申请地址时通过 DHCP 中继获得地址的过程。

DHCP 中继的工作过程如图 6－33 所示。DHCP 客户端发送请求报文给 DHCP 服务器，DHCP 中继收到该报文并适当处理后，以单播形式发送给指定的位于其他网段上的 DHCP 服务器。服务器根据请求报文中提供的必要信息，通过 DHCP 中继将配置信息返回给客户端，完成对客户端的动态配置。

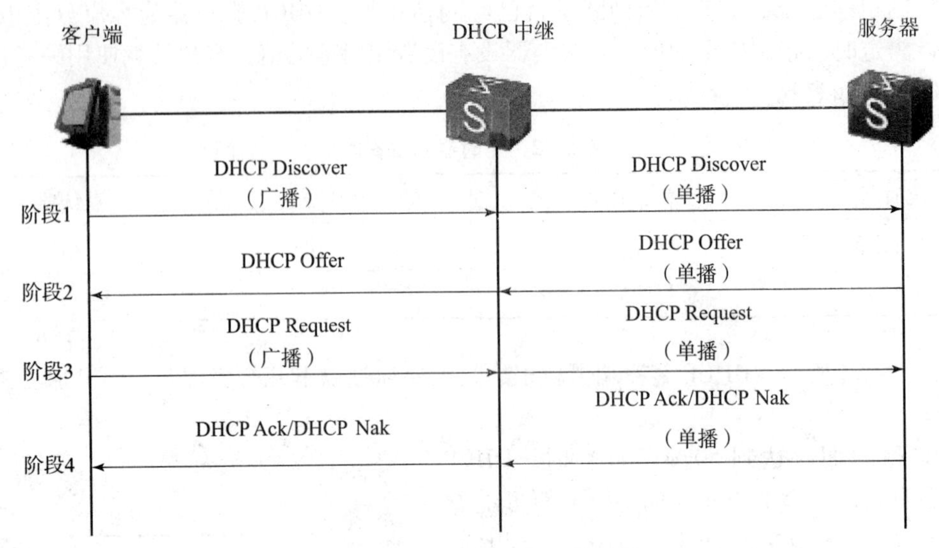

图 6－33　DHCP 中继工作过程

DHCP 中继接收到 DHCP Discover 或 DHCP Request 报文后，将进行如下处理：

①为防止 DHCP 报文形成环路，抛弃报文头中 Hops 字段的值大于限定跳数的 DHCP 请求报文。否则，继续进行下面的操作，将 Hops 字段增加 1，表明又经过一次 DHCP 中继。

②检查 Relay Agent IP Address 字段。如果是 0，需要将 Relay Agent IP Address 字段设置为接收请求报文的接口 IP 地址。如果接口有多个 IP 地址，可选择其一。以后从该接口接收的所有请求报文都使用该 IP 地址。如果 Relay Agent IP Address 字段不是 0，则不修改该字段。

③将请求报文的 TTL 设置为 DHCP 中继设备的 TTL 缺省值，而不是原来请求报文的 TTL 减 1。对中继报文的环路问题和跳数限制问题都可以通过 Hops 字段来解决。

④DHCP 请求报文的目的地址修改为 DHCP 服务器或下一个 DHCP 中继的 IP 地址，从而将 DHCP 请求报文转发给 DHCP 服务器或下一个 DHCP 中继。

⑤DHCP 服务器根据 Relay Agent IP Address 字段为客户端分配 IP 地址等参数，并将 DHCP 应答报文发送给 Relay Agent IP Address 字段标识的 DHCP 中继。

DHCP 中继接收到 DHCP 应答报文后，会进行如下处理：

①DHCP 中继假设所有的应答报文都是发给直连的 DHCP 客户端。Relay Agent IP Address 字段用来识别与客户端直连的接口。如果 Relay Agent IP Address 字段不是本地接口的地址，DHCP 中继将丢弃应答报文。

②DHCP 中继检查报文的广播标志位。如果广播标志位为 1，则将 DHCP 应答报文广播发送给 DHCP 客户端；否则将 DHCP 应答报文单播发送给 DHCP 客户端，其目的地址为 Your (Client) IP Address 字段内容，链路层地址为 Client Hardware Address 字段内容。

（2）客户端通过 DHCP 中继延长地址租期的过程。

DHCP 客户端经过首次正确登录网络后，只需直接向上次为它分配 IP 地址的 DHCP 服务器直接以单播的形式发送 DHCP Request 报文，如图 6－34 所示。

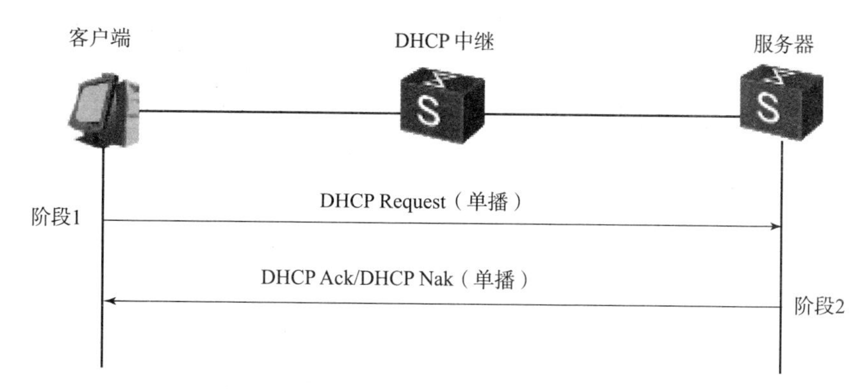

图 6-34　客户端通过 DHCP 中继更新租约

DHCP 服务器直接向客户端发送单播的确认响应报文或者拒绝响应报文。

DHCP Relay 支持向 DHCP 服务器发送 Release 报文。

在网络中可以在 DHCP 中继上直接向服务器发送 Release 报文请求释放服务器给某客户端分配的 IP 地址，而不需要由客户端发起 Release 请求。可以通过在 DHCP 中继上配置 Relay 释放命令实现服务器对客户端的地址释放操作。

4. DHCP 中继原理

由于 DHCP 报文都采用广播方式，是无法穿越多个子网的，所以当要想 DHCP 报文穿越多个子网时，就要有 DHCP 中继的存在。DHCP 中继可以是路由器，也可以是一台主机，总之，在具有 DHCP 中继功能的设备中，所有具有 UDP 目的端口号是 67 的局部传递的 UDP 信息，都被认为是要经过特殊处理的，所以，DHCP 中继要监听 UDP 目的端口号是 67 的所有报文。

当 DHCP 中继收到目的端口号为 67 的报文时，它必须检查"中继代理 IP 地址"字段的值。如果这个字段的值为 0，则 DHCP 中继就会将接收到的请求报文的端口 IP 地址填入此字段，如果该端口有多个 IP 地址，DHCP 中继会选其中的一个并持续用它传播全部的 DHCP 报文；如果这个字段的值不是 0，则这个字段的值不能被修改，也不能被填充为广播地址。在这两种情况下，报文都将被单播到新的目的地（或 DHCP 服务器），当然这个目的地（或 DHCP 服务器）是可以配置的，从而实现 DHCP 报文穿越多个子网的目的。

当 DHCP 中继发现这是 DHCP 服务器的响应报文时，它也应当检查"中继代理 IP 地址"字段、"客户机硬件地址"字段等，这些字段给 DHCP 中继提供了足够的信息将响应报文传送给客户端。

DHCP 服务器收到 DHCP 请求报文后，首先会查看"giaddr"字段是否为 0，若不为 0，则就会根据此 IP 地址所在网段从相应地址池中为客户端分配 IP 地址；若为 0，则 DHCP 服务器认为客户端与自己在同一子网中，将会根据自己的 IP 地址所在网段从相应地址池中为客户端分配 IP 地址。

6.4.2　典型任务：DHCP 的配置

1. 任务描述

（1）本任务中，网关设备 R 1 作为 DHCP 服务器；

（2）SW 1 为二层交换机，所有接口在同一 VLAN 内；

（3）两台 PC 通过 DHCP 得到与路由器同网段的 IP 地址；

（4）通过对 DHCP 服务器的参数调整，使 PC 获取 DNS 地址 8.8.8.8，租期 5 h，如图 6－35所示。

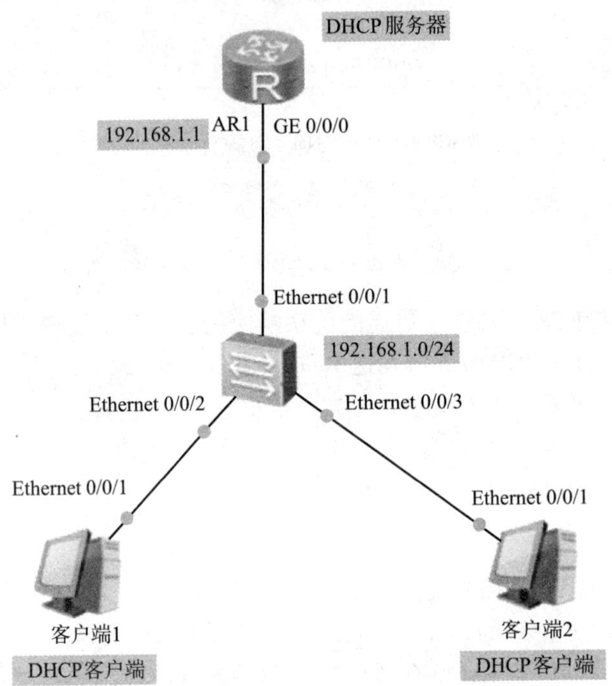

图 6－35　DHCP 基本配置

2. 任务分析

（1）在 R 1 中需要配置地址池与 PC 所需的 DHCP 参数。

（2）交换机为二层交换机，所有互联接口均在同一 VLAN 下，为了简化此实验，保持默认配置。

（3）PC 上 IP 获取方式选择 DHCP，保证可以通过 DHCP 的方式获取地址。

3. 配置流程

DHCP 配置流程如图 6－36 所示。

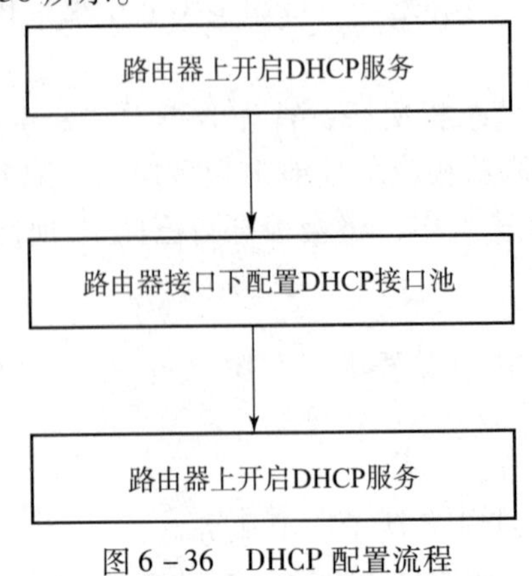

图 6－36　DHCP 配置流程

4. 关键配置

（1）开启 DHCP 服务。

```
[R1]dhcp enable
```

（2）配置 IP 地址以及 DHCP 接口池参数，DHCP 接口池网关默认使用接口 IP 地址。

```
[R1]interface g0/0/0
[R1-GigabitEthernet0/0/0]ip address 192.168.1.1 24
[R1-GigabitEthernet0/0/0]dhcp select interface            //启用 DHCP 接口池
```

（3）设置租期为 5 h，并且指定 DNS 服务器地址为 8.8.8.8。

```
[R1-GigabitEthernet0/0/0]dhcp server lease day 0 hour 5
[R1-GigabitEthernet0/0/0]dhcp server dns-list 8.8.8.8
```

（4）PC 使用 DHCP 方式获取地址，注意需要点击应用按钮。

（5）两台 PC 通过命令查看获取的 IP 地址。

```
PC>ipconfig

Link local IPv6 address ............................ : fe80::5689:98ff:feb0:7da3
IPv6 address ....................................... : ::/128
IPv6 gateway ....................................... : ::
IPv4 address ....................................... : 192.168.1.254
Subnet mask ........................................ : 225.225.255.0
Gateway ............................................ : 192.168.1.1
Physical address ................................... : 54-89-98-B0-7D-A3
DNS server ......................................... :
PC>ipconfig

Link local IPv6 address ............................ : fe80::5689:98ff:fea6:1451
IPv6 address ....................................... : ::/128
IPv6 gateway ....................................... : ::
IPv4 address ....................................... : 192.168.1.253
Subnet mask ........................................ : 225.225.255.0
Gateway ............................................ : 192.168.1.1
Physical address ................................... : 54-89-98-A6-14-51
DNS server ......................................... : 8.8.8.0
```

（6）在 DHCP 服务器上查看报文的发送状态。

```
[R1]display dhcp server scatistics
DHCP Server Statistics:

Client Request                                                     :2
  Dhcp Discover                                                    :1
  Dhcp Request                                                     :1
  Dhcp Decline                                                     :0
  Dhcp Release                                                     :0
  Dhcp Inform                                                      :0
Server Reply                                                       :2
  Dhcp Offer                                                       :1
  Dhcp Ack                                                         :1
  Dhcp Nak                                                         :0
Bad Messages                                                       :0
```

（7）查看 DHCP 接口池的配置命令。

```
[R1]display current -configuration interface g0/0/0
[V200R003C00]
#
interface GigabitEthernet 0/0/0
  ip address 192.168.1.1  255.255.255.0
  dhcp select interface
  dhcp server lease day 0 hour 5 minute 0
  dhcp server dns -list 8.8.8.8
#
```

6.4.3 任务拓展

1. 任务描述

（1）此任务中 R 1 作为网关设备，同时兼备 DHCP 服务器；

（2）SW 1 作为三层交换机，并在 VLAN 10 与 VLAN 20 中配置两个 VLANIF 接口作为这两个 VLAN 的网关地址；

（3）PC 1 属于 VLAN 10，PC 2 属于 VLAN 20，均使用 DHCP 的方式获取 IP 地址；

（4）R 1 属于 VLAN 30，但是要求能够同时为两个 VLAN 的 PC 分发地址，如图 6 – 37 所示。

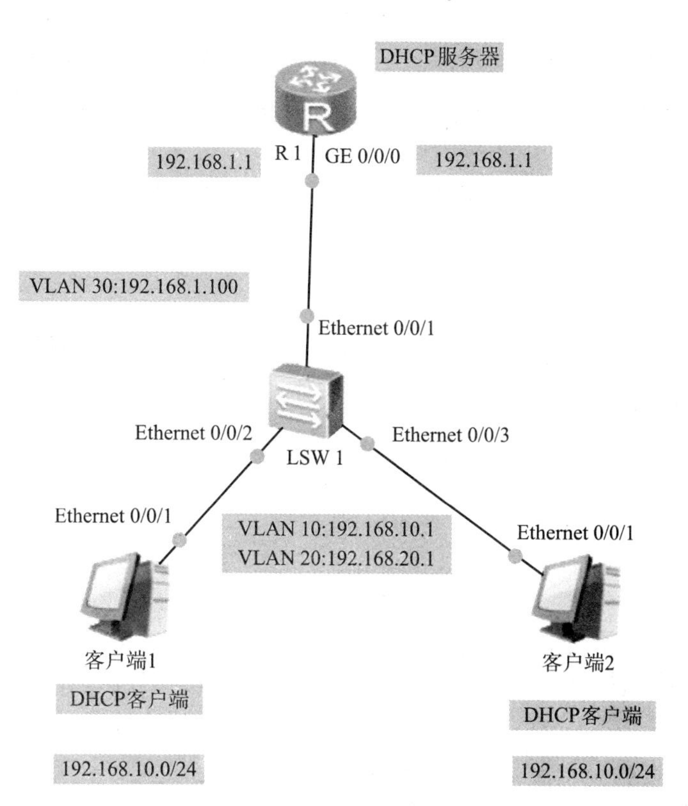

图 6－37　DHCP 中继基本配置

2. 任务分析

（1）在此需求中，R 1 与 PC 并不在同一 VLAN 内，所以 PC 的广播报文无法直接通过交换机传递到 R 1。

（2）SW 1 需要配置 DHCP 中继代理，通过单播的形式把 PC 的报文转发给服务器。

（3）因为 R 1 需要回复单播的报文给 VLAN 10 和 VLAN 20，所以需要配置静态路由或动态路由协议，保证 VLAN 10 与 VLAN 20 均能和 VLAN 30 互访。

3. 配置流程

（1）路由器配置，如图 6－38 所示。

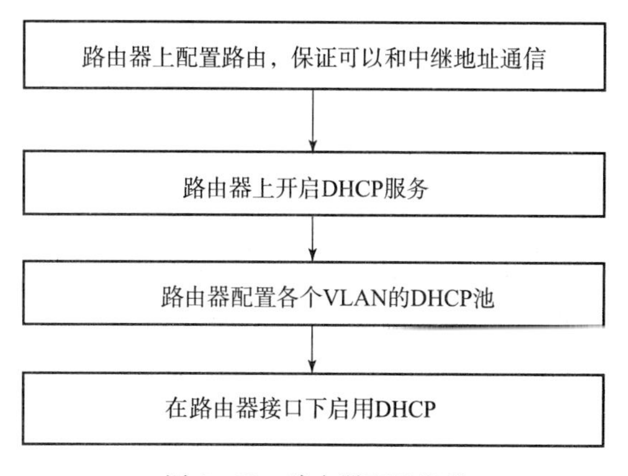

图 6－38　路由器配置流程

（2）交换机配置，如图 6－39 所示。

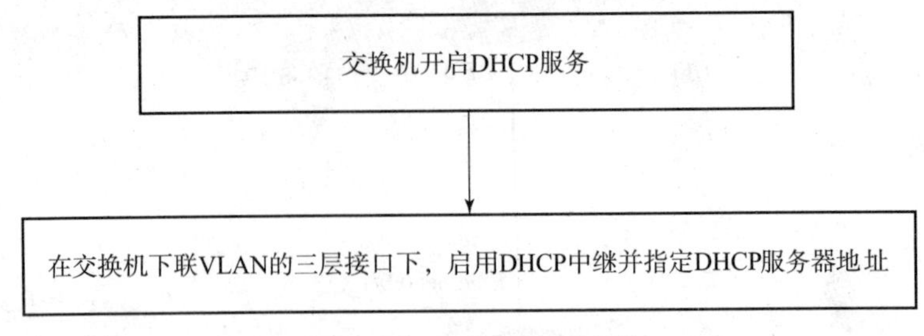

图 6－39　交换机配置流程

4. 关键配置

（1）在 R 1 上配置 DHCP 池。

```
[R1]dhcp enable
[R1]ip pool VLAN10                                    //VLAN 10 为 DHCP 池的名称
[R1-ip-pool-VLAN10]network 192.168.10.0 mask 24       //通告地址池的网段
[R1-ip-pool-VLAN10]dns-list 8.8.8.8                   //设置 DNS 服务器
[R1-ip-pool-VLAN10]lease day 0 hour 5                 //设置租期
[R1-ip-pool-VLAN10]gateway-list 192.168.10.1          //设置网关设备
[R1]ip pool VLAN20
[R1-ip-pool-VLAN20]network 192.168.20.0 mask 24
[R1-ip-pool-VLAN20]dns-list 8.8.8.8
[R1-ip-pool-VLAN20]lease day 0 hour 5
[R1-ip-pool-VLAN20]gateway-list 192.168.20.1  //在 R1 的接口下启用 DHCP
[R1]interface GigabitEthernet 0/0/0
[R1-GigabitEthernet0/0/0]dhcp select global
```

（2）通过静态路由使 R 1 能够与 VLAN 10 通信。

```
[R1]ip route-static 192.168.10.0 255.255.255.0 192.168.1.100
[R1]ip route-static 192.168.20.0 255.255.255.0 192.168.1.100
```

（3）创建 VLAN。

```
[SW1]vlan 10
[SW1]vlan 20
```

（4）将接口划入到对应 VLAN。

```
[SW1]interface e0/0/2
[SW1-Ethernet0/0/2] port link-type access
[SW1-Ethernet0/0/2] port default vlan 10
[SW1]interface e0/0/3
[SW1-Ethernet0/0/3] port link-type access
[SW1-Ethernet0/0/3] port default vlan 20
[SW1]interface e0/0/1
[SW1-Ethernet0/0/1] port link-type access
[SW1-Ethernet0/0/1] port default vlan 30
```

（5）交换机开启 DHCP 功能（DHCP 中继的设备也必须开启 DHCP 功能）。

```
[SW1]dhcp enable
```

（6）创建 SW 1 接口并配置 IP 地址，并在交换机下联接口开启 DHCP 中继并指定服务器地址。

```
[SW1]interface Vlanif 30
[SW1-Vlanif30]ip address 192.168.1.100 24
[SW1]interface Vlanif 10
[SW1-Vlanif10]ip address 192.168.10.1 24
[SW1-Vlanif10]dhcp select relay
[SW1-Vlanif10]dhcp relay server-ip 192.168.1.1   //指定 DHCP 服务器
[SW1]interface Vlanif 20
[SW1-Vlanif20]ip address 192.168.20.1 24
[SW1-Vlanif10]dhcp select relay
[SW1-Vlanif20]dhcp relay server-ip 192.168.1.1   //指定 DHCP 服务器
```

（7）在 PC 上检查是否能够获取到 IP 地址。

```
PC>ipconfig

Link local IPv6 address ............................ : fe80::5689:98ff:feb0:7da3
IPv6 address ...................................... : ::/128
IPv6 gateway ...................................... : ::
IPv4 address ...................................... : 192.168.10.254
Subnet mask ....................................... : 225.225.255.0
Gateway ........................................... : 192.168.10.1
Physical address .................................. : 54-89-98-B0-7D-A3
DNS server ........................................ :8.8.8.8
```

```
PC >ipconfig

Link local IPv6 address ........................ : fe80::5689:98ff:fea0:7da3
IPv6 address ..................................... : ::/128
IPv6 gateway ..................................... : ::
IPv4 address ...................................... : 192.168.20.254
Subnet mask ....................................... : 225.225.255.0
Gateway ............................................ : 192.168.20.1
Physical address .................................. : 54-89-98-B0-7D-A3
DNS server ........................................ : 8.8.8.8
```

思考与练习

1. 在DHCP分配地址的过程中，有哪些报文是单播的？哪些报文是广播的？
2. PC在进行地址续租的时候，服务器端如何判断是否为原来的PC呢？

6.5 任务五：ACL的应用与配置

6.5.1 预备知识

1. ACL概述

(1) ACL的定义。

ACL是一种可以对流经路由器流量进行判断、分类和过滤的方法。ACL在日益增大的网络规模中，可以帮助网络人员保证合法的数据包能够通过，而非法的数据包被拒绝访问。这也就是让路由器在进行数据包转发的同时，对数据包进行区分，哪些报文是合法的，哪些报文是非法的，并且可以对区分出来的数据包进行过滤，达到控制的目的。

(2) ACL的作用。

常见的ACL可以调用在接口下，根据数据包三层和四层的头部信息特征来判断是否允许数据包被转发，如图6-40所示。还可以在PBR中使用ACL对特殊流量进行控制，并且ACL还可以和其他的技术配合使用，例如NAT、防火墙、QoS、路由策略等。

(3) ACL的分类。

ACL的类型根据不同的划分规则可以有不同的分类。

按照创建ACL时的命名方式分为数字型ACL和命名型ACL。

创建ACL时指定一个编号，称为数字型ACL。

创建ACL时指定一个名称，称为命名型ACL。

按照ACL的功能分类，请参见表6-3。

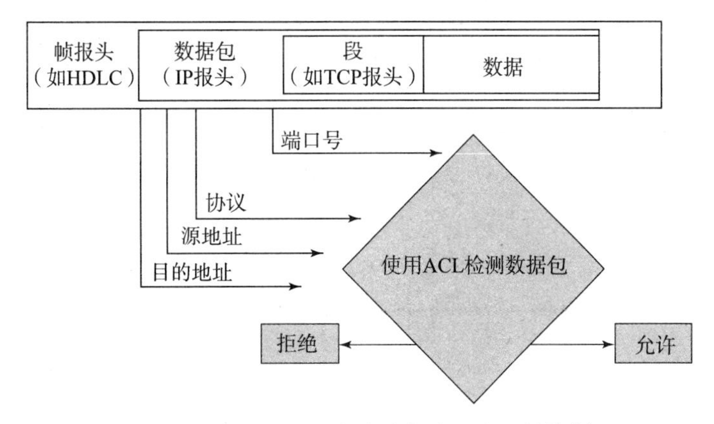

图6－40　ACL通过报文头部实现流量的控制

表6－3　ACL分类

分类	对应编号范围	适用的IP版本	应用场景
基于接口的ACL	编号范围为1000～1999	IPv4、IPv6	基于接口的ACL根据报文的入接口定义规则，实现对报文的匹配过滤
基本ACL	编号范围为2000～2999	IPv4	可使用报文的源IP地址、VPN实例、分片标记和时间段信息来定义规则
高级ACL	编号范围为3000～3999	IPv4	既可使用报文的源IP地址，也可使用目的地址、IP优先级、ToS、DSCP、IP协议类型、ICMP类型、TCP源端口/目的端口、UDP源端口/目的端口号等来定义规则。 高级访问控制列表可以定义比基本访问控制列表更准确、更丰富、更灵活的规则
二层ACL	编号范围为4000～4999	IPv4、IPv6	可根据报文的以太网帧头信息来定义规则，如根据源MAC地址、目的MAC地址、以太帧协议类型等
自定义ACL	编号范围为5000～5999	IPv4、IPv6	可根据偏移位置和偏移量从报文中提取出一段内容进行匹配
基于MPLS的ACL	编号范围为10000～10999	IPv4、IPv6	基于MPLS的ACL根据MPLS报文的Exp值、Lable值、TTL值来定义规则，实现对报文的匹配过滤

续表

分类	对应编号范围	适用的 IP 版本	应用场景
基本 ACL6	编号范围为 2000～2999	IPv6	可使用报文的源 IP 地址、分片标记和时间段信息来定义规则
高级 ACL6	编号范围为 3000～3999	IPv6	可以使用数据包的源地址、目的地址、IP 承载的协议类型、针对协议的特性（例如 TCP 的源端口、目的端口、ICMPv6 协议的类型、ICMPv6 Code）等内容定义规则

（4）ACL 的工作原理。

报文到达设备时，查找引擎从报文中取出信息组成查找键值，键值与 ACL 中的规则进行匹配，只要有一条规则和报文匹配，就停止查找，称为命中规则。查找完所有规则，如果没有符合条件的规则，称为未命中规则。

ACL 的规则分为“permit（允许）”规则或者“deny（拒绝）”规则。因此，ACL 可以将报文分成以下三类：

①命中“permit”规则的报文。

②命中“deny”规则的报文。

③未命中规则的报文。

对于这三类报文的处理方式，各个特性不同，具体请参考各个业务的手册。

（5）ACL 的命名。

用户在创建 ACL 时，可以为 ACL 指定一个名称。每个 ACL 最多只能有一个名称。命名型的 ACL 使用户可以通过名称唯一地确定一个 ACL，并对其进行相应的操作。

在创建 ACL 时，用户可以选择是否配置名称。ACL 创建后，不允许用户修改或者删除 ACL 名称，也不允许为未命名的 ACL 添加名称。

在指定命名型 ACL 时，也可以同时配置对应编号。如果没有配置对应编号，系统在记录此命名型 ACL 时会自动为其分配一个数字型 ACL 的编号。

（6）ACL 的规则管理。

每个 ACL 作为一个规则组，可以包含多个规则。规则通过规则 ID（Rule－Id）来标识，规则 ID 可以由用户进行配置，也可以由系统自动根据步长生成。一个 ACL 中所有规则均按照规则 ID 从小到大排序。

规则 ID 之间会留下一定的间隔。如果不指定规则 ID 时，具体间隔大小由“ACL 的步长”来设定。例如步长设定为 5，ACL 规则 ID 分配是按照 5、10、15……来分配的。如果步长值是 2，自动生成的规则 ID 从 2 开始。用户可以根据规则 ID 方便地把新规则插入到规则组的某一位置。

2. ACL 的步长设定

（1）步长的含义。

步长是指设备自动为 ACL 规则分配编号的时候，每个相邻规则编号之间的差值。例如，如果将步长设定为5，规则编号分配是按照5、10、15…这样的规律分配的。

当步长改变后，ACL 中的规则编号会自动从步长值开始重新排列。例如，原来规则编号为5、10、15、20，当通过命令把步长改为2后，则规则编号变成2、4、6、8。

当使用命令将步长恢复为缺省值后，设备将立刻按照缺省步长调整 ACL 规则的编号。例如：ACL 3001，步长为2，下面有四个规则，编号为2、4、6、8。如果此时使用命令将步长恢复为缺省值，则 ACL 规则编号变成5、10、15、20，步长为5。

（2）步长的作用。

通过设置步长，使规则之间留有一定的空间，用户可以在规则之间插入新的规则，以控制规则的匹配顺序。例如，配置好四个规则后，规则编号为5、10、15、20。此时如果用户希望能在第一条规则之后插入一条规则，则可以使用命令在5和10之间插入一条编号为7的规则。

另外，在定义一条 ACL 规则的时候，用户可以不指定规则编号，这时，系统会从步长值开始，按照步长，自动为规则分配一个大于现有最大编号的最小编号。假设现有规则的最大编号是25，步长是5，那么系统分配给新定义的规则的编号将是30。

（3）通配符掩码。

通配符掩码（Wildcard Mask）是一个32位的数，用在与一个 IP 地址联合，并将该地址与另一个 IP 地址相比时，决定该 IP 地址的某个位应不应该忽略。一个通配符掩码在设置接入列表时被指定。

路由器使用的通配符掩码与源或目标地址一起来分辨匹配的地址范围，它跟子网掩码刚好相反。与子网掩码告诉路由器 IP 地址的哪一位属于网络号一样，通配符掩码告诉路由器为了判断出匹配，它需要检查 IP 地址中的多少位。这个地址掩码对使我们可以只使用两个32位的号码来确定 IP 地址的范围，这是十分方便的，因为如果没有掩码的话，就不得不对每个匹配的 IP 客户地址加入一个单独的访问列表语句。这将造成很多额外的输入和路由器大量额外的处理过程。所以地址掩码对相当有用。

在子网掩码中，将掩码的一位设成1表示 IP 地址对应的位属于网络地址部分。而在访问列表中将通配符掩码中的一位设成1表示 IP 地址中对应的位既可以是1又可以是0，有时，可将其称作“无关”位，因为路由器在判断是否匹配时并不关心它们。掩码位设成0则表示 IP 地址中相对应的位必须精确匹配。

举例说明，使用一条 ACL 抓取 192.168.1.0 ~ 192.168.1.7 范围内的所有 IP 地址。

首先我们将 IP 地址最后一段展开成二进制并找到固定不变的位。

```
192.168.1.00000000
192.168.1.00000001
192.168.1.00000010
192.168.1.00000011
192.168.1.00000100
192.168.1.00000101
192.168.1.00000110
192.168.1.00000111
```

由上面可知，这8个IP地址前29位是完全相同的，我们可以使用通配符掩码0来表示；后3位这8个地址各不相同，可以使用通配符掩码1来表示。所以得到通配符掩码如下。

```
0.0.0.00000111
```

所以得出：0.0.0.7可以匹配192.168.1.0~192.168.1.7的所有IP地址。

（4）ACL的匹配顺序。

一个ACL可以由多条“deny | permit”语句组成，每一条语句描述一条规则，这些规则可能存在重复或矛盾的地方（一条规则可以包含另一条规则，但两条规则不可能完全相同）。

设备支持两种匹配顺序，即配置顺序（config）和自动排序（auto）。当将一个数据包和访问控制列表的规则进行匹配的时候，由规则的匹配顺序决定规则的优先级，ACL通过设置规则的优先级来处理规则之间重复或矛盾的情形。

①配置顺序：配置顺序按ACL规则编号（Rule-ID）从小到大的顺序进行匹配。

②自动排序：自动排序使用“深度优先”的原则进行匹配。

“深度优先”即根据规则的精确度排序，匹配条件（如协议类型、源和目的IP地址范围等）限制越严格越精确。例如可以比较地址的通配符，通配符越小，则指定的主机的范围就越小，限制就越严格。

若“深度优先”的顺序相同，则匹配该规则时按Rule-ID从小到大排列。

ACL规则按照“深度优先”顺序匹配的原则如表6-4所示。

表6-4 “深度优先”匹配原则

ACL类型	匹配原则
基于接口的ACL	配置了any的规则排在后面，其他的Rule-ID小的优先
基本ACL/ACL6	1. 先看规则中是否带VPN实例，带VPN实例的规则优先。 2. 再比较源IP地址范围，源IP地址范围小（掩码中“1”位的数量多）的规则优先。 3. 如果源IP地址范围相同，则Rule-ID小的优先
高级ACL/ACL6	1. 先看规则中是否带VPN实例，带VPN实例的规则优先。 2. 再比较协议范围，指定了IP协议承载的协议类型的规则优先。 3. 如果协议范围相同，则比较源IP地址范围，源IP地址范围小（掩码中“1”位的数量多）的规则优先。 4. 如果协议范围、源IP地址范围相同，则比较目的IP地址范围，目的IP地址范围小（掩码中“1”位的数量多）的规则优先。 5. 如果协议范围、源IP地址范围、目的IP地址范围相同，则比较四层端口号（TCP/UDP端口号）范围，四层端口号范围小的规则优先。 6. 如果上述范围都相同，则Rule-ID小的优先

续表

ACL 类型	匹配原则
二层 ACL	1. 先比较二层协议类型通配符，通配符大（掩码中“1”位的数量多）的规则优先。 2. 如果二层协议类型通配符相同，则比较源 MAC 地址范围，源 MAC 地址范围小（掩码中“1”位的数量多）的规则优先。 3. 如果源 MAC 地址范围相同，则比较目的 MAC 地址范围，目的 MAC 地址范围小（掩码中“1”位的数量多）的规则优先。 4. 如果源 MAC 地址范围、目的 MAC 地址范围相同，则 Rule - ID 小的优先
用户自定义 ACL	用户自定义 ACL 规则的匹配顺序只支持配置顺序，即 Rule - ID 从小到大的顺序进行匹配
基于 MPLS 的 ACL	配置了 any 的规则排在后面，其他按 Rule - ID 从小到大排列

6.5.2 典型任务：ACL 的配置

1. 任务描述

按照要求在拓扑中实现如下需求；

（1）使用标准的命名 ACL，保证服务器只能被 PC 1 所访问到；

（2）拒绝 PC 2 访问服务器；

（3）PC 1 与 PC 2 之间互访不要受到影响，如图 6 - 41 所示。

2. 任务分析

（1）需求中要求使用命名的 ACL 来对源进行控制，所以需要将 ACL 调用在接口下。

（2）需求中要求 PC 1 与 PC 2 的访问不要受到影响，所以应该将 ACL 调用在离服务器最近的接口下。

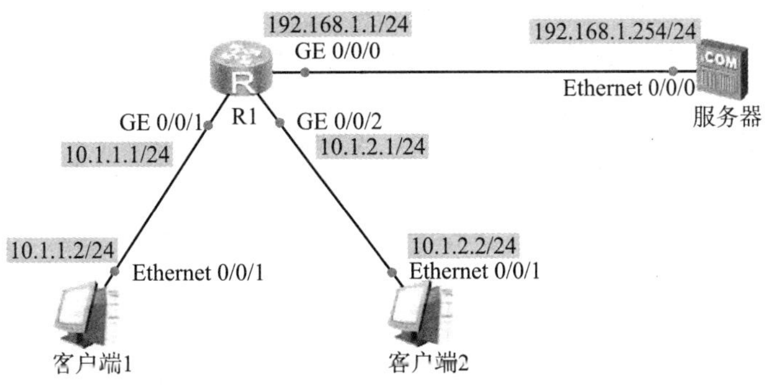

图 6 - 41 标准 ACL 的配置

（3）配置流程

标准 ACL 的配置流程如图 6 - 42 所示。

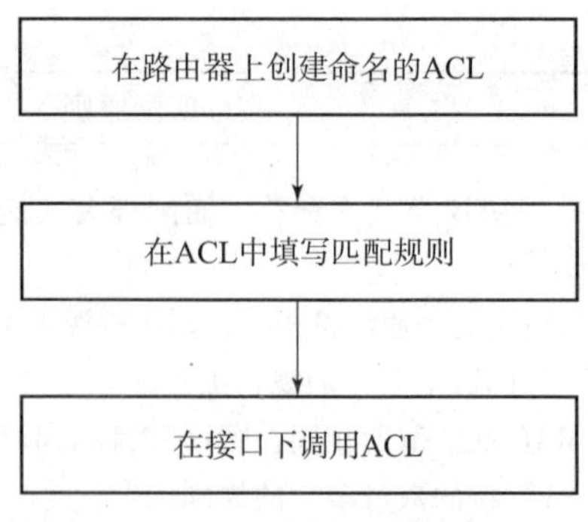

图 6－42　标准 ACL 的配置流程

4. 关键配置

（1）在 R 1 上创建命名的标准 ACL。

```
[R1]acl name huawei number 2999
```

（2）在 ACL 中配置对指定源的动作。

```
[R1-acl-basic-huawei] rule 5 permit source 10.1.1.2 0
[R1-acl-basic-huawei] rule 10 deny source 10.1.2.2 0
```

（3）设定对未匹配的流量的动作。

```
[R1-acl-basic-huawei]rule 15 deny
```

（4）进入 R 1 链接 Server 的接口中，在出方向进行 ACL 的调用。

```
[R1]interface GigabitEthernet0/0/0
[R1-GigabitEthernet0/0/0]traffic-filter outbound acl name Huawei
```

（5）在 PC 1 上 Ping Server，可以 Ping 通，在 PC 2 上 Ping Server 无法 Ping 通。证明 ACL 配置生效。

```
PC>ping 192.168.1.254

Ping 192.168.1.254:32 data bytes,Press Ctrl_c to break
From 192.168.1.254:bytes=32 seq=1 ttl=254 time=31 ms
From 192.168.1.254:bytes=32 seq=2 ttl=254 time=16 ms
From 192.168.1.254:bytes=32 seq=3 ttl=254 time=16 ms
From 192.168.1.254:bytes=32 seq=4 ttl=254 time=31 ms
From 192.168.1.254:bytes=32 seq=5 ttl=254 time=15 ms

 ---192.168.1.254 ping statistics---
  5 packet(s) transmitted
  5 packet(s) received
  0.00& packet loss
  round-trip min/avg/max=15/21/31 ms
```

```
PC >ping 192.168.1.254

Ping 192.168.1.254:32 data bytes,Press Ctrl_c to break
Request timeout!
Request timeout!
Request timeout!
Request timeout!
Request timeout!

---192.168.1.254 ping statistics ---
 5 packet(s) transmitted
 0 packet(s) received
 100.00& packet loss
```

6.5.3 任务拓展

1. 任务描述

（1）网络中服务器为用户提供 FTP 服务；

（2）为了保证网络安全，在 R 1 上配置 ACL 对流量进行控制；

（3）R 1 上允许 PC 2 所有 TCP 流量，保证 PC 2 可以使用 FTP 服务登录服务器，拒绝 R 3 的 TCP 流量，使 PC 3 不可以使用 FTP 服务登录服务器；

（4）PC 2、PC 3 均可以 ping 通服务器的地址；

（5）其他的流量均要被拒绝，如图 6－43 所示。

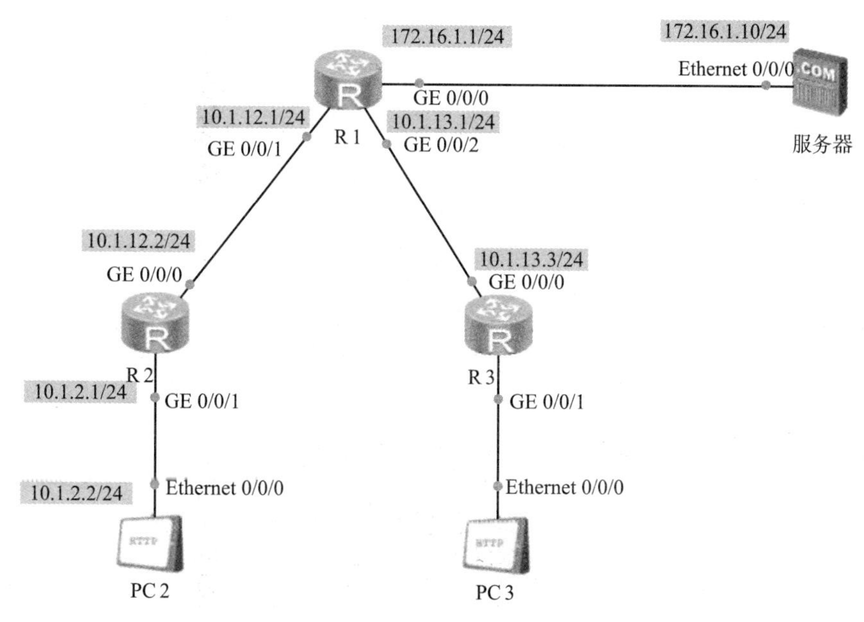

图 6－43 扩展 ACL 的配置

2. 任务分析

（1）FTP 服务使用的是 TCP，所以这里对 TCP 的流量进行控制可以达到控制 FTP 服务的目的。

（2）ping 使用的是 ICMP 协议，所以这里需要对 ICMP 的流量进行放行。

（3）因为要对协议进行控制，所以需要使用扩展的 ACL 来完成。

3. 配置流程

扩展 ACL 的配置流程如图 6－44 所示。

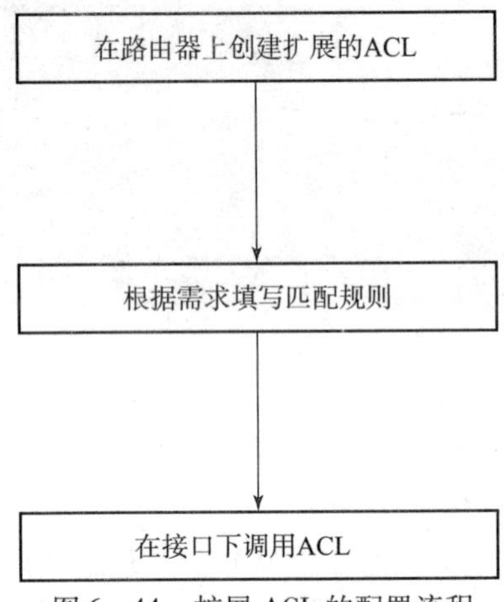

图 6－44　扩展 ACL 的配置流程

4. 关键配置

（1）在 R 1、R 2、R 3 上创建静态路由，保证基本的连通性。

```
[R1]ip route-static 10.1.2.0 255.255.255.0 10.1.12.2
[R1]ip route-static 10.1.3.0 255.255.255.0 10.1.13.3
[R2]ip route-static 172.16.1.0 255.255.255.0 10.1.12.1
[R3]ip route-static 172.16.1.0 255.255.255.0 10.1.13.1
```

（2）在 R 1 上配置 3000～3999 范围内的 ACL，表示扩展的 ACL。

```
[R1]acl 3000
```

（3）在 R 1 上放行 PC 2 的 TCP 流量，拒绝 PC 3 的 TCP 流量。

```
[R1-acl-adv-3000]rule 5 permit tcp source 10.1.2.2 0 destination
172.16.1.10 0
[R1-acl-adv-3000]rule 10 deny tcp source 10.1.3.2 0 destination
172.16.1.10 0
```

（4）在 R 1 上放行所有的 ICMP 流量，拒绝其他的 IP 流量。

```
[R1-acl-adv-3000]rule 15 permit icmp
[R1-acl-adv-3000]rule 20 deny ip
```

（5）将 ACL 调用在接口下。

```
[R1 - GigabitEthernet0 /0 /0]traffic - filter outbound acl 3000
```

5. 验证结果

（1）PC 2 与 PC 3 均可以 ping 通服务器。

```
PC >ping 172.16.10.1

Ping 172.16.10.1:32 data bytes,Press Ctrl_c to break
From 172.168.10.1:bytes =32 seq =1 ttl =128 time <1 ms
From 172.168.10.1:bytes =32 seq =2 ttl =128 time <1 ms
From 172.168.10.1:bytes =32 seq =3 ttl =128 time <1 ms
From 172.168.10.1:bytes =32 seq =4 ttl =128 time <1 ms
From 172.168.10.1:bytes =32 seq =5 ttl =128 time <1 ms

---172.16.10.1 ping statistics ---
 5 packet(s) transmitted
 5 packet(s) received
 0.00& packet loss
 round - trip min /avg /max =0 /0 /0 ms
```

（2）当 PC 2 使用 FTP 软件登录服务器时，可以正常登录，如图 6－45 所示。

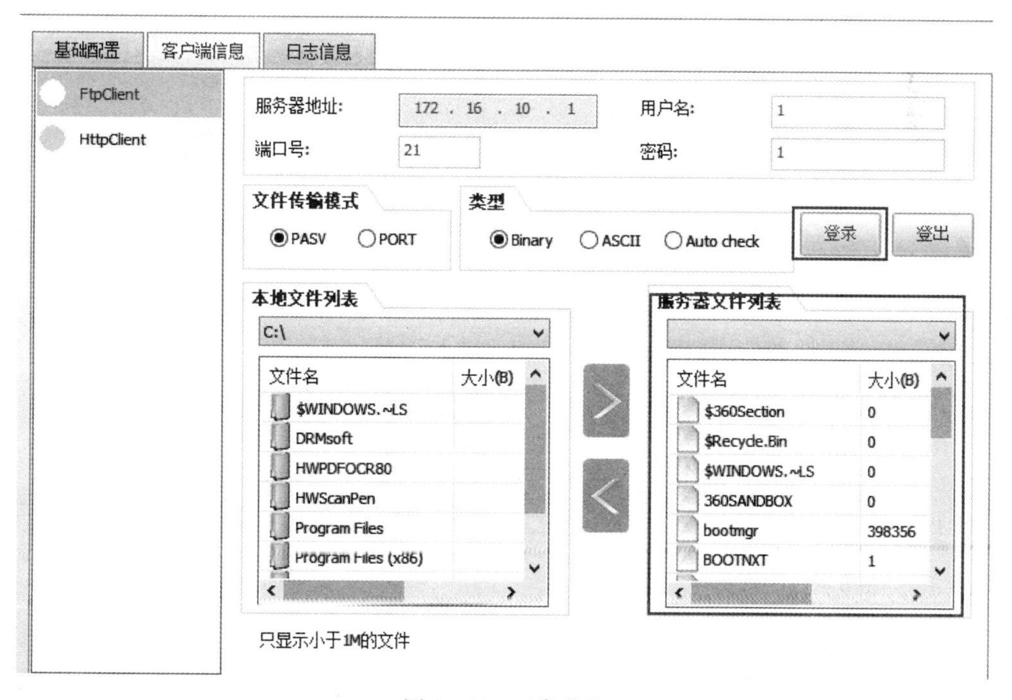

图 6－45　正常登录

（3）当 PC 3 使用 FTP 软件登录服务器时，会连接失败，如图 6－46 所示。

图 6－46　连接服务器失败

思考与练习

1. 扩展的 ACL 相对于标准的 ACL 都扩展了哪些内容？
2. 命名的 ACL 好处是什么？
3. ACL 除了在接口下对流量过滤外，还有哪些用法？

6.6　任务六：NAT 的配置与应用

6.6.1　预备知识

1. NAT 概述

网络地址转换（Network Address Translation，NAT）是将 IP 数据包报头中的 IP 地址转换为另一个 IP 地址的过程。

随着 Internet 的发展和网络应用的增多，IPv4 地址枯竭已成为制约网络发展的瓶颈。尽管 IPv6 可以从根本上解决 IPv4 地址空间不足问题，但目前众多网络设备和网络应用大多是基于 IPv4 的，因此在 IPv6 广泛应用之前，一些过渡技术（如 CIDR、私网地址等）的使用是解决这个问题最主要的技术手段。NAT 主要用于实现内部网络（简称内网，使用私有 IP 地址）访问外部网络（简称外网，使用公有 IP 地址）的功能。当局域网内的主机要访问外部网络时，通过 NAT 技术可以将其私网地址转换为公网地址，可以实现多个私网用户共用一个公网地址来访问外部网络，这样既可保证网络互通，又节省了公网地址。

2. NAT 的分类

（1） Basic NAT。

Basic NAT 方式属于一对一的地址转换，在这种方式下只转换 IP 地址，而不处理 TCP/UDP 协议的端口号，一个公网 IP 地址不能同时被多个私网用户使用。

图 6 -47 描述了 Basic NAT 的基本原理，实现过程如下：

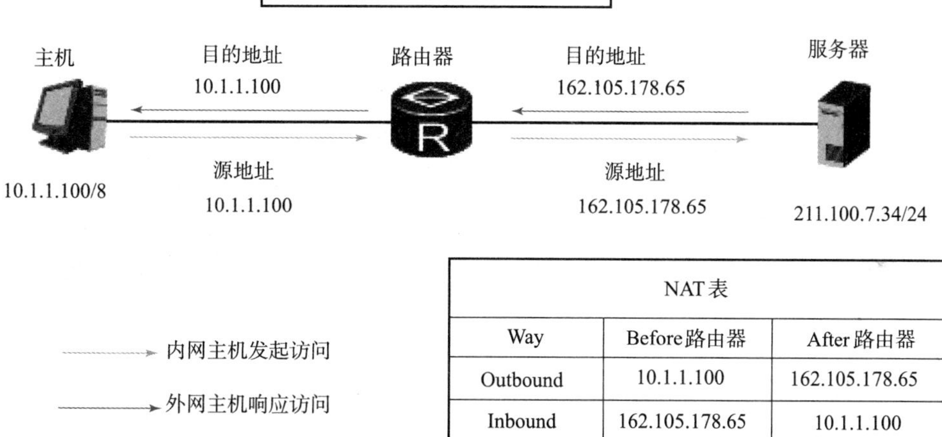

NAT表		
Way	Before路由器	After路由器
Outbound	10.1.1.100	162.105.178.65
Inbound	162.105.178.65	10.1.1.100

图 6 -47　Basic NAT 示意图

①路由器收到内网侧主机发送的访问公网侧服务器的报文，其源 IP 地址为 10. 1. 1. 100。

②路由器从地址池中选取一个空闲的公网 IP 地址，建立与内网侧报文源 IP 地址间的 NAT 转换表项（正反向），并依据查找正向 NAT 表项的结果将报文转换后向公网侧发送，其源 IP 地址是 162. 105. 178. 65，目的 IP 地址是 211. 100. 7. 34。

③路由器收到公网侧的回应报文后，根据其目的 IP 地址查找反向 NAT 表项，并依据查表结果将报文转换后向私网侧发送，其源 IP 地址是 162. 105. 178. 65，目的 IP 地址是 10. 1. 1. 100。

由于 Basic NAT 这种一对一的转换方式并未实现公网地址的复用，不能有效解决 IP 地址短缺的问题，因此在实际应用中并不常用。

NAT 服务器拥有的公有 IP 地址数目要远少于内部网络的主机数目，这是因为所有内部主机并不会同时访问外部网络。公有 IP 地址数目的确定，应根据网络高峰期可能访问外部网络的内部主机数目的统计值来确定。

（2）NAPT。

除了一对一的 NAT 转换方式外，NAPT（Network Address Port Translation，网络地址端口转换）可以实现并发的地址转换。它允许多个内部地址映射到同一个公有地址上，因此也可以称为“多对一地址转换”或地址复用。

NAPT 方式属于多对一的地址转换，它通过使用“IP 地址 + 端口号”的形式进行转换，使多个私网用户可共用一个公网 IP 地址访问外网。

图 6－48 描述了 NAPT 的基本原理，实现过程如下：

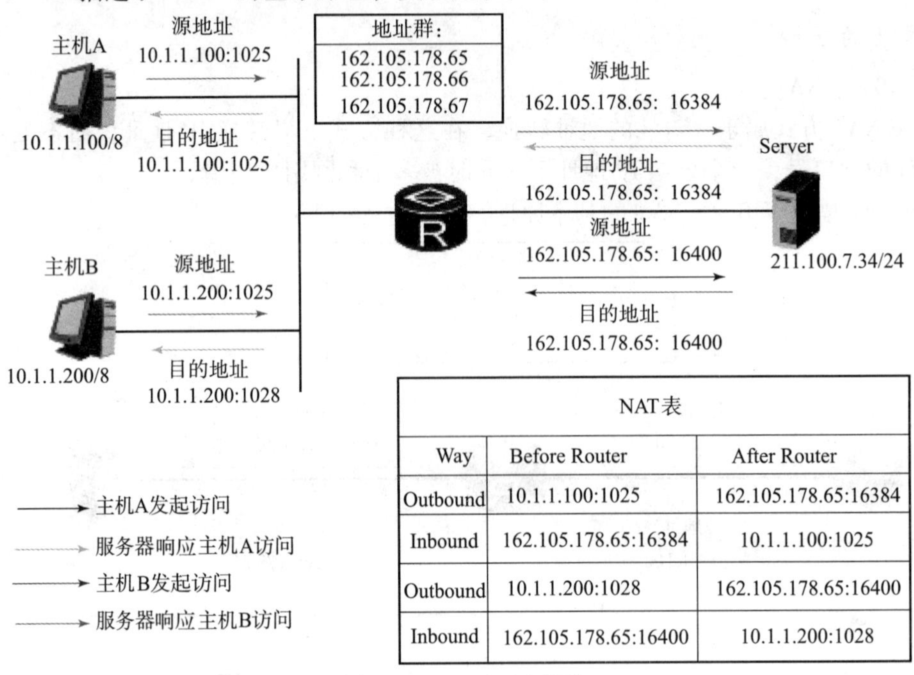

NAT表		
Way	Before Router	After Router
Outbound	10.1.1.100:1025	162.105.178.65:16384
Inbound	162.105.178.65:16384	10.1.1.100:1025
Outbound	10.1.1.200:1028	162.105.178.65:16400
Inbound	162.105.178.65:16400	10.1.1.200:1028

图 6－48　NAPT 示意图

①路由器收到内网侧主机发送的访问公网侧服务器的报文。例如收到主机 A 报文的源地址是 10. 1. 1. 100，端口号 1025。

②路由器从地址池中选取一对空闲的“公网 IP 地址 + 端口号”，建立与内网侧报文“源 IP 地址 + 源端口号”间的 NAPT 转换表项（正反向），并依据查找正向 NAPT 表项的结果将报文转换后向公网侧发送。例如主机 A 的报文经路由器转换后的报文源地址为 162. 105. 178.65，端口号 16384。

③路由器收到公网侧的回应报文后，根据其“目的 IP 地址 + 目的端口号”查找反向 NAPT 表项，并依据查表结果将报文转换后向私网侧发送。例如服务器回应主机 A 的报文经路由器转换后，目的地址为 10. 1. 1. 100，端口号 1025。

3. NAT 的特点

NAT 的优点如下：

（1）有效地节约了公网地址，使内部主机使用有限的合法地址就可以连接到 Internet 网络。

（2）可以有效地隐藏内部局域网中的主机，因此，它是一种有效的网络安全保护技术。

（3）同时地址转换技术可以按照用户的需求，在内部局域网内提供给外部 FTP、WWW、TELNET 服务。

NAT 也存在着一些缺点：

（1）使用 NAT 会在 IP 报文传输时，引入额外延迟。

（2）丧失了端到端的 IP 跟踪能力。

（3）增加了网络的负载性，对调试人员知识水平要求更高。

6.6.2　典型任务：NAT 的配置

1. 任务描述

（1）客户端 1 和客户端 2 分别处于公司内网的两个不同 VLAN 当中；

（2）R 2 作为公司的网关设备；

（3）R 1 模拟公网的路由器；

（4）通过在 R 2 设备上配置 NAT，使得私网的设备可以 ping 通公网设备，如图 6－49 所示。

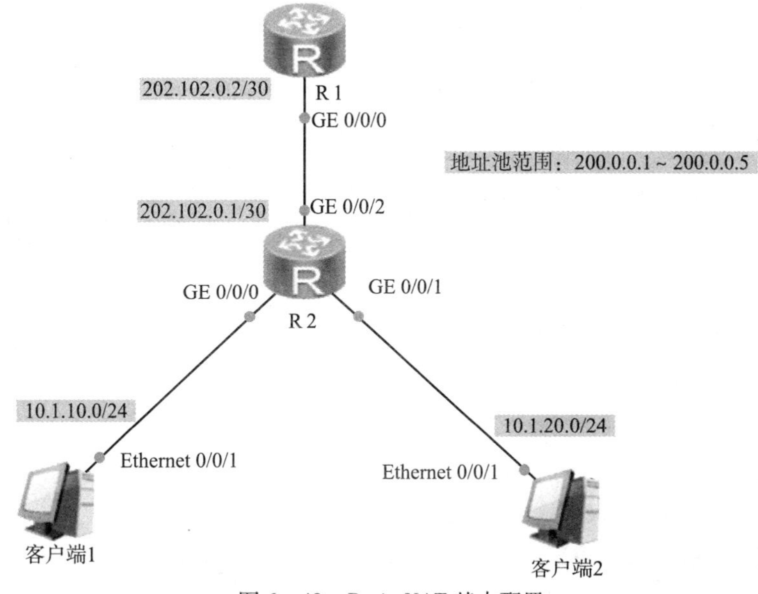

图 6－49　Basic NAT 基本配置

2. 任务分析

（1）图 6－43 中用户均使用私网地址 10. 1. 10. 0/24 和 10. 1. 20. 0/24，这些网段均属于私网地址，可以在企业内部使用，但是不能通过运营商来访问公网。

（2）需要在网关设备上配置 NAT 来将这些私网地址转换成公网地址，来实现与公网的访问。

（3）图 6－43 中已经指定了地址池范围为 200. 0. 0. 1 ~ 200. 0. 0. 5，共 5 个地址，而私网用户最多可达 500 多个，无法实现一对一的地址转换，因此，需要配置动态一对多的 NAT 配置。

3. 配置流程

Basic NAT 基本配置流程如图 6－50 所示。

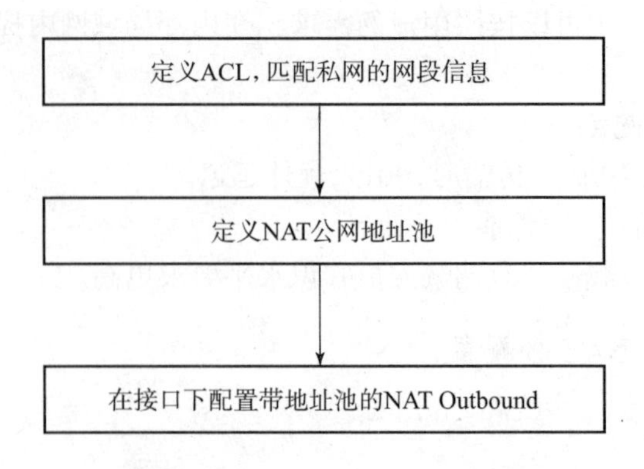

图 6－50　Basic NAT 基本配置流程

4. 关键配置

（1）显示客户端 1 和客户端 2 网络配置。

```
PC>ipconfig

Link local IPv6 address ........................ : fe80::5689:98ff:fe3e:2006
IPv6 address ................................... : ::/128
IPv6 gateway ................................... : ::
IPv4 address ................................... : 10.1.10.100
Subnet mask .................................... : 225.225.255.0
Gateway ........................................ : 10.1.10.1
Physical address ............................... : 54-89-98-3E-20-06
DNS server ..................................... :
```

```
PC>ipconfig

Link local IPv6 address ........................ : fe80::5689:98ff:fed3:417f
IPv6 address ................................... : ::/128
IPv6 gateway ................................... : ::
IPv4 address ................................... : 10.1.20.100
Subnet mask .................................... : 225.225.255.0
Gateway ........................................ : 10.1.10.1
Physical address ............................... : 54-89-98-D3-41-7F
DNS server ..................................... :
```

（2）定义 ACL。

```
[R2]acl 2000
[R2-acl-basic-2000]rule permit source 10.1.10.0 0.0.0.255
[R2-acl-basic-2000]rule permit source 10.1.20.0 0.0.0.255
```

（3）定义地址池 1 中包括 200. 0. 0. 1 ~200. 0. 0. 5 这 5 个公网地址。

```
[R2]nat address -group 1 200.0.0.1 200.0.0.5
```

（4）进入接口，配置带地址池的 NAT Outbound，将 ACL 与地址池关联。

```
[R2]interface g0/0/2
[R2 -GigabitEthernet0/0/2]nat outbound 2000 address -group 1
```

（5）验证。

①在 R 1 设备上开启 ICMP 的 Debug。

```
<R1 >debugging ip icmp
<R1 >terminal debugging
Info: Current terminal debugging is on.
```

②在 PC 上 ping R 1 的公网地址，观察 R 1 收到的 ICMP 报文的源地址。

```
<R1 >
Apr 20 2015 20:39:59.441.1 -05.13 R1 IP/7/debug icmp:
 ICMP Receive: echo (Type = 2048, Code = 0), Src =2.0.0.200. Dst =
2.0.102.202,ICMP I
 d =0x280d,ICMP Seq =5
```

6.6.3 任务拓展

1. 任务描述

如图 6 -51 所示，用户在配置了 NAT 设备出接口的 IP 和其他应用之后，已没有其他可用公网 IP 地址，可以选择 Easy IP 方式，Easy IP 可以借用 NAT 设备出接口的 IP 地址完成动态 NAT。

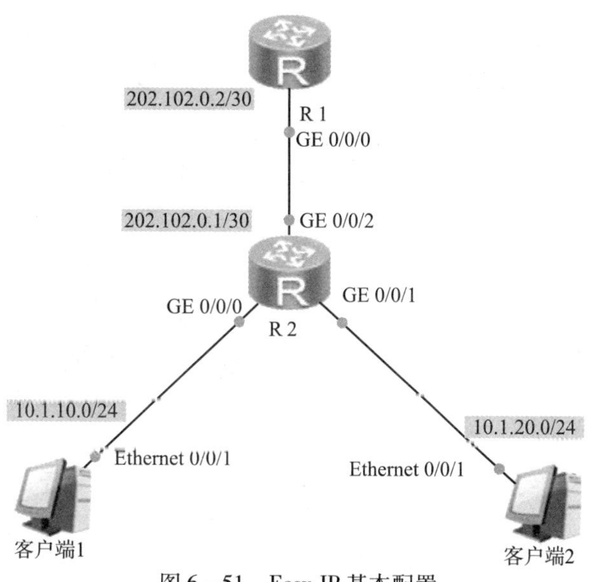

图 6 -51　Easy IP 基本配置

2. 任务分析

（1）图6－47中用户均使用私网地址10.1.10.0/24和10.1.20.0/24，这些网段均属于私网地址，可以在企业内部使用，但是不能通过运营商来访问公网。

（2）需要在网关设备上配置NAT来将这些私网地址转换成公网地址，来实现与公网的访问。

（3）由于公司只有一个公网地址，因此可以在出口路由器使用Easy IP的方式，实现端口复用。

3. 配置流程

Easy IP基本配置流程如图6－52所示。

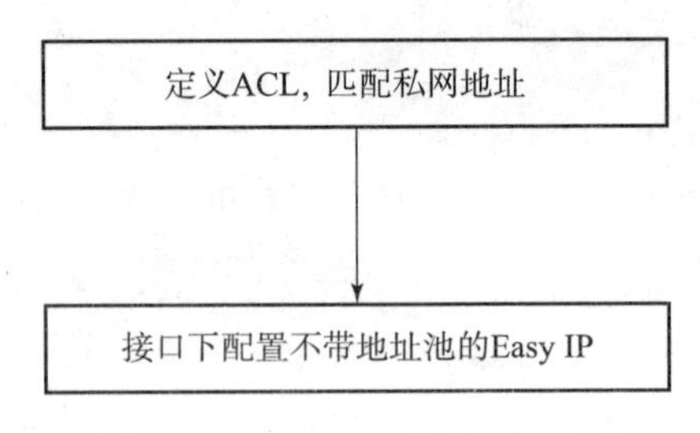

图6－52　Easy IP基本配置流程

4. 关键配置

（1）显示客户端1和客户端2网络配置。

```
PC>ipconfig

Link local IPv6 address ........................: fe80::5689:98ff:fe3e:2006
IPv6 address ...................................: ::/128
IPv6 gateway ...................................: ::
IPv4 address ...................................: 10.1.10.100
Subnet mask ....................................: 225.225.255.0
Gateway ........................................: 10.1.10.1
Physical address ...............................: 54-89-98-3E-20-06
DNS server .....................................:
```

（2）定义ACL。

```
[R2]acl 2000
[R2-acl-basic-2000]rule permit source 10.1.10.0 0.0.0.255
[R2-acl-basic-2000]rule permit source 10.1.20.0 0.0.0.255
```

（3）配置不带地址池的Easy IP。

```
[R2]interface g0/0/2
[R2-GigabitEthernet0/0/2]nat outbound 2000
```

（4）验证。

①在 R 1 设备上开启 ICMP 的 Debug。

```
<R1 >debugging ip icmp
<R1 >terminal debugging
Info: Current terminal debugging is on.
```

②在 PC 上 ping R 1 的公网地址，观察 R 1 收到的 ICMP 报文的源地址。

```
<R1 >
Apr 20 2015 20:49:48.181.1 -05:13 R1 IP/7 /debug_icmp:
ICMP Receive: echo ( Type = 2048, Code = 0 ), Sre = 1.0.102.202, Dst =
2.0.102.202,ICMP
Id =0x280e,ICMP Seq =5
```

思考与练习

1. NAT 在节省了公网 IP 的同时存在哪些缺陷?
2. NAT 的 ALG 与传统的 NAT 有什么不同?

6.7　任务七：远程管理网络设备

6.7.1　预备知识

1. TELNET 协议概述

TELNET（Telecommunication Network Protocol）起源于 ARPANET，是最早的 Internet 应用之一。

TELNET 通常用在远程登录应用中，以便对本地或远端运行的网络设备进行配置、监控和维护。如网络中有多台设备需要配置和管理，用户无须为每一台设备都连接一个用户终端进行本地配置，可以通过 TELNET 方式在一台设备上对多台设备进行管理或配置。如果网络中需要管理或配置的设备不在本地时，也可以通过 TELNET 方式实现对网络中设备的远程维护，极大地提高了用户操作的灵活性。

使用 TELNET 协议进行远程登录时需要满足以下条件：在本地计算机上必须装有包含 TELNET 协议的客户程序；必须知道远程主机的 IP 地址或域名；必须知道登录标识与口令。

2. TELNET 协议的工作过程

（1）TELNET 远程登录服务分为以下 4 个过程：

①本地与远程主机建立连接。该过程实际上是建立一个 TCP 连接，用户必须知道远程主机的 IP 地址或域名。

②将本地终端上输入的用户名和口令及以后输入的任何命令或字符以 NVT（Net Virtual Terminal）格式传送到远程主机。该过程实际上是从本地主机向远程主机发送一个 IP 数据包。

③将远程主机输出的 NVT 格式的数据转化为本地所接受的格式送回本地终端，包括输入命令回显和命令执行结果。

④最后，本地终端对远程主机进行撤消连接。该过程是撤销一个 TCP 连接。

（2）本地主机上的 TELNET 客户程序主要完成以下功能：

①建立与远程服务器的 TCP 联接。

②从键盘上接收本地输入的字符。

③将输入的字符串变成标准格式并传送给远程服务器。

④从远程服务器接收输出的信息。

⑤将该信息显示在本地主机屏幕上。

3. TELNET 协议的认证

为了方便公司员工对机房设备进行远程管理和维护，首先需要在路由器上配置 TELNET 功能。为了提高网络安全性，可在使用 TELNET 时进行密码认证，只有通过认证的用户才有权限登录设备。

4. TELNET 的等级设置

为了进一步保证网络的安全性及稳定性，避免员工错误更改设备的配置，公司要求普通员工只能拥有设备的监控权限，只有网络管理员拥有设备的配置和管理权限。默认情况下，VTY 用户界面的用户级别为 0（参观级），只能使用 ping、tracert 等网络诊断命令。

管理员使用自己单独的用户名和密码登录设备，拥有设备的配置和管理权限。这里要将 VTY 用户界面的认证模式修改成 AAA 认证，这样才能使用本地的用户名和密码进行认证。默认情况下，设备的 AAA 认证功能是开启的，所以只需要为管理员在本地配置相应的用户名和密码即可。

6.7.2 典型任务：通过 TELNET 实现远程设备的管理

1. 任务描述

PC 与设备之间路由可达，用户希望简单方便地配置和管理远程设备，可以在服务器端配置 TELNET 用户使用 AAA 验证登录，并配置安全策略，保证只有当前管理员使用的 PC 才能登录设备，如图 6－53 所示。（此实验中 PC 使用一台 AR2200 来模拟）

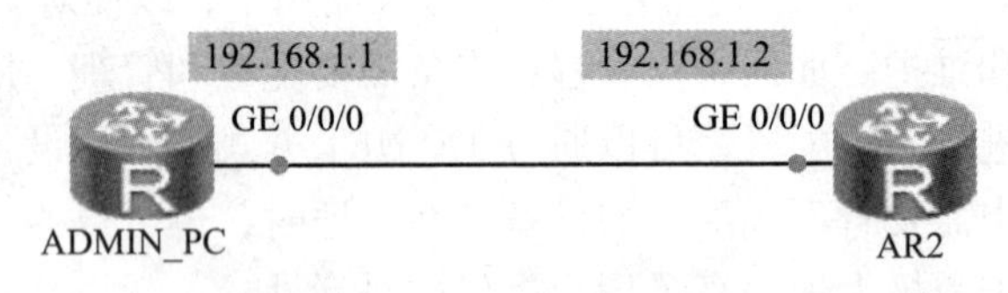

图 6－53　TELNET 基本配置

2. 任务分析

（1）此实验中 PC 与路由需要先保证网络可达。

（2）为了保证管理员能够登录，需要在 AAA 中配置相应的用户名与密码。

（3）需要配置安全策略，保证只有管理员才能登录设备。

3. 配置流程

TELNET 基本配置流程如图 6－54 所示。

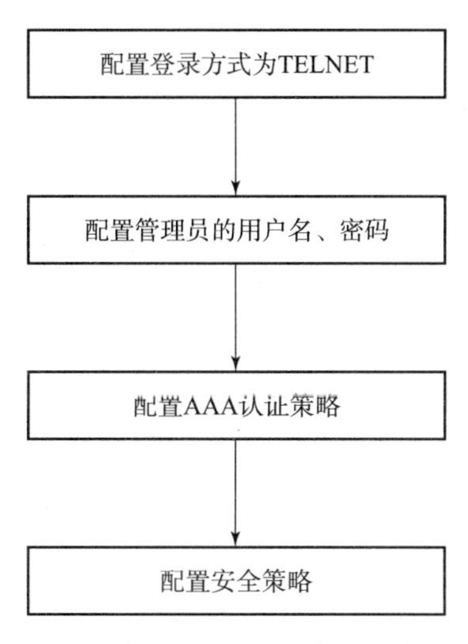

图 6－54　TELNET 基本配置流程

4. 关键配置

（1）配置服务器的端口号以及使能服务器功能。

```
[R2]telnet server enable
[R2]telnet server port 1025
```

（2）配置 VTY 用户界面的相关参数。

①配置 VTY 线路最大连接数为 8 条。

```
[R2]user - interface maximum - vty 8
```

②通过 ACL 实现对登录设备的限制。

```
[R2]acl 2001
[R2 - acl - basic - 2001]rule permit source 192.168.1.1 0
[R2]user - interface vty 0 7            //进入 VTY 线路下进行配置
[R2 - ui - vty0 - 7]acl 2001 inbound  //在 VTY 线路下通过 ACL 实现限制
```

③配置用户登录相关参数。

```
[R2]aaa
[R2 - aaa]local - user huawei password cipher Huawei@ 123 //创建用户
[R2 - aaa]local - user huawei service - type telnet          //设定此用户可以使用 TELNET 协议登录
[R2 - aaa] local - user huawei privilege level 3             //设定用户登录级别
[R2]user - interface vty 0 7
[R2 - ui - vty0 - 7]authentication - mode aaa                    //使用 AAA 认证
```

（3）在 PC 上通过 TELNET 工具顺利登录 R 2。

```
<pc>telnet 192.168.1.2 1025
  Press CTRL_J to quic telnet mode
  Trying 192.168.1.2 …
  Connected to 192.168.1.2 …

Don't support null authentication-mode.
  The connection was closed by the remote host
<pc>telnet 192.168.1.2 1025
  Press CTRL_J to quic telnet mode
  Trying 192.168.1.2 …
  Connected to 192.168.1.2 …

Login authentication
```

```
Username:huawei
Password:
<R2>
```

6.7.3 任务拓展

由于TELNET缺少安全的认证方式，而且传输过程采用TCP进行明文传输，存在很大的安全隐患，单纯提供TELNET服务容易招致主机IP地址欺骗、路由欺骗等恶意攻击。传统的TELNET和FTP等通过明文传送密码和数据的方式，已经慢慢不被接受。STELNET是Secure TELNET的简称，即在一个传统不安全的网络环境中，服务器通过对用户端的认证及双向的数据加密，为网络终端访问提供安全的TELNET服务。

SSH（Secure Shell）是一个网络安全协议，通过对网络数据的加密，使其能够在一个不安全的网络环境中，提供安全的远程登录和其他安全网络服务。SSH特性可以提供安全的信息保障和强大的认证功能，以保护路由器不受诸如IP地址欺诈、明文密码截取等攻击。SSH数据加密传输，认证机制更加安全，而且可以代替TELNET，已经被广泛使用，成为当前重要的网络协议之一。

SSH基于TCP协议22端口传输数据，支持Password认证。用户端向服务器发出Password认证请求，将用户名和密码加密后发送给服务器；服务器将该信息解密后得到用户名和密码的明文，与设备上保存的用户名和密码进行比较，并返回认证成功或失败的消息。

1. 任务描述

在PC和路由器之间使用SSH进行远程管理，如图6-55所示。

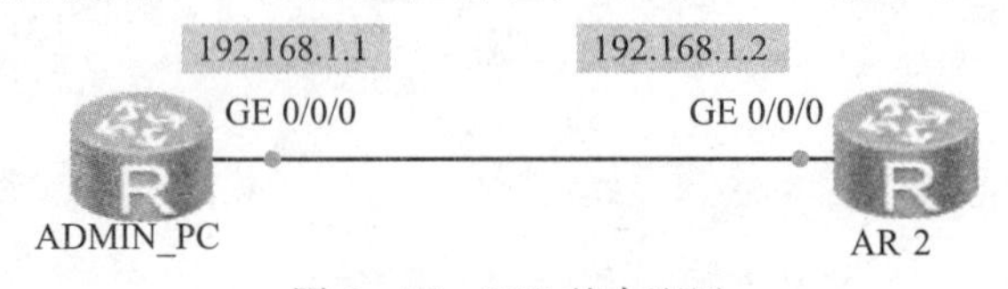

图6-55　SSH基本配置

2. 任务分析

（1）在 R2 上进行基本的 SSH 配置。

（2）在 PC 上使用 SSH 软件进行登录访问。

3. 配置流程

SSH 基本配置流程如图 6－56 所示。

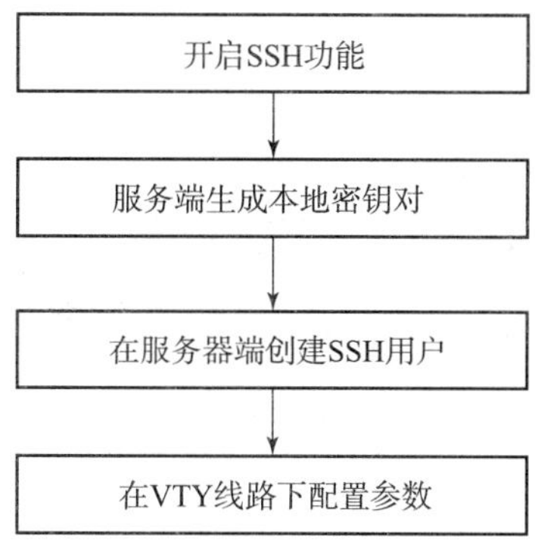

图 6－56 SSH 基本配置流程

4. 关键配置

（1）开启 SSH 功能。

```
[R2]stelnet server enable
```

（2）服务端生成本地密钥对。

```
[R2]rsa local-key-pair create
The key name will be: Host
The range of public key size is (512 ~2048).
NOTES: If the key modulus is greater than 512,
   It will take a few minutes.
Input the bits in the modulus[default = 512]:1024
Generating keys...
........++++++++
..+++++++++
...........+++++++++
......++++++++++
```

（3）配置 VTY 用户界面。

```
[R2]user-interface vty 0 4
[R2-ui-vty0-4]authentication-mode aaa
[R2-ui-vty0-4]protocol inbound all      //指定认证协议为所有协议
[R2-ui-vty0-4]user privilege level 5   //指定登录用户等级
[R2-ui-vty0-4]quit
```

（4）创建 SSH 用户。

```
[R2]aaa
[R2-aaa]local-user client001 password cipher Huawei@123
[R2-aaa]local-user client001 privilege level 3
[R2-aaa]local-user client001 service-type ssh
[R2-aaa]quit
[R2]ssh user client001 authentication-type password
```

（5）在 PC 上使用 SSH 软件登录 R 2。

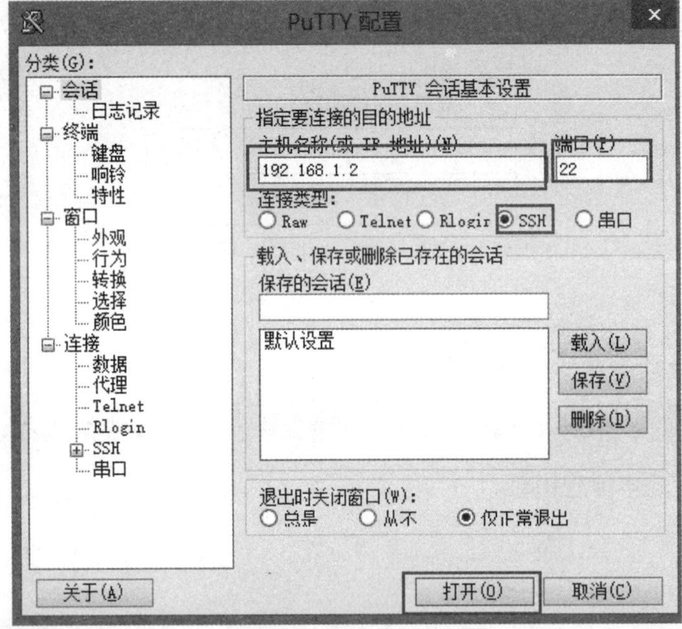

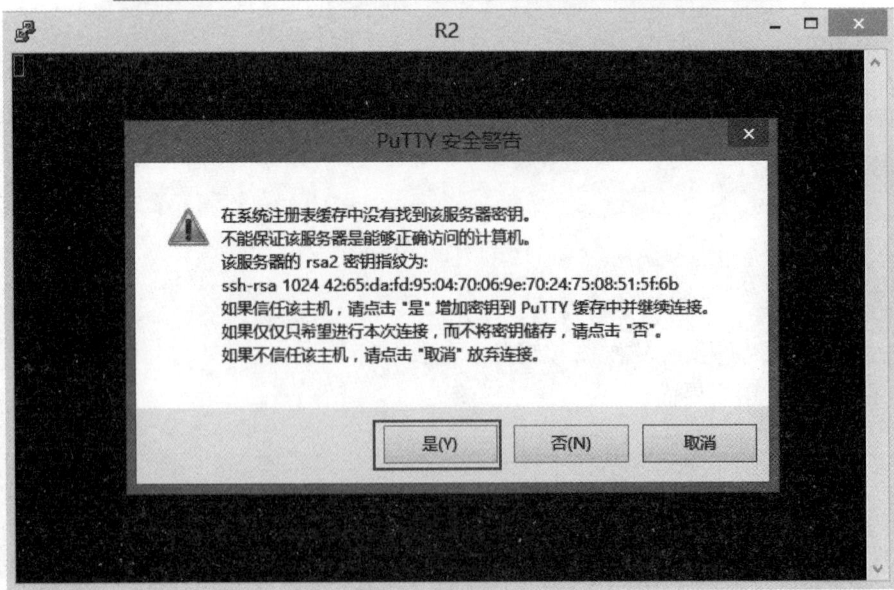

图 6-57　登录 R 2

（6）输入用户名与密码后可以远程访问设备。

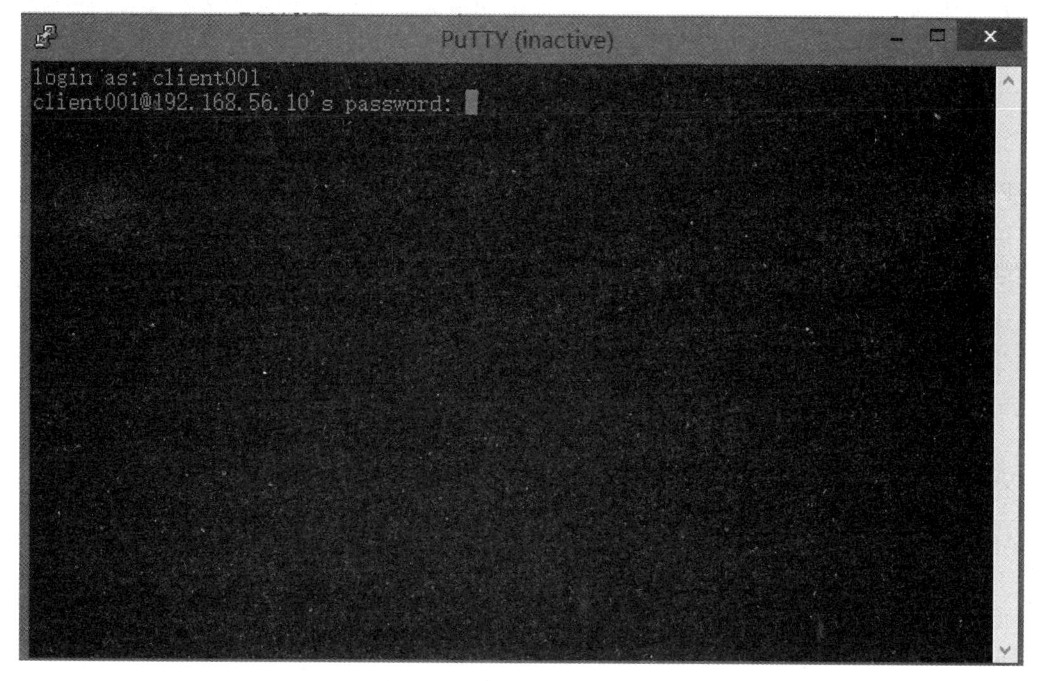

图6－58　输入用户名和密码界面

思考与练习

1. TELNET协议使用的是TCP还是UDP？端口号是多少？
2. 为什么说TELNET协议不安全？
3. 除了TELNET、SSH以外，还有哪些办法可以远程配置设备？

6.8　任务八：PPP协议的配置与应用

6.8.1　预备知识

1. PPP协议简介

PPP提供了一种在点对点的链路上封装多协议数据包（IP、IPX和AppleTalk）的标准方法。它不仅能支持IP地址的动态分配和管理，同步（面向位的同步数据块的传送）或异步（起始位＋数据位＋奇偶校验位＋停止位）物理层的传输，网络层协议的复用，链路的配置、质量检测和纠错；而且还支持多种配置参数选项的协商。

PPP协议主要包括三部分：LCP（Link Control Protocol）链路控制协议、NCP（Network Control Protocol）和PPP的扩展协议（如Multilink Protocol）。随着网络技术的不断发展，网络带宽已不再是瓶颈，所以PPP扩展协议的应用也就越来越少，因此往往人们在叙述PPP协议时经常会忘记它的存在，而且大部分网络教材上会将PPP的认证也作为PPP协议的一个主要部分，实际上这是一个错误概念的引导。PPP 协议默认不进行认证配置参数选项的协商，它只作为一个可选的参数，当点对点线路的两端需要进行认证时才需配置。当然在实际应用中这个过程是不可忽略的，例如使用计算机上网时，需要通过 PPP 协议与 NAS 设备互联，在整个协议的协商过程中，需要输入用户名和密码。

2. PPP 协议的组件

PPP 协议的三个组件：PPP 协议的封装方式、LCP 协议的协商过程和 NCP 协议的协商过程、结合具体的 LCP 和 NCP 数据包的封装格式和两个阶段实际数据包文的交换过程，进一步理解 PPP 的 LCP 和 NCP 协商阶段的具体内容。

（1）LCP 协议。

为了能适应复杂多变的网络环境，PPP 协议提供了一种链路控制协议来配置和测试数据通信链路，它能用来协商 PPP 协议的一些配置参数选项，处理不同大小的数据帧，检测链路环路、一些链路的错误，终止一条链路。

（2）NCP 协议。

PPP 的网络控制协议根据不同的网络层协议可提供一族网络控制协议，常用的有提供给 TCP/IP 网络使用的 IPCP 网络控制协议和提供给 SPX/IPX 网络使用的 IPXCP 网络控制协议等，但最为常用的是 IPCP 协议，当点对点的两端进行 NCP 参数配置协商时，IPCP 协议主要是用来通信双方的网络层地址。

3. 认证协议

PPP 协议也提供了可选的认证配置参数选项，缺省情况下点对点通信的两端是不进行认证的。在 LCP 的 Config - Request 报文中不可一次携带多种认证配置选项，必须二者择其一（PAP/CHAP），选择希望的那一种，一般是在 PPP 设备互联的设备上进行配置的，但一般设备会默认支持一个缺省的认证方式（PAP 是大部分设备默认的认证方式）。当对端收到该配置请求报文后，如果支持配置参数选项中的认证方式，则回应一个 Config - Ack 报文；否则回应一个 Config - Nak 报文，并附带上它希望双方采用的认证方式。当对方接收到 Config - Ack 报文后就可以开始进行认证了，而如果收到的是 Config - Nak 报文，则根据自身是否支持 Config - Nak 报文中的认证方式来回应对方，如果支持则回应一个新的 Config - Request（并携带上 Config - Nak 报文中所希望使用的认证协议），否则将回应一个 Config - Reject 报文，那么双方就无法通过认证，从而不可能建立起 PPP 链路。

PPP 支持两种授权协议：PAP（Password Authentication Protocol）和 CHAP（Challenge Hand Authentication Protocol）。

（1）PAP 认证。

我们知道两个设备在使用 PAP 进行认证之前，应该确认哪一方是验证方，哪一方是被验证方。实际上对于使用 PPP 协议互联的两端来说，既可作为认证方，也可作为被认证方。但通常情况下，PAP 只使用一个方向上的认证。

PAP 认证是两次握手，在链路建立阶段，依据设备上的配置情况，如果是使用 PAP 认证，则验证方在发送 Config - Request 报文时会携带认证配置参数选项，而对于被验证方而言则是不需要的，它只需要收到该配置请求报文后根据自身的情况给对端返回相应的报文。如果点对点的两端设备采用的是 PAP 双向认证时，即被验证方同时也作为验证方，此时则需

要在配置请求报文中携带认证配置参数选项。因此，总结如下，如果点对点的两个设备在PPP链路建立的过程中使用的认证方式为PAP，那么验证方在其Config－Request报文中必须含有认证配置参数选项，且该认证配置参数选项的数据域为0xC023，如图6－59所示。

当通信设备的两端在收到对方返回的Config－Ack报文时，就从各自的链路建立阶段进入到认证阶段，那么作为被验证方此时需要向验证方发送PAP认证的请求报文，该请求报文携带了用户名和密码，当验证方收到该认证请求报文后，则会根据报文中的实际内容查找本地的数据库，如果该数据库中有与用户名和密码一致的选项时，则会向对方返回一个认证请求响应，告诉对方认证已通过。反之，如果用户名与密码不符，则向对方返回验证不通过的响应报文。如果双方都配置为验证方，则需要双方的两个单向验证过程都完成后，方可进入到网络层协议阶段，否则，在一定次的认证失败后，会从当前状态返回链路不可用状态。

（2）CHAP认证。

与PAP认证相比，CHAP认证更具有安全性，从前面认证过程的数据包交换过程中不难发现，采用PAP认证时，被验证方是采用明文的方式直接将用户名和密码发送给验证方的，而CHAP认证则不一样。

CHAP为三次握手协议，它只在网络上传送用户名而不传送口令，因此安全性比PAP高。在验证一开始，不像PAP由被验证方发送认证请求报文，而是由验证方向被验证方发送一段随机的报文，并加上自己的主机名，我们将这个过程叫作挑战。当被验证方收到验证方的验证请求，从中提取出验证方发送过来的主机名，然后根据该主机名在被验证方设备的后台数据库中去查找相同的用户名的记录，查到后就使用该用户名所对应的密钥，然后根据这个密钥、报文ID和验证方发送的随机报文用MD5加密算法生成应答，随后将应答和自己的主机名送回，同样验证方收到被验证方发送的回应后，提取被验证方的用户名，然后去查找本地的数据库，当找到与被验证方一致用户名后，根据该用户名所对应的密钥、保留报文ID和随机报文用MD5加密算法生成结果，和刚刚被验证方返回的应答进行比较，相同则返回ACK，否则返回NAK，如图6－60所示。

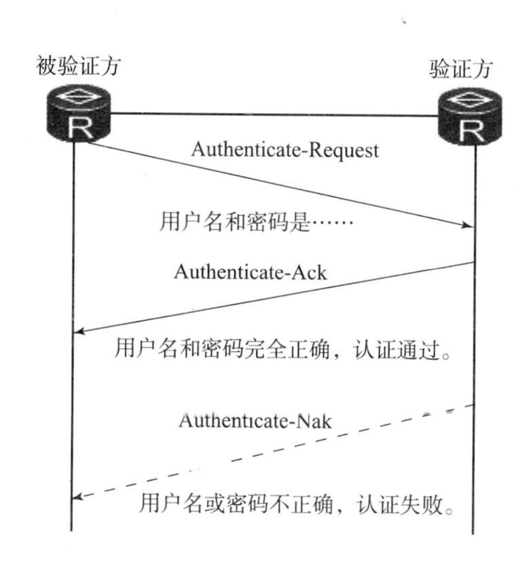

图6－59　PAP认证流程图

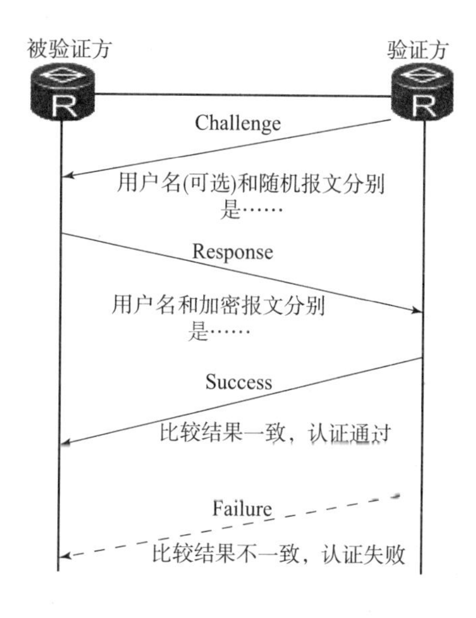

图6－60　CHAP认证流程图

CHAP 单向验证过程分为两种情况：验证方配置了用户名和验证方没有配置用户名。推荐使用验证方配置用户名的方式，这样可以对验证方的用户名进行确认。

①验证方配置了用户名的验证过程。

验证方主动发起验证请求，验证方向被验证方发送一些随机产生的报文（Challenge），并同时将本端的用户名附带上一起发送给被验证方。

被验证方接到验证方的验证请求后，先检查本端接口上是否配置了 ppp chap password 命令，如果配置了该命令，则被验证方用报文 ID、命令中配置的用户密码和 MD5 算法对该随机报文进行加密，将生成的密文和自己的用户名发回验证方（Response）；如果接口上未配置 ppp chap password 命令，则根据此报文中验证方的用户名在本端的用户表查找该用户对应的密码，用报文 ID、此用户的密钥（密码）和 MD5 算法对该随机报文进行加密，将生成的密文和被验证方自己的用户名发回验证方（Response）。

验证方用自己保存的被验证方密码和 MD5 算法对原随机报文加密，比较二者的密文，若比较结果一致，认证通过；若比较结果不一致，认证失败。

②验证方没有配置用户名的验证过程。

验证方主动发起验证请求，验证方向被验证方发送一些随机产生的报文（Challenge）。

被验证方接到验证方的验证请求后，利用报文 ID、ppp chap password 命令配置的 CHAP 密码和 MD5 算法对该随机报文进行加密，将生成的密文和自己的用户名发回验证方（Response）。

验证方用自己保存的被验证方密码和 MD5 算法对原随机报文加密，比较二者的密文，若比较结果一致，认证通过；若比较结果不一致，认证失败。

6.8.2 典型任务：PAP 认证的配置

1. 任务描述

（1）R 1、R 2 两台设备之间使用 PPP 协议，并且使用认证协议进行认证；

（2）R 1 作为 PAP 认证端，R 2 作为 PAP 被认证端；

（3）R 2 作为 CHAP 认证端，R 1 作为 CHAP 被认证端；

（4）认证的用户名为“huawei”，密码为“ppppassword”，如图 6 – 61 所示。

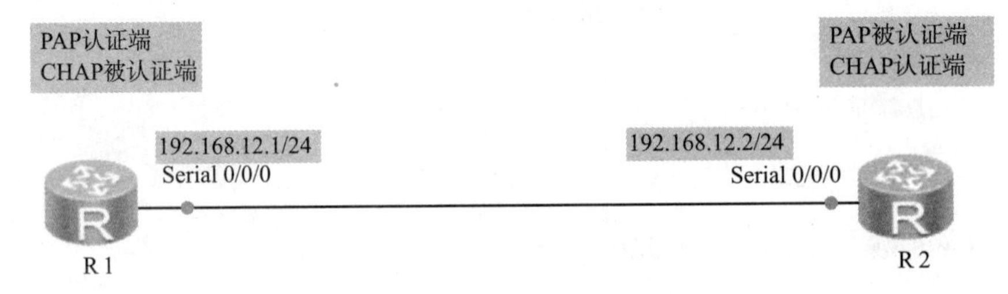

图 6 – 61　CHAP 认证基本配置

2. 任务分析

（1）R 1 作为 PAP 的认证端，需要在接口开启 PAP 的认证。

（2）在认证方的数据库中需要有正确的用以认证的信息。

（3）R 2 作为 CHAP 的认证端，需要在接口开启 CHAP 的认证。

（4）在认证方的数据库中需要有正确的用以认证的信息。

3. 配置流程

CHAP 认证基本配置流程如图 6－62 所示。

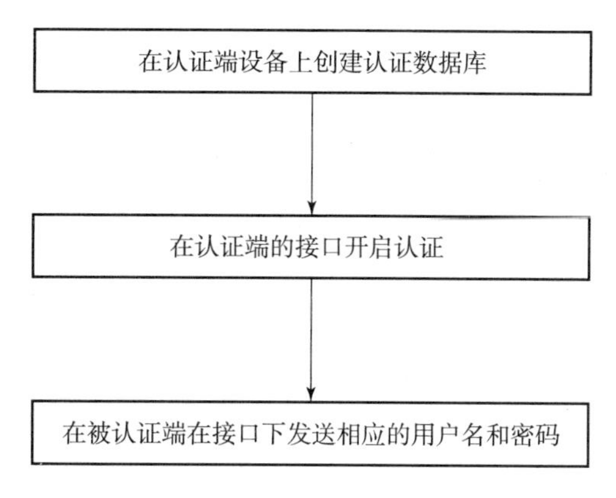

图 6－62　CHAP 认证基本配置流程

4. 关键配置

（1）PAP 部分。

①在 R 1 设备上创建认证数据库。

```
[R1]aaa
[R1-aaa]local-user huawei password cipher ppppassword
[R1-aaa]local-user chapuser service-type ppp
```

②在 R 1 的接口上开启 PAP 的认证。

```
[R1]interface s0/0/0
[R1-Serial0/0/0]ppp authentication-mode pap
```

③在 R 2 的接口发送 PAP 的所需的用户名和密码信息。

```
[R2]int s0/0/0
[R2-Serial0/0/0]ppp pap local-user huawei password cipher ppppass-
word
```

④查看接口，确保物理层和协议层信息均为 UP，LCP 和 IPCP 均标记为 OPENED，并且双方能够 ping 通对方。

```
[R2-Serial0/0/0]display interface s0/0/0
Serial0/0/0 current state:UP
Line protocol current state:UP
Last line protocol up time:2016-01-17  23:28:39 UTC-08:00
Description:
```

```
Route Rort,The Maximum Transmit Unit is 1500,Hold timer is 10(sec)
Internet Address is 192.168.12.2/24
Link laver protocol is PPP
LCP opened,IPCP opened
Last physical up time    :  2016-01-17  23:15:17  UTC-08:00
Last physical down time  :  2016-01-17  23:15:15  UTC-08:00
Current system time:2016-01-17  23:34:18-08:00 Interface is V35
  Last 300 seconds input rate 2 bytes/sec,0 packets/sec
  Last 300 seconds output rate 2 bytes/sec,0 packets/sec
   Input:2790 bytes,231 Packets
   Ouput:2704 bytes,232 Packets
   Input bandwidth utilization  :  0.02%
   Output bandwidth utilization :  0.02%
```

（2）CHAP部分。

①在R 2设备上创建认证数据库。

```
[R2]aaa
[R2-aaa]local-user huawei password cipher ppppassword
[R2-aaa]local-user chapuser service-type ppp
```

②在R 2的接口上开启CHAP的认证。

```
[R2]interface s0/0/0
[R2-Serial0/0/0]ppp authentication-mode chap
```

③在R 1的接口发送CHAP的所需的用户名和密码信息。

```
[R1]int s0/0/0
[R1-Serial0/0/0]ppp pap local-user huawei password cipher ppppass-
word
```

④查看接口，确保物理层和协议层信息均为UP，LCP和IPCP均标记为OPENED，并且双方能够ping通对方。

```
[R2 Serial0/0/0]display interface s0/0/0
Serial0/0/0 current state:UP
Line protocol current state:UP
Last line protocol up time:2016-01-17  23:28:39 UTC-08:00
Description:
Route port,The Maximum Transmit Unit is 1500,Hold timer is 10(sec)
Internet Address is 192.168.12.2/24
Link layer protocol is PPP
LCP opened,IPCP opened
```

```
Last physical up time     :  2016-01-17  23:15:17  UTC-08:00
Last physical down time   :  2016-01-17  23:15:15  UTC-08:00
Current system time:2016-01-17  23:34:18-08:00 Interface is V35
    Last 300 seconds input rate 2 bytes/sec,0 packets/sec
    Last 300 seconds output rate 2 bytes/sec,0 packets/sec
    Input:2790 bytes,231 Packets
    Output:2804 bytes,232 Packets
    Input bandwidth utilization   :  0.02%
    Output bandwidth utilization  :  0.02%
```

思考与练习

1. PPP 的 CHAP 认证和 PAP 认证有何不同?
2. 常见的 NCP 协议有哪些?

6.9 任务九：VRRP 协议的配置与应用

6.9.1 预备知识

6.9.1.1 产生背景

随着互联网的发展，人们对网络可靠性的要求越来越高。特别是对于终端用户来说，能够实时与网络其他部分保持联系是非常重要的。一般来说，主机通过设置默认网关来与外部网络联系，如图 6-63 所示：

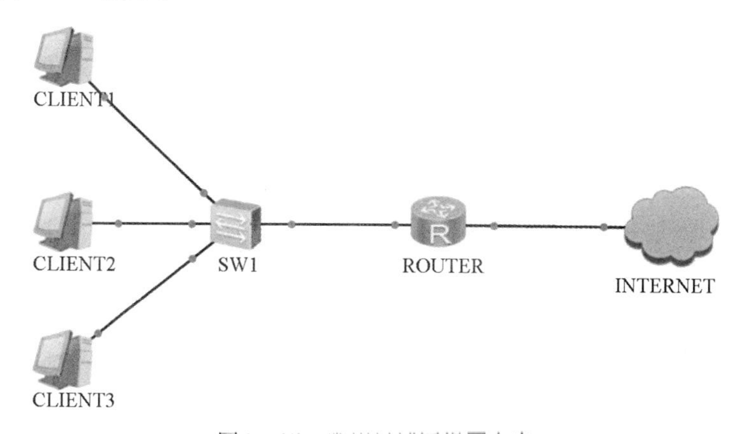

图 6-63 常用局域网组网方案

主机将发送给外部网络的报文发送给网关，由网关传递给外部网络，从而实现主机与外部网络的通信。正常的情况下，主机可以完全信赖网关的工作，但是当网关坏掉时，主机与外部的通信就会中断。网络中断的问题，可以依靠再添加网关的方式解决，不过由于大多数主机只允许配置一个默认网关，此时需要网络管理员进行手工干预网络配置，才能使主机使用新的网关进行通信；有时，人们运用动态路由协议的方法来解决网络出现故障这一问题，如运行 RIP、OSPF 等，或者使用 IRDP。然而，这些协议由于配置过于复杂，或者安全性能不好等原因都不能满足用户的需求。

为了更好地解决网络中断的问题，网络开发者提出了 VRRP，它既不需要改变组网情况，也不需要在主机上做任何配置，只需要在相关路由器上配置极少的几条命令，就能实现下一跳网关的备份，并且不会给主机带来任何负担。和其他方法比较起来，VRRP 更加能够满足用户的需求。

6.9.1.2 技术优点

VRRP 是一种容错协议，它保证当主机的下一跳路由器出现故障时，由另一台路由器来代替出现故障的路由器进行工作，从而保持网络通信的连续性和可靠性。

VRRP 具有如下优点：

（1）简化网络管理。在具有多播或广播能力的局域网（如以太网）中，借助 VRRP 能在某台设备出现故障时仍然提供高可靠的缺省链路，有效避免单一链路发生故障后网络中断的问题，而无须修改动态路由协议、路由发现协议等配置信息，也无须修改主机的默认网关配置。

（2）适应性强。VRRP 报文封装在 IP 报文中，支持各种上层协议。

（3）网络开销小。VRRP 只定义了一种报文——VRRP 通告报文，并且只有处于 Master 状态的路由器可以发送 VRRP 报文。

6.9.1.3　相关术语

（1）虚拟路由器：由一个 Master 路由器和多个 Backup 路由器组成。主机将虚拟路由器当作默认网关。

（2）VRID：虚拟路由器的标识。有相同 VRID 的一组路由器构成一个虚拟路由器。

（3）Master 路由器：虚拟路由器中承担报文转发任务的路由器。

（4）Backup 路由器：Master 路由器出现故障时，能够代替 Master 路由器工作的路由器。

（5）虚拟 IP 地址：虚拟路由器的 IP 地址。一个虚拟路由器可以拥有一个或多个 IP 地址。

（6）IP 地址拥有者：接口 IP 地址与虚拟 IP 地址相同的路由器被称为 IP 地址拥有者。

（7）虚拟 MAC 地址：一个虚拟路由器拥有一个虚拟 MAC 地址。虚拟 MAC 地址的格式为 00 - 00 - 5E - 00 - 01 - {VRID}：通常情况下，虚拟路由器回应 ARP 请求使用的是虚拟 MAC 地址，只有虚拟路由器做特殊配置时，才回应接口的真实 MAC 地址。

（8）优先级：VRRP 根据优先级来确定虚拟路由器中每台路由器的地位。

（9）非抢占方式：如果 Backup 路由器工作在非抢占方式下，则只要 Master 路由器没有出现故障，Backup 路由器即使随后被配置了更高的优先级也不会成为 Master 路由器。

（10）抢占方式：如果 Backup 路由器工作在抢占方式下，当它收到 VRRP 报文后，会将自己的优先级与通告报文中的优先级进行比较。如果自己的优先级比当前的 Master 路由器的优先级高，就会主动抢占成为 Master 路由器；否则，将保持 Backup 状态。

6.9.1.4　虚拟路由器简介

VRRP 将局域网内的一组路由器划分在一起，形成一个 VRRP 备份组，它在功能上相当

于一台虚拟路由器，使用虚拟路由器号进行标识。以下使用虚拟路由器代替 VRRP 备份组进行描述。

虚拟路由器有自己的虚拟 IP 地址和虚拟 MAC 地址，它的外在表现形式和实际的物理路由器完全一样。局域网内的主机将虚拟路由器的 IP 地址设置为默认网关，通过虚拟路由器与外部网络进行通信。

虚拟路由器是工作在实际的物理路由器之上的。它由多个实际的路由器组成，包括一个 Master 路由器和多个 Backup 路由器。Master 路由器正常工作时，局域网内的主机通过 Master 与外界通信。当 Master 路由器出现故障时，Backup 路由器中的一台设备将成为新的 Master 路由器，接替转发报文的工作，如图 6-64 所示。

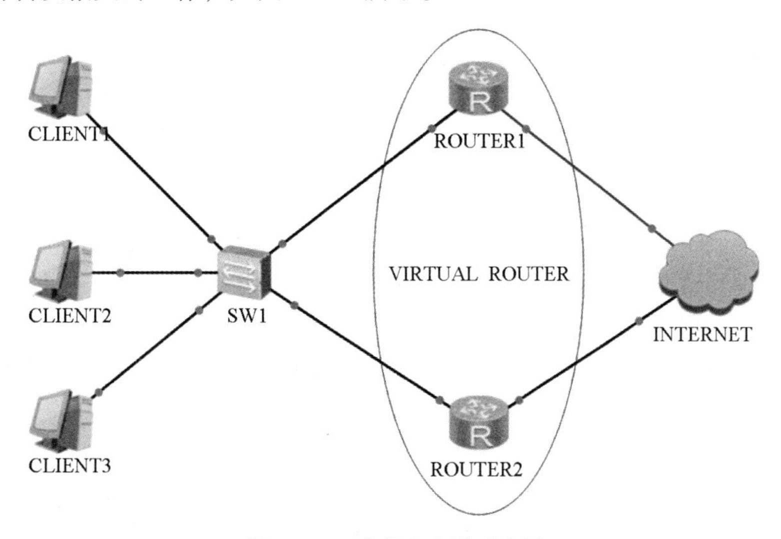

图 6-64 虚拟路由器示意图

6.9.1.5 VRRP 工作过程

VRRP 的工作过程为：

（1）虚拟路由器中的路由器根据优先级选举出 Master。Master 路由器通过发送免费 ARP 报文，将自己的虚拟 MAC 地址通知给与它连接的设备或者主机，从而承担报文转发任务。

（2）Master 路由器周期性发送 VRRP 报文，以公布其配置信息（优先级等）和工作状况。

（3）如果 Master 路由器出现故障，虚拟路由器中的 Backup 路由器将根据优先级重新选举新的 Master。

（4）虚拟路由器状态切换时，Master 路由器由一台设备切换为另外一台设备，新的 Master 路由器只是简单地发送一个携带虚拟路由器的 MAC 地址和虚拟 IP 地址信息的免费 ARP 报文，这样就可以更新与它连接的主机或设备中的 ARP 相关信息。网络中的主机感知不到 Master 路由器已经切换为另外一台设备。

（5）Backup 路由器的优先级高于 Master 路由器时，由 Backup 路由器的工作方式（抢占方式和非抢占方式）决定是否重新选举 Master。

由此可见，为了保证 Master 路由器和 Backup 路由器能够协调工作，VRRP 需要实现以下功能：

（1）Master 路由器的选举；

（2）Master 路由器状态的通告；

（3）为了提高安全性，VRRP 还应提供认证功能。

下面将从上述三个方面详细介绍 VRRP 的工作过程。

1. Master 路由器的选举

VRRP 根据优先级来确定虚拟路由器中每台路由器的角色（Master 路由器或 Backup 路由器）。优先级越高，则越有可能成为 Master 路由器。

初始创建的路由器工作在 Backup 状态，通过 VRRP 报文的交互获知虚拟路由器中其他成员的优先级：

（1）如果 VRRP 报文中 Master 路由器的优先级高于自己的优先级，则路由器保持在 Backup 状态；

（2）如果 VRRP 报文中 Master 路由器的优先级低于自己的优先级，采用抢占工作方式的路由器将抢占成为 Master 状态，周期性地发送 VRRP 报文，采用非抢占工作方式的路由器仍保持 Backup 状态；

（3）如果在一定时间内没有收到 VRRP 报文，则路由器切换为 Master 状态。

VRRP 优先级的取值范围为 0 ~ 255（数值越大表明优先级越高），可配置的范围是 1 ~ 254，优先级 0 为系统保留给路由器放弃 Master 位置时候使用，255 则是系统保留给 IP 地址拥有者使用。当路由器为 IP 地址拥有者时，其优先级始终为 255。因此，当虚拟路由器内存在 IP 地址拥有者时，只要其工作正常，则为 Master 路由器。

2. Master 路由器状态的通告

Master 路由器周期性地发送 VRRP 报文，在虚拟路由器中公布其配置信息（优先级等）和工作状况。Backup 路由器通过接收到 VRRP 报文的情况来判断 Master 路由器是否工作正常。

Master 路由器主动放弃 Master 地位（如 Master 路由器退出虚拟路由器）时，会发送优先级为 0 的 VRRP 报文，致使 Backup 路由器快速切换变成 Master 路由器。这个切换的时间称为 Skew time，计算方式为：（256 - Backup 路由器的优先级）/256，单位为秒。

当 Master 路由器发生网络故障而不能发送 VRRP 报文时，Backup 路由器并不能立即知道其工作状况。Backup 路由器等待一段时间之后，如果还没有接收到 VRRP 报文，那么会认为 Master 路由器无法正常工作，而把自己升级为 Master 路由器，周期性发送 VRRP 报文。如果此时多个 Backup 路由器竞争 Master 路由器的位置，将通过优先级来选举 Master 路由器。Backup 路由器默认等待的时间称为 Master_ Down_ Interval，取值为：（3 × VRRP 报文的发送时间间隔） + Skew time，单位为秒。

在性能不够稳定的网络中，Backup 路由器可能因为网络堵塞而在默认等待时间内没有收到 Master 路由器的报文，而主动抢占为 Master 位置，如果此时原 Master 路由器的报文又到达了，就会出现虚拟路由器的成员频繁地进行 Master 抢占现象。为了缓解这种现象的发生，特制定了延迟等待定时器。它可以使得 Backup 路由器在等待了默认等待时间后，再等待延迟等待时间。如在此期间仍然没有收到 VRRP 报文，则此 Backup 路由器才会切换为 Master 路由器，对外发送 VRRP 报文。

3. 认证方式

VRRP 提供了三种认证方式：

（1）无认证：不进行任何 VRRP 报文的合法性认证，不提供安全性保障。

（2）简单字符认证：在一个有可能受到安全威胁的网络中，可以将认证方式设置为简单字符认证。发送 VRRP 报文的路由器将认证字填入到 VRRP 报文中，而收到 VRRP 报文的路由器会将收到的 VRRP 报文中的认证字和本地配置的认证字进行比较。如果认证字相同，则认为接收到的报文是合法的 VRRP 报文；否则认为接收到的报文是一个非法报文。

（3）MD5 认证：在一个非常不安全的网络中，可以将认证方式设置为 MD5 认证。发送 VRRP 报文的路由器利用认证字和 MD5 算法对 VRRP 报文进行加密，加密后的报文保存在认证头（Authentication Header）中。收到 VRRP 报文的路由器会利用认证字解密报文，检查该报文的合法性。

6.9.2　典型任务：VRRP 的配置及应用

6.9.2.1　任务描述

（1）AR 1 和 AR 2 为网络内的网关设备，使用 VRRP 协议实现网关冗余，AR 1 为主网关设备，AR 2 为备份网关设备；

（2）当 AR 1 GE 0/0/0 接口失效时，AR 2 替代 AR 1 为网络中的 PC 转发流量；

（3）当 AR 1 GE 0/0/0 恢复时，抢占网关角色；

（4）使用 VRRP 的 MD5 认证，认证密码为 huawei，如图 6－65 所示。

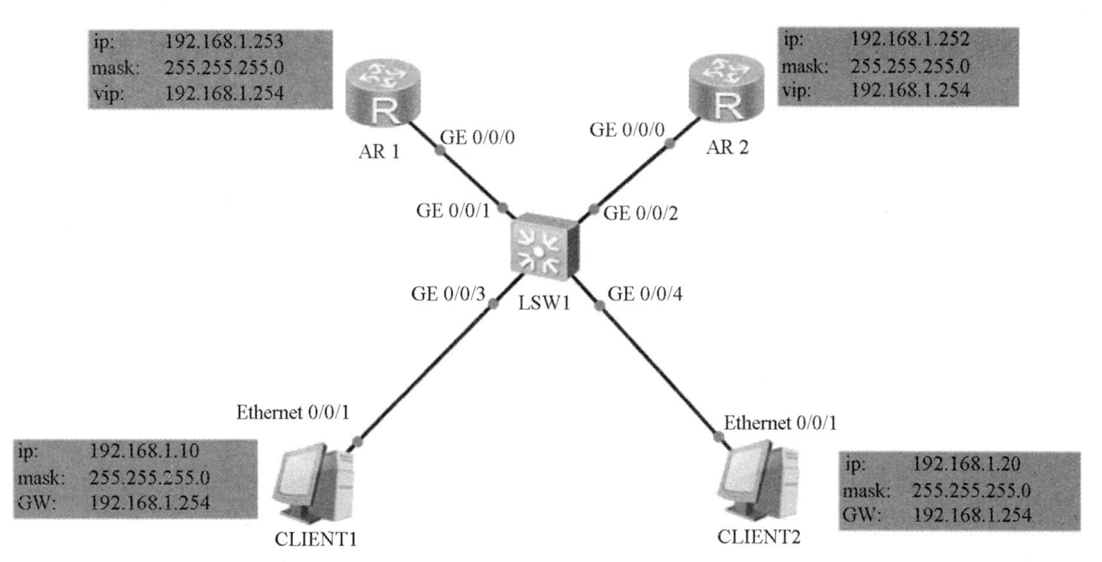

图 6－65　组网拓扑图

6.9.2.2　任务分析

（1）AR 1 需要成为网络内的主网关，需要将 AR 1 的优先级调整为较大值（默认值为 100）。

（2）AR 1 故障恢复后可以抢占网关角色，需要开启 VRRP 的抢占（默认开启）。

6.9.2.3　配置流程

VRRP 的配置流程如图 6－66 所示。

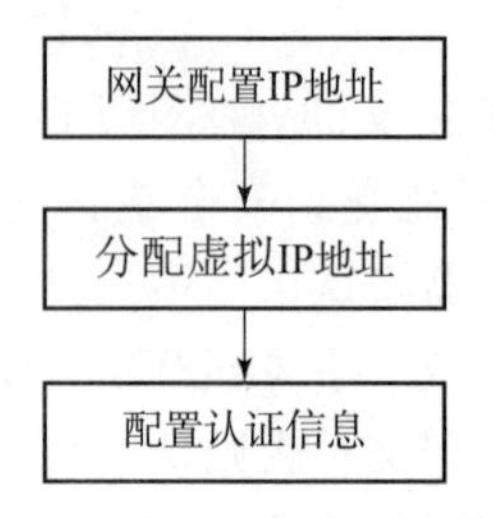

图 6-66 VRRP 配置流程

6.9.2.4 关键配置

(1) 分别为 AR 1，AR 2 配置 IP 地址。

```
[R1]interfaceGigabitEthernet 0/0/0
[R1-GigabitEthernet0/0/0]ip address 192.168.1.253 255.255.255.0
[R2]interfaceGigabitEthernet 0/0/0
[R2-GigabitEthernet0/0/0]ip address 192.168.1.252 255.255.255.0
```

(2) 为 AR 1，AR 2 分配虚拟 IP 地址，并指定相关的优先级，优先级数值越大越优先。

```
[R1-GigabitEthernet0/0/0]vrrp vrid 1 virtual-ip 192.168.1.254
[R1-GigabitEthernet0/0/0]vrrp vrid 1 priority 200
[R2-GigabitEthernet0/0/0]vrrp vrid 1 virtual-ip 192.168.1.254
[R2-GigabitEthernet0/0/0]vrrp vrid 1 priority 150
```

(3) 为防止恶意攻击为 AR 1，AR 2 配置 VRRP 的 MD5 认证。

```
[R1-GigabitEthernet0/0/0]vrrp vrid 1 authentication-mode md5 huawei
[R2-GigabitEthernet0/0/0]vrrp vrid 1 authentication-mode md5 huawei
```

(4) 检查 AR 1 和 AR 2 的 VRRP 主备状态。

(1) AR 1 为网络内的 Master 设备

```
[R1]display vrrp brief
Total:1     Master:1     Backup:0     Non-active:0
VRID  State        Interface        Type        Virtual IP
----------------------------------------------------------------
1     Master       GE0/0/0          Normal      192.168.1.254
```

(2) AR 2 为网络内的 Backup 设备。

```
[R2-GigabitEthernet0/0/0]display vrrp brief
Total:1     Master:0     Backup:1     Non-active:0
VRID  State        Interface        Type        Virtual IP
----------------------------------------------------------------
1     Backup       GE0/0/0          Normal      192.168.1.254
```

(3) 并保证用 client PC 测试可以 ping 通虚拟地址。

6.9.3 任务扩展

在 VRRP 中只有 Master 设备可以为用户转发流量，这样的设计会造成 Backup 端流量的闲置。

在网络中为了能够充分利用带宽资源，可以同时在 VRRP 设备上配置多个 VRRP 虚拟组，来实现 VRRP 的负载分担。

6.9.3.1 任务描述

（1）AR 1，AR 2 均作为网络内的网关设备，通过 VRRP 协议实现冗余。

（2）配置 2 个 VRRP 虚拟组，确保 AR 1 设备在 group 1 中为 Master，在 group 2 中为 Backup，AR2 设备在 group 2 中为 Master，在 group 1 中为 Backup。

（2）当任意一台设备失效时，由另一台设备接管两个虚拟 IP 的流量。

（4）网络内奇数 IP 地址的 PC 以 group 1 的虚拟 IP 地址为网关。

（5）网络内偶数 IP 地址的 PC 以 group 2 的虚拟 IP 地址为网关。

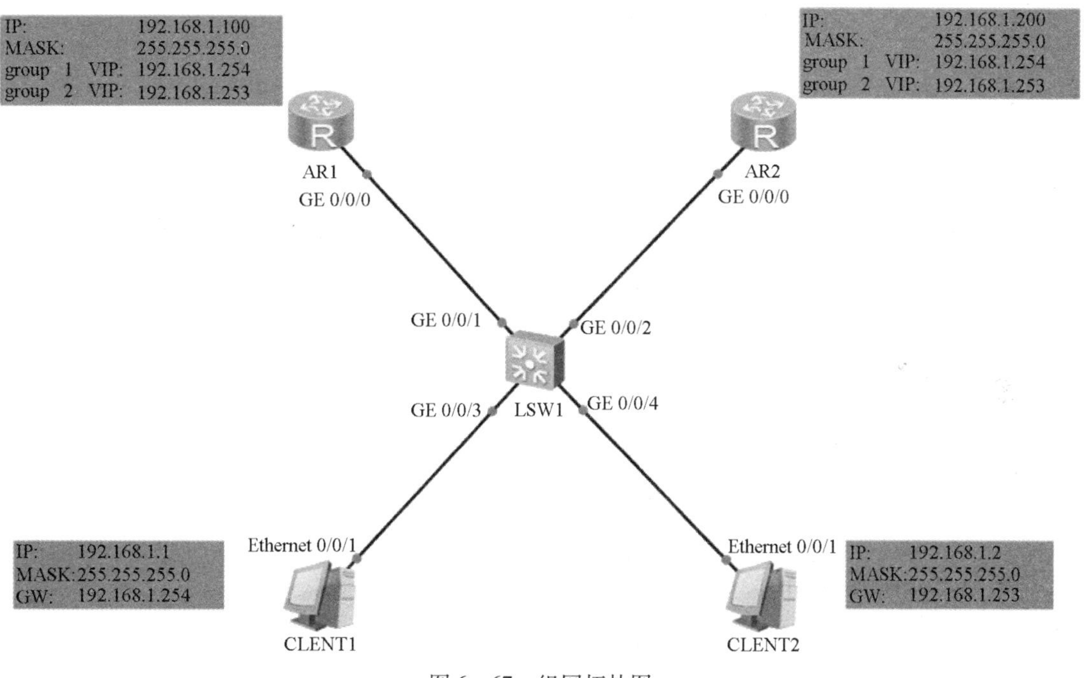

图 6－67 组网拓扑图

6.9.3.2 任务分析

（1）AR 1 在 group 1 中应该具备更高的优先级，成为 Master，在 group 2 中成为 Backup。

（2）AR 2 在 group 2 中应该具备更高的优先级，成为 Master，在 group 1 中成为 BACKUP

（3）当其中一台设备出现故障时，另一台设备会成为 2 个 group 的 Master 设备，为 2 个 group 转发流量。

6.9.3.3 配置流程

在 VRRP 设备上配置多个 VRRP 虚拟组的流程如图 6－68 所示。

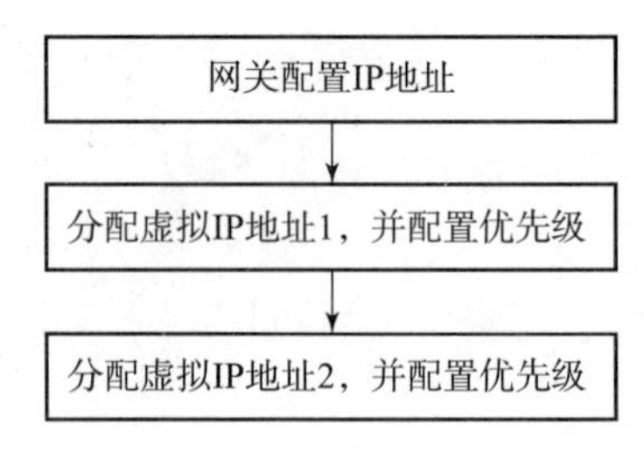

图 6－68　在 VRRP 设备上配置多个 VRRP 虚拟组流程

6.9.3.4　关键配置

（1）分别为 AR 1，AR 2 配置 IP 地址。

```
[R1]interfaceGigabitEthernet 0/0/0
[R1-GigabitEthernet0/0/0]ip address 192.168.1.100 255.255.255.0
[R2]interfaceGigabitEthernet 0/0/0
[R2-GigabitEthernet0/0/0]ip address 192.168.1.200 255.255.255.0
```

（2）为 AR 1，AR 2 分配两个虚拟 IP 地址，并指定相关的优先级，优先级数值越大越优先。两个 VPPR 的虚拟 IP 在不同的 VRID group 中。

```
[R1-GigabitEthernet0/0/0]vrrp vrid 1 virtual-ip 192.168.1.254
[R1-GigabitEthernet0/0/0]vrrp vrid 1 priority 200              //AR1 在
group 1 中为 Master
[R1-GigabitEthernet0/0/0]vrrp vrid 2 virtual-ip 192.168.1.253
[R1-GigabitEthernet0/0/0]vrrp vrid 2 priority 150
[R2-GigabitEthernet0/0/0]vrrp vrid 2 virtual-ip 192.168.1.253
[R2-GigabitEthernet0/0/0]vrrp vrid 2 priority 200              //AR2 在
group 2 中为 Master
[R2-GigabitEthernet0/0/0]vrrp vrid 1 virtual-ip 192.168.1.254
[R2-GigabitEthernet0/0/0]vrrp vrid 1 priority 150
```

（3）检查 AR 1 和 AR 2 的 VRRP 主备状态。

①AR 1 为 group 1 内的 Master 设备，group 2 中的 Backup 设备。

```
[R1]display vrrp brief
Total:2     Master:1     Backup:1     Non-active:0
VRID  State       Interface         Type        Virtual IP
--------------------------------------------------------------------
1     Master      GE0/0/0           Normal      192.168.1.254
1     Backup      GE0/0/0           Normal      192.168.1.253
```

②AR 2 为 group 2 内的 Master 设备，group 1 中的 Backup 设备。

```
[R2-GigabitEthernet0/0/0]disp vrrp brief
Total:2     Master:1     Backup:1     Non-active:0
VRID  State       Interface         Type        Virtual IP
----------------------------------------------------------------
1     Backup      GE0/0/0           Normal      192.168.1.254
1     Master      GE0/0/0           Normal      192.168.1.253
```

思考与练习

1. VRRP 的虚拟 IP 地址可以和物理 IP 地址一样吗？
2. VRRP 的上行链路出现故障时，如何进行主备切换？

案 例 篇

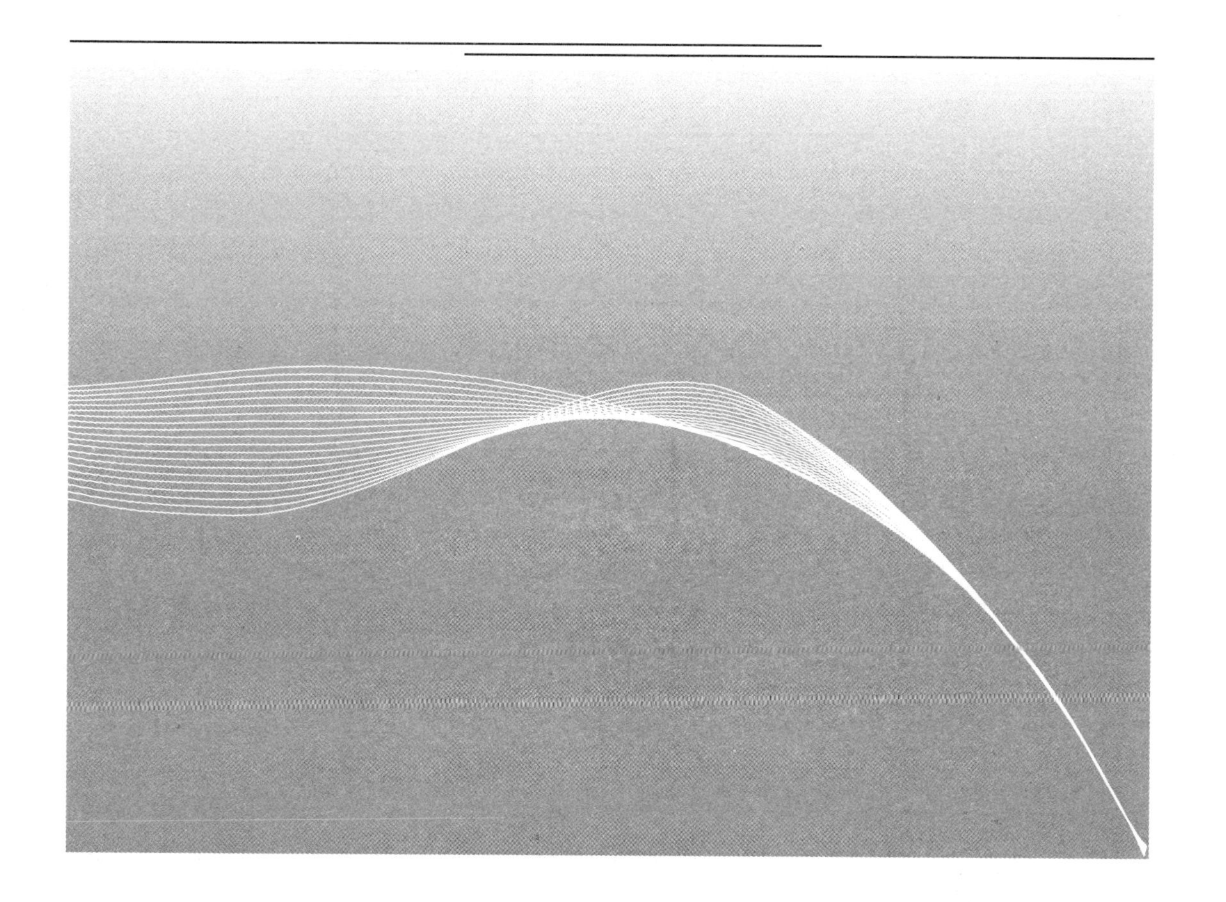

第7章 项目方案设计

7.1 项目概述

某物流公司按照发展需求，需要新建一个呼叫中心，该呼叫中心位于原有数据中心和公司总部所在地之外的第三个地点，从公司总部发来的数据能够实时的发送到呼叫中心的座席，且数据中心的仓储物流信息也需要实时同步过来以便座席能够及时地向客户反馈信息。另外，除座席呼叫业务外，呼叫中心还需要有正常的办公业务数据。

7.2 用户需求分析

在本项目中，呼叫中心位于公司总部与数据中心之外的第三个地点，从数据流向要求而言，呼叫中心的数据应从公司总部统一出口，但数据中心存储了大量的仓储物流信息，故新建呼叫中心应与数据中心有大量的数据交互。

数据中心一般有较为严谨的网络规划，是独立的网络内容，除正常数据交互外，不得有额外路由出入数据中心，因此在网络规划中须考虑路由的规划信息。

根据用户现网结构及需求分析，在新建的呼叫中心时应建立独立的网络架构，并与公司总部的统一出口、数据中心的业务数据做好严格的规划，在路由信息、数据交互方面做到设计合理、规划严谨、地址规划方面不得出现地址段的相互冲突等。

为保证用户业务的可用性和稳定性，所有网络建设应具有冗余链路及冗余路由做备份处理。新建数据中心的核心层以及从核心层到各接入设备之间链路均应具有冗余链路以满足高可用性的要求，并满足呼叫中心这一重要职能单位的业务稳定性。

7.2.1 网络现状及概况

在分析现状章节中，应着重从技术手段分析可用信息，以及从需求层面分析用户所面临的问题，从而很好地解决新项目中出现的冲突点。

本项目中，公司总部必然存在一个比较完善的网络架构，如有统一的出口路由、详细的内部网络架构等。而数据中心也因为特殊的地位而架构了独立的网络平台，因此新的呼叫中心如何接入两个现已存在的网络平台就是首先面临的问题。

本项目中公司总部的地址段使用了10.10.0.0~10.10.50.0共计50个C地址段（含预留）。数据中心使用了192.168.128.0~192.168.255.0共计128个C地址段（含预留）。其余192.168.0.0~192.168.127.0为常见使用地址（IE管理设备的默认地址常为这个地址段），为避免地址发生冲突，公司决定不得使用这个常见地址段，为此决定使用172.16.0.0~

172.16.31.0 共计 32 个 C 地址作为呼叫中心的主要 IP 地址使用范围。由于公司总部网络结构和数据中心的网络均比较完善，而新建数据中心又与两个网络都有互联互通的需求，因此如何做好网络路由规划便是该项目的重点内容。

在本次项目中，由于不涉及原有公司总部网络和数据中心网络的结构改动，因此现有两个网络不必详细分析，只需在新建的网络接口处做少许改动即可。

为满足三个网络相互之间的独立性，同时又要满足必要数据的互通性，各网络之间需要利用路由协议来控制数据的走向。

7.2.2 网络问题及需求

主干和信息点分布及需求（分析各节点的实际需求，从需求入手分析网络架构及规模）如表 7－1 所示。

表 7－1 主干和信息点分布及需求

位置	信息点	功用
二层办公区	20	与总公司的信息交互及日常办公
二层客服一区	50	呼叫中心座席
二层客服二区	50	呼叫中心座席
三层客服一区	50	呼叫中心座席
三层客服二区	50	呼叫中心座席
四层练习室	50	呼叫中心座席训练

7.2.3 网络安全防范需求

新建的呼叫中心网络是单独的网络，是与终端用户沟通的最主要通道，因此呼叫中心的网络安全是异常重要的。如网络信息发生泄露或不稳定，则会导致用户信息泄露、与用户沟通中断等情况，严重影响公司的形象，严重时会导致公司业务下降。因此该网络的安全稳定的必要性不言而喻。

7.3 建设目标及设计原则

7.3.1 总体目标

网络建设的目标是项目的实际需求，因此，在网络项目中，主要利用技术手段，辅以其他方式，完成客户的需求。本次项目中，总体目标是实现呼叫中心各座席的功用，同时满足业务办公区的正常业务使用。

7.3.2　系统设计原则

网络系统的主体并非设备、线缆、辅材等实物，而是以这些硬件产品为载体，为目标用户群提供的一个平台，利用网络系统搭建起来的平台完成更高层的需要。在一般企业的网络建设中，需要注意以下几点要求：

（1）实用性：所有的网络建设都应遵循实用性的原则，不实用的网络建设出来也没有用处，是一种资源的浪费。

（2）先进性：网络技术是一项不断发展的技术，网络技术的更新是日新月异的，如果使用已经过时的技术和产品实施项目，则必然出现项目无法满足当前需求的状况，因此网络项目中，一定要使用先进成熟的概念、技术、方法、设备，反映当今先进水平。

（3）可扩展性：网络技术的发展是日新月异的，客户的需求也是在不断变化中，一个好的网络平台应当具有可扩展性，封闭的环境是无法满足技术的发展趋势的，也无法满足客户的进一步需求。

（4）可靠性：系统的运行必须稳定可靠，网络系统的可靠是系统稳定运行的重要保障，尤其是呼叫中心这类实时服务的项目平台，因此在关键的设备和网络位置，以及网络的架构方面，均应从技术和数量上有一定的冗余，制定可靠的网络备份策略。一旦系统的某些硬件或部分产生故障，利用网络系统的自愈能力，系统应能快速地恢复工作，最大限度地支持各系统的正常运行，且力争将损失降低到最低。

（5）开放性：在网络系统中，所选择的产品应具有良好的可移植性和互操作性，并且应当符合相关的工业标准和行业要求，从而对可扩展性提供良好的支持，对可靠性提供较好的基础。

（6）可维护性：一个良好的网络平台，应方便在问题发生时的及时排查，及早排除隐藏的缺陷，因此平台应具有良好的网络管理、网络监控、故障分析和故障处理能力，使系统具有较高的可维护性。

（7）安全性：网络是互通的，也是开放的，但是随之而来的安全隐患也随之增加，因此一个网络平台必须具有高度的保密机制、灵活方便的权限设定和控制机制，使系统具有多种手段来防备各种形式的非法入侵和机密泄露。

一个系统建设，应从实用的角度出发，在满足用户需求的基础上，在投资保护和长远性方面做综合考虑并做适当调整。一般一个网络的建设，应在技术上和系统能力上保持5年左右的先进性，从用户的角度出发，应当给用户一个宽松的环境，满足用户逐步增长的需求。从技术角度讲，应当采用标准的、开放的、可扩充的、可与其他厂商或品牌产品兼容配套使用的设计。

7.4　网络系统总体设计说明

7.4.1　整体网络系统设计

本次新建呼叫中心之后，呼叫中心内部的网络结构以及与公司总部、数据中心之间的互联网络拓扑如图7－1所示。

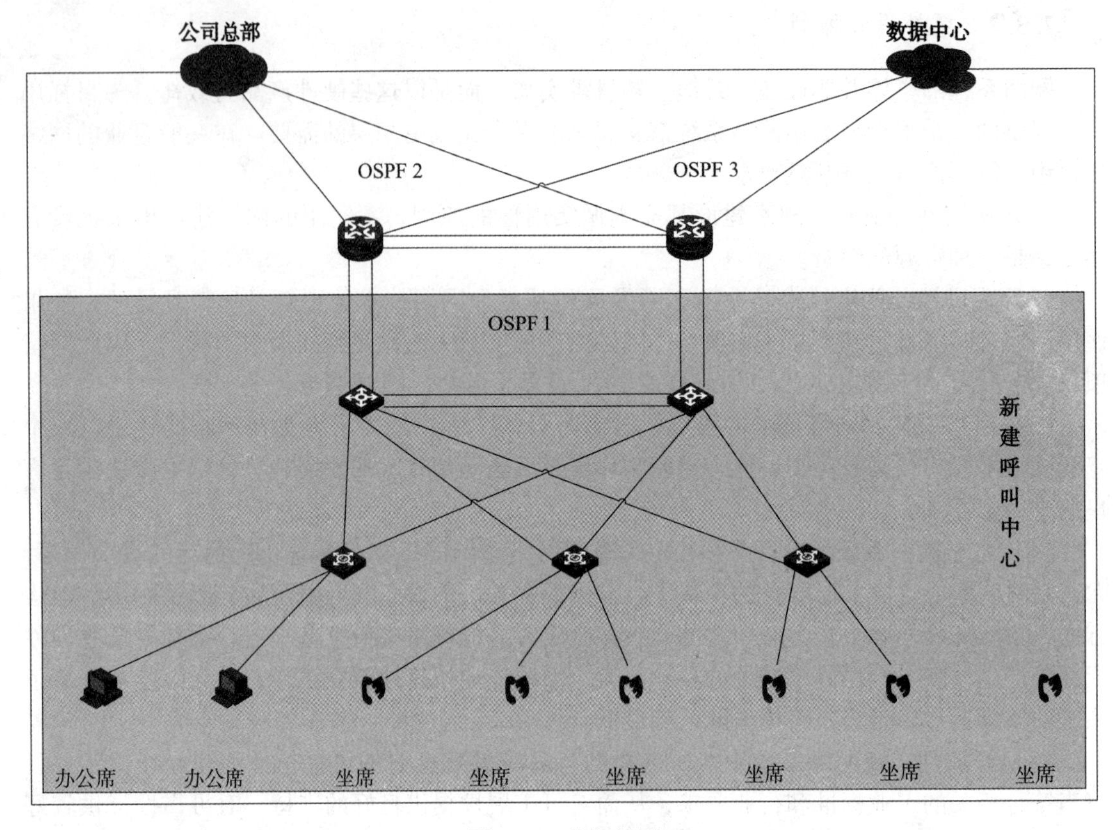

图 7－1　络拓扑图

根据呼叫中心的规模，并考虑网络管理方面的需求，呼叫中心方面采用核心—接入两层结构。核心采用双核心架构，互为备份。充分发挥设备的性能，要求两台核心交换承载不同的用户数据负载。各接入设备到核心设备之间的链路要保证稳定可靠。

为满足三个网络相互之间的独立性，各网络之间运行独立的 OSPF 协议，以达到路由的互通性，同时利用不同的 OSPF 进程，来控制各个设备上路由表项的关系，从而实现各网络之间的互通性和相对隔离性。

按照原有网络之间的关系，以及本次新建的网络平台的功用分析，新的呼叫中心与原有两个网络之间均运行 OSPF 协议来进行路由的沟通工作。从 IP 地址段的角度看，三个网络之间没有任何的地址冲突，且应用层面会要求调取某个网络中的某些固定 IP 地址的数据，所以在各网络的节点处，没有涉及地址冲突的问题，也没有提出地址变换的要求。

在三个网络中间，单独搭建两台路由器，用于三个网络的路由沟通。两台路由器与公司总部网络之间运行 OSPF 协议，使用单独的 OSPF 进程 2，避免不同进程之间路由计算产生混乱；两台路由器与数据中心之间运行 OSPF 协议，使用单独的进程 3；与新建的呼叫中心的两台核心交换机之间同样运行 OSPF 协议，使用进程 1。使用不同的进程处理相同的协议，减少组网上的难度，提升设备的利用率，降低组网复杂度。

7.4.2 呼叫中心内网设计

新建呼叫中心的内网网络建议使用二层扁平化设计。核心网络位置使用两台同型号的交换机。两台交换机之间使用多个端口做端口聚合，实现带宽的增加以及数据交互的速度和能力的提高。接入交换机与核心交换机对接时，采用冗余路由协议（VRRP），即接入交换机与两台核心之间均有链路相连。当某一条链路故障断开时，另外一条链路可继续使用，并满足当前业务的需求。

由于在网络的使用终端中，除PC业务外，还有办公业务等其他业务，且为了避免二层广播风暴的产生，同一业务不同物理位置的坐席利用VLAN进行隔离，因此两台核心交换机应承载较多的虚拟网关业务。为配合两台核心交换机的利用率和设备开销，充分利用设备的价值，不同业务网段应使用不同的核心交换机作为优先使用的数据连接网关，因此在组网中应充分使用STP协议，并配合使用VRRP协议，同时避免环路和二层广播风暴的形成。

7.4.3 服务器系统设计

在网络系统建设中，一般会设计单独的服务工作区，利用防火墙做安全处理。在网络系统中，服务器系统的设计需要与对应的业务关系进行详细沟通协调，并给出对应的结果。在本项目中，针对呼叫中心的特点，根据不同功能模块的需要，单独提供内网统一通信服务器、数据库服务器、呼损统计服务器、办公系统服务器、认证服务器、Web服务器等各种服务器，为实时监测、应用提供平台。

7.4.4 网络安全设计

网络安全是网络设计中的一个重点问题，在本次方案设计中，网络安全应使用软件、硬件等多角度配合方案。

硬件角度，在网络的出口应部署对应的防火墙设备，进行安全防范。

软件角度，在必要的设备上采取访问控制列表（ACL）等方式，限制并规范数据的流向。同时，利用网管软件、业务运维软件等进行相关业务和数据的严格控制。

在网络安全设计上，需要将物理安全、网络安全、数据安全、系统安全与严格配套的安全管理制度相结合，作为系统工程来考虑，针对不同的业务需求，参考对应的保护级别，选用相应的产品和技术、制度，从总体上保证系统的安全。

增加防火墙之后的网络拓扑如图7-2所示。

7.4.5 网络管理设计

网络管理是网络设计中的不可或缺的一部分，更是产品交付后，运维的一个重要手段。网络管理水平的高低往往影响着网络运营的水平。常用的网络管理手段之一是网管服务器的搭建和网管平台的使用。一般在同一个新建网络中，使用同一品牌的产品是比较常见的，因此网管平台的搭建往往按品牌的选定进行选择。同一品牌的网管软件，由于厂商在私有MIB的处理上较为灵活，因此网管软件的使用效果比较好，但是硬件厂商的网管软件往往出现对其他厂商产品的支持不充分的现象，因此，大型的网络更多的使用通用网管软件平台，而较少使用硬件厂商配套的网管软件平台进行网络的管理和维护。

开放的网管软件也是选择之一，但是开放的网管软件平台往往需要进行二次开发，且需要自行获取各厂商的 MIB 数据，添加到网管平台中，并且如果 MIB 获取错误或更新不及时，则难以体现网管软件的优势和效果。

网管平台往往直连到网络的核心位置，与业务系统和服务器系统一般都区分开来。

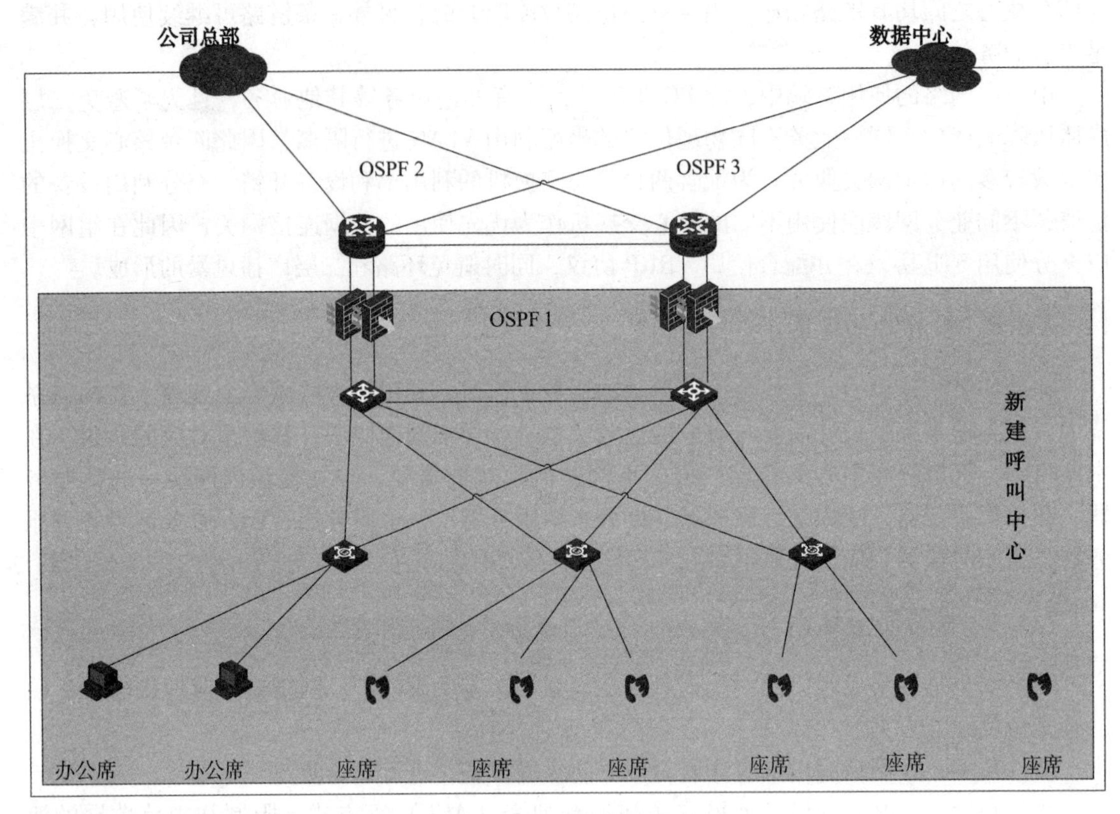

图 7－2　网络拓扑图

7.5　网络系统详细设计

7.5.1　总体网络逻辑拓扑结构

本次网络平台设计的总体网络拓扑如图 7－3 所示。网络平台的设计采用核心—接入的两层扁平化设计。扁平化设计是指针对核心—汇聚—接入的三层模式而言的一种结构相对简单的设计思路。网络结构的扁平化具有结构简单、施工简洁、维护轻松等多种特点。扁平化的网络中，数据交换减少了一个汇聚的中间环节，从链路上减少一个隐蔽的故障点。扩容时，接入设备直接接入核心网络，节省维护的工作量，增强业务的安全性和稳定性。当然，接入设备过多的大规模网络是不建议使用扁平化网络的。

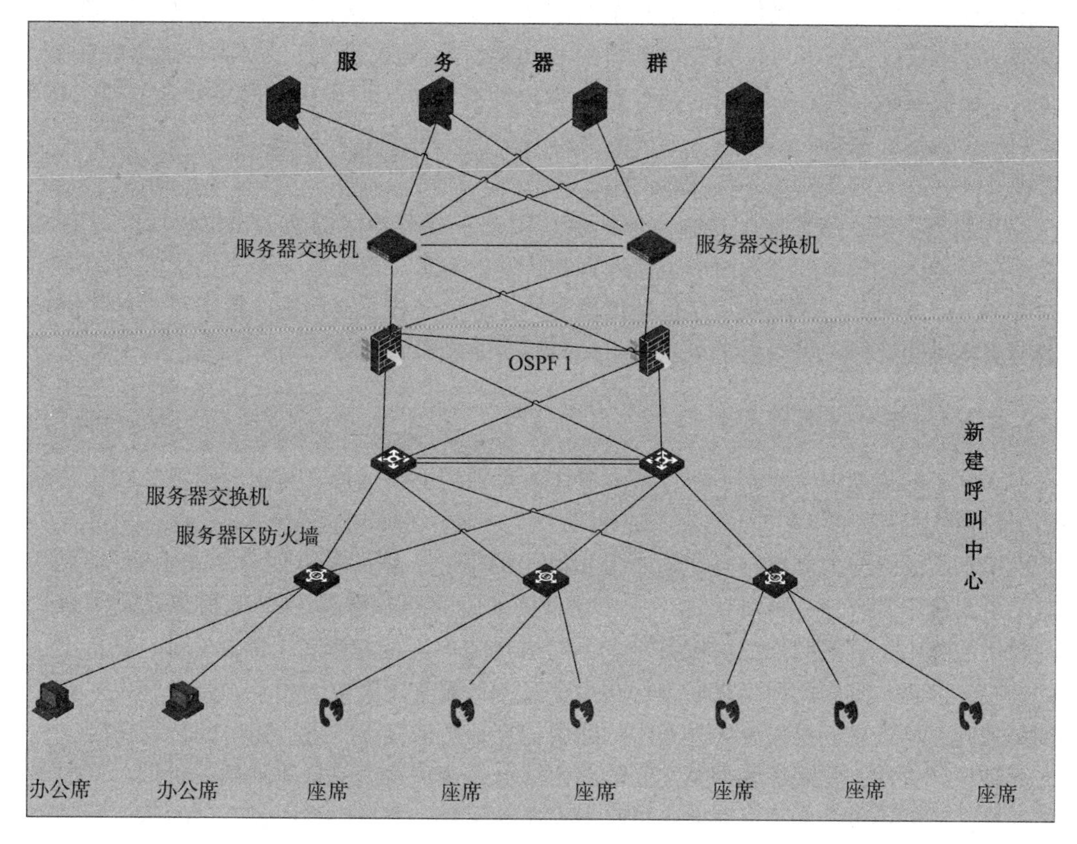

图7-3　网络拓扑图

7.5.2　网络分层设计

（1）核心层：呼叫中心的内网核心层采用交换机进行组网。核心位置配置两台同等配置的高性能三层交换机。交换机之间通过多条千兆光链路进行连接，同时采用冗余技术实现设备和业务的冗余和负载分担，以完成各类型业务之间的高速转发以及各汇聚节点之间的业务汇聚。

网络的核心层从名字上就可以看出，位于网络的核心位置。核心层有一个目的，就是数据包的交换，需要转发非常庞大的流量，满足汇聚节点或接入层与核心之间高速通信的需要。核心层交换机需要的转发速率在很大程度上取决于网络中的设备数量，可以通过执行和查看各种流量报告和用户群分析确定所需要的转发速率。

为了满足并支持整体网络流量的需求，满足网络流量管理的需要，核心交换机应支持网络流量管理、统计、流量整形等多种功能，为未来做好网络管理和网络优化打好基础。另外，根据网络技术的发展速度和推进程度，IPv6 技术已经逐步走出实验室，开始在小规模的实验网络中运用，未来 IPv6 的应用已经不可避免，因此核心网络交换机必须支持 IPv6 协议，以及 OSPFv3 等针对 IPv6 的网络协议。

（2）接入层：呼叫中心的接入层采用双千兆光口与核心交换机进行互联，构成具有冗余链路的全连接型双归属网络。

接入层处于网络的边缘位置，主要作用是将周边设备接入到网络中去，是网络核心与终端设备的分界线。基于接入层交换机的目的和功能，接入层交换机只要满足接入性能即可，因此接入层交换机需要具有较高的端口密度和较低的成本。但是随着网络安全的要求出现，较多的安全技术在网络的接入设备上提出了新的要求，因此在接入层交换机的选型上应当适当考虑安全因素，如支持 802.1x 等需求。

（3）服务器区：服务器区是独立的区域，因此在服务器区的交换机上，应当具有高速的数据交互能力、满足高速的内部数据计算和转发的需求。由于服务器提供了大量的应用和数据业务，因此服务器区的稳定性也是很重要的，不亚于核心交换机的稳定可靠性。因此服务器区交换机的选择应当以稳定可靠为主，同时要兼顾设备性能。

7.5.3 路由协议规划设计

本次网络的规划中，建立了两台路由器作为单独的汇接设备，与三个网络之间进行路由的沟通协调。

由于不同的网络内部很有可能随时发生路由的变化，因此要方便后期路由的及时更新，静态路由明显不符合这种网络结构。考虑现有技术中的动态路由，OSPF 协议是较为合适的一种常用的路由协议。此处汇接设备与三个网络之间均运行 OSPF 协议，在同一设备上运行不同的协议进程与不同的网络之间进行路由交互，从而实现路由的相互通告和转发。各网络分别单独向汇接设备发送需要向外通告的路由信息，由汇接设备进行路由的转发功能。

此种设计方法，实现了各网络之间的路由区分，避免路由信息无限制的扩散。同时各网络可通过汇接路由设备实现必要路由信息的发布和学习，完成网络中各节点的通信。

7.5.4 IP 地址、VLAN 规划及域名分配

1. IP 地址规划

IP 地址的规划是网络规划中的重点内容，地址的规划需要合理、准确。IP 地址的规划应遵循以下原则：IP 地址的规划与划分应考虑到业务发展的需求，预留相应的 IP 地址段；IP 地址分配需要有足够的灵活性，能满足各种网络用户的使用需求；IP 地址分配由业务驱动，按照具体业务需求分配适合适的地址资源；IP 地址的分配应便于路由器使用 CIDR 技术，以减小路由表大小，加快查找速度；充分合理利用已申请的地址空间，提高地址利用率。

2. VLAN 的规划

工作在网络第二层的 VLAN 技术能将一组用户归纳到一个广播域当中，从而限制广播流量，提高带宽利用率。同时，缺省情况下不同 VLAN 之间的用户是不能相互访问的，如需通信要通过三层设备转发，这就便于实施访问控制，提高数据的安全性。在网络用户 VLAN 规划方面，一般可根据用户所属的部门，以及具体的网络应用权限来划分。在具体 VLAN 规划中，应合理规划同一 VLAN 内网络用户数量。

具体 VLAN 分配原则制定后，根据 VLAN 内用户分布情况，在交换机上安排相应的网络端口，在不同交换机之间，如果需要交换同一 VLAN 的数据和信息，则在交换机互联的端口上设置其工作在 Trunk 模式下，使其能转发带有 802.1q 标签的不同 VLAN 的数据包。

VLAN 技术的有效实施，将为用户在网络应用和管理方面带来很多的便利。VLAN 分为两种：全局 VLAN 和局部 VLAN。

全局 VLAN：VLAN ID 为 1 ~ 100，允许用户位于网络在的任一位置，例如同一 VLAN 的用户可以位于办公楼、生产楼和宿舍楼等。

局部 VLAN：VLAN ID 为 101 ~ 500，同一 VLAN 的用户必须在同一汇聚层交换机，也就是说 VLAN 是终结在汇聚层交换机进行。不同的汇聚层交换机可以使用相同的 VLAN ID。

本项目中，按照实际用户的需求，参考以上基本原则，IP 地址的规划如表 7 - 2 所示。

表 7 - 2　IP 地址规划表

应用	地址/掩码	VLAN ID	备注
互联地址	172.16.0.0/24	2	按需拆分子网，用于汇接路由器的互联
互联地址	172.16.1.0/24	9	按需拆分子网，用于呼叫中心内网设备互联管理
业务地址	172.16.2.0/24	11	用于二层办公区业务
业务地址	172.16.3.0/24	12	用于二层客服一区业务
业务地址	172.16.4.0/24	13	用于二层客服二区业务
业务地址	172.16.5.0/24	14	用于三层客服一区业务
业务地址	172.16.6.0/24	15	用于三层客服二区业务
业务地址	172.16.7.0/24	16	用于四层练习室业务
预留地址	172.16.8.0 ~ 172.16.31.0		呼叫中心预留地址段

7.5.5　网络安全及技术

网络安全方面，现阶段比较成型的管理方法有硬件防火墙、上网行为管理、IPS、IDS、安全审计、防病毒、防垃圾和病毒邮件、流量监控等。各种方法的形式不同，但目的都是以各种各样的手段实现对网络的安全防护、实施监控和事后追责等。从网络运行和后期维护的角度，可以增加部分安全审计、流量监控等设备。

如果呼叫中心的核心交换机和汇接路由器以及防火墙的功能和性能较好，可以不选择 IPS、IDS 等产品，功能均由核心交换机（使用 ACL 策略）、汇接路由器和防火墙（从数据的端口层面进行防火和管理）实现，因此网络安全应按照实际需求进行逐条设定。

（1）汇接路由器方面，只允许需要向其他网络发送的数据通过，否则应拒绝非法数据的通过。

（2）防火墙方面，应只开放数据源到数据目的的区域关系，并对所使用到的协议和端口进行详细设置，避免数据受到非法攻击。

（3）核心交换机方面，应尽量避免使用默认路由等方式向外发布路由信息，尽可能在内网处理网段之间的交互功能和路由计算，并使用 ACL 等软方式进行数据的防护和信息互访的限制。

（4）设备管理方面，尽可能不使用 TELNET 等明文方式传送设备管理的口令信息，可使用密文方式的均以密文方式（如 SSH）进行设备的登录、配置操作。

7.5.6 网络管理设计

网络管理方面，尽可能选择通用网管软件，建立网络中独立的网管平台。确信后期网络中的新增设备使用同一厂商品牌或近似品牌，并确信厂商可提供 MIB 等基本信息的，可选择与硬件产品同一厂商配套的网管软件搭建网管平台。

网管的使用中，尽可能搭建独立的带外管理网络，使用反向 TELNET 等方式与设备的管理口相连。如不具备相应的条件，应尽可能选择链路带宽使用率相对低的链路进行设备管理。除应急操作外，尽可能不使用设备的业务接口进行设备和配置的操作，而应尽可能使用设备的本地环回地址（Loopback 地址）。

7.6 设备选型

本次呼叫中心项目的建设，根据实际使用目的和需求，网络内部数据以语音流、系统数据和大量的用户数据流为主要内容，因此整体网络结构对网络的数据交互能力、网络的可靠性、及时性和稳定性以及服务质量都有较高的性能要求。

在设备选型方面，需要结合项目要求，注意项目自身的特点。本次项目中设计的要素如下：

（1）考虑话务台座席的电话为 IP 语音电话，声音时延有较高的敏感度。

（2）座席的主要服务内容是为用户答疑解难，所以会经常对海量的存储数据进行访问，因此网络的带宽和服务质量是本次设计的要素之一。

（3）由于在网络中有多重业务交错运行，因此网络中应可运行诸多业务保障策略，如 QoS、ACL 等。

（4）设备的稳定性。呼叫中心作为本省面向终端用户的 24h 不间断服务的业务提供者，由业务的功能提出要求，因此网络也需要提供可靠、稳定的基础平台。因此需要至少核心设备和服务器区设备可以长时间的不断电运行，保证业务不间断地在网上运行。

（5）考虑业务的发展，随着用户群的扩大，呼叫中心的座席数量可能会随之增长，因此在选型上务必考虑设备的可扩展性，并在设备选型中预留足够的扩展端口。

（6）性价比。所有的投入都是需要获取最大性能的，在所有的项目中都不能一味追求性能而忽视投入的因素。所以在保证项目需求的各项指标参数、技术规格的前提下，需尽量降低系统的成本。

（7）售后服务。良好的售后服务是对系统运维工作的基础保障，在设备选型时应选择能够提供良好售后技术服务和备品备件的产品。否则，买回的设备出现故障时，既没有技术支持又没有产品服务，会给企业带来较大的损失，严重时还可能出现故障无法恢复。

7.6.1 核心交换机

对于核心交换机，本次项目采用 H3C S7500E 高端多业务路由交换机。它是面向融合业务网络的高端多业务路由交换机，基于 H3C 自主知识产权的 Comware V5/V7 操作系统，以 IRF2（Intelligent Resilient Framework 2，第二代智能弹性架构）技术为系统基石的虚拟化软件系统，支持云数据中心化所需的 TRILL、EVB、FCoE 和 MDC（一虚多）技术，完全兼容

40GE 和 100GE 以太网标准，进一步融合 MPLS VPN、IPv6、网络安全、无线、无源光网络等多种网络业务，提供不间断转发、不间断升级、优雅重启、环网保护等多种高可靠技术，在提高用户生产效率的同时，保证了网络最大正常运行时间，从而降低了客户的总拥有成本（TCO）。

7.6.2　接入交换机

对于接入交换机，推荐采用 H3C S5120 - HI 系列交换机。接入交换机由于其所处地位，需要高密度的接入端口、先进的硬件处理能力和丰富的业务特性以及灵活的端口扩展能力。H3C S5120 - HI 系列交换机根据子型号的区分，从端口密度上可满足不同接入数量的要求，同时由于丰富的特性，能够给用户带来一个简单的、高性能的、高可靠性的网络，适合数据中心服务器群接入和企业网千兆接入。S5120 - HI 硬件支持双可插拔电源，支持绿色节能模式，支持 EEE 节能特性，支持 BIMS 管理及带外管理口，可满足大型数据中心对交换机高可靠性、易管理性、绿色节能等的严格要求。

7.6.3　服务器区防火墙

服务器作为各软件系统的核心支撑平台，其安全性方面有极高的需求。尤其作为含有大量客户数据的服务器，需要从协议层、应用层等多种方面来保证数据的安全性，除能够抗攻击、防范能力强以外，还应支持多种安全认证服务、支持集中管理与审计功能，同时支持 GRE VPN、IPSec VPN 等多种 VPN 业务模式。

H3C SecPath F1000 - E - SI 防火墙是 H3C 公司面向大型企业和运营商用户开发的新一代电信级防火墙设备。SecPath F1000 - E - SI 采用了 H3C 公司最新的硬件平台和体系架构，实现防火墙性能的跨越式突破，可支持数十个 GE 接口，通过多内核系统实现核心企业用户对安全设备线性处理能力的需求，能满足电信级应用的需求。

（1）增强型状态安全过滤：支持虚拟防火墙技术，支持安全区域间默认访问控制；支持基础、扩展和基于接口的状态检测包过滤技术，支持按照时间段进行过滤；支持 H3C 特有的 ASPF 应用层报文过滤（Application Specific Packet Filter）协议，支持对每一个连接状态信息的维护监测并动态地过滤数据包，支持对 FTP、HTTP、SMTP、RTSP、H. 323（包括 Q. 931、H. 245、RTP/RTCP 等）应用层协议的状态监控，支持 TCP/UDP 应用的状态监控。

（2）抗攻击防范能力：包括多种 DoS/DDoS 攻击防范（CC、SYN flood、DNS Query Flood 等）、ARP 欺骗攻击防范、ARP 主动反向查询、TCP 报文标志位不合法攻击防范、超大 ICMP 报文攻击防范、地址/端口扫描防范、ICMP 重定向或不可达报文控制功能、Tracert 报文控制功能、带路由记录选项 IP 报文控制功能、静态和动态黑名单功能、MAC 和 IP 绑定功能、智能防范蠕虫病毒技术。

（3）应用层内容过滤：支持邮件过滤，提供 SMTP 邮件地址、标题、附件和内容过滤；支持网页过滤，提供 HTTP URL 和内容过滤；支持应用层过滤，提供 Java/ActiveX Blocking 和 SQL 注入攻击防范。

（4）多种安全认证服务：支持 RADIUS 和 HWTACACS 协议及域认证；支持基于 PKI/CA 体系的数字证书（X. 509 格式）认证；支持用户身份管理，不同身份的用户拥有不同的命令执行权限；支持用户视图分级，不同级别的用户赋予不同的管理配置权限。

（5）IPv4/IPv6 协议栈：支持完整的 IPv4/IPv6 协议栈，能够为各种 IPv4/IPv6 应用提供支撑。随着网络安全问题日益突出，加强了 IPv4/IPv6 协议栈安全性，提高了网络设备抵御攻击的能力。

（6）集中管理与审计：提供各种日志功能、流量统计和分析功能、各种事件监控和统计功能、邮件告警功能。

7.6.4 网络管理

基于多年的积累和对用户网络的深入理解，H3C 智能管理中心（intelligence Management Center，iMC）平台（以下简称 iMC 平台）为用户提供了实用、易用的网络管理功能，在网络资源集中管理的基础上，实现拓扑、故障、性能、配置、安全等管理功能，不仅提供功能，更通过流程向导的方式告诉用户如何使用功能满足业务需求，为用户提供了网络精细化管理最佳的工具软件。对于设备数量较多、分布地域较广并且又相对较为集中的网络，iMC 平台提供分级管理的功能，有利于对整个网络进行清晰分权管理和负载分担。iMC 平台除了涵盖网络管理功能外，还是其他业务管理组件的承载平台，共同实现了管理的深入融合联动。

7.7 产品清单

产品清单如表 7－3 所示。

表 7－3 产品清单

序号	名称	规格/型号	说明
1	核心交换机	S7506E	部署于呼叫中心网络的核心位置，构成呼叫中心网络的基础。
2	接入交换机	S5120－HI	部署于呼叫中心网络的边缘位置，用于 PC、服务器、IP 电话等的接入工作。
3	服务器区防火墙	F1000－E－SI	用于服务器与网络的中间防护，保护服务器不受其他业务的攻击和干扰
4	网管软件	iMC 智能管理中心	充分利用 iMC 的功能，除作为常规网管外，还完成对业务的支持、用户授权、终端安全准入、补丁管理等。

第 8 章

实验组网图及需求分析

1. 组网及业务需求

实验组网的总拓扑如图 8 – 1 所示。

项目需求分析如下。

此企业网综合实验拓扑分为三部分，HQ、Branch – 1、Branch – 2。

（1）全网利用 10. 1. 4. 0/22 网段合理配置 IP 地址。

（2）总部与两分支公司之间，通过 PPP 专线、以太网相连，全网通过动态路由协议，维护全公司的内网环境的路由。

（3）总部有两个核心交换机 HQ – CS – A、HQ – CS – B，通过 STP 和 VRRP，为内网提供二层和三层的冗余。

（4）HW – GW – 1 作为出口处的网关，使用仅有的一个公网 IP 地址，保证全公司内网用户访问 Internet 的流量。

（5）其中 HQ – R、B1 – R、B2 – R 均为 AR2200 路由器，HQ – CS – A 为 5700 交换机，HQ – CS – B 为 3700 交换机。

（6）在分部的 BR1 – R 和 BR2 – R 均插入交换模块使 AR2200 在提供路由功能的同时，还可以为网络提供简单的交换功能，这样在项目成本中节约了部分交换机的开销。

2. 业务功能描述

（1）总部方面。

①VLAN。

两台交换机 HQ – AS – 1 和 HQ – AS – 2，作为二层交换机，为 VLAN – 4 中的 PC 和 VLAN – 5 中的服务器提供接入；这两台交换机通过冗余的双上行 Trunk 链路，连接两核心交换机 HQ – CS – A 和 HQ – CS – B。

两核心交换机，启动 L3 功能，配置 VLAN 接口，作为 VLAN 的网关，提供 VLAN 间的路由。

VLAN 100、VLAN 101、VLAN 102、VLAN 103 作为网管互联链路，实现交换机之间的三层通信。

②STP。

四台交换机均启动 STP，确保核心交换机中，HQ – CS – A 为根桥，HQ – CS – B 为备份根桥。

③VRRP。

两核心交换机，启动 VRRP，HQ – CS – A 为 VLAN 4、VLAN 5、VLAN 200 的主设备，HQ – CS – B 为备份。

④PAT。

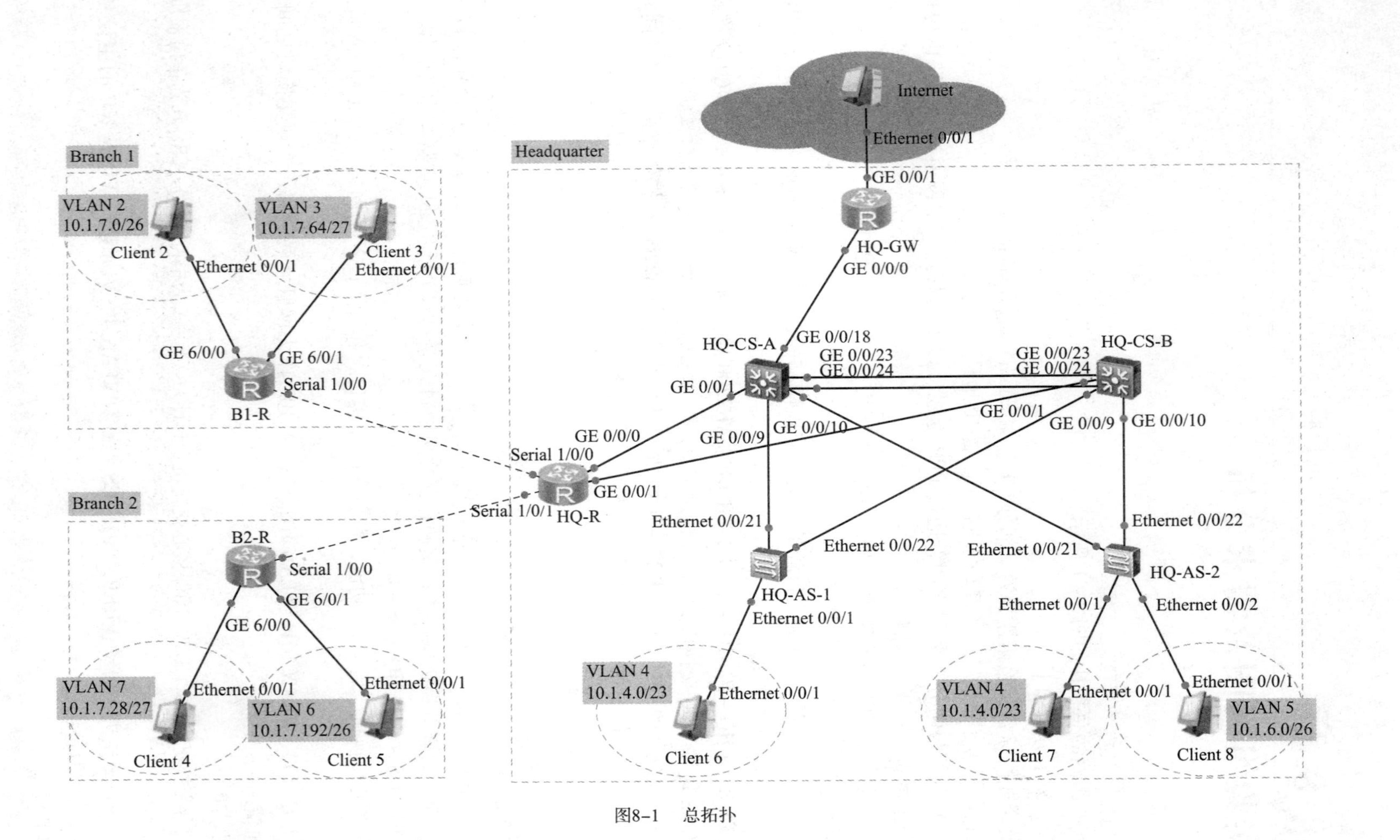

Internet
Ethernet 0/0/1
GE 0/0/1
HQ-GW
GE 0/0/0
Headquarter
GE 0/0/18
GE 0/0/23
GE 0/0/24
HQ-CS-A
GE 0/0/1
GE 0/0/9
GE 0/0/10
HQ-CS-B
GE 0/0/23
GE 0/0/24
GE 0/0/1
GE 0/0/9
GE 0/0/10
Ethernet 0/0/22
Ethernet 0/0/21
HQ-AS-1
Ethernet 0/0/1
HQ-AS-2
Ethernet 0/0/22
Ethernet 0/0/21
Ethernet 0/0/1
Ethernet 0/0/2
Client 6
Client 7
Client 8
VLAN 4
10.1.4.0/23
VLAN 4
10.1.4.0/23
VLAN 5
10.1.6.0/26
GE 0/0/0
GE 0/0/1
HQ-R
Serial 1/0/0
Serial 1/0/1
Branch 1
VLAN 2
10.1.7.0/26
Client 2
VLAN 3
10.1.7.64/27
Client 3
Ethernet 0/0/1
GE 6/0/0
GE 6/0/1
Serial 1/0/0
B1-R
Branch 2
B2-R
Serial 1/0/0
GE 6/0/1
GE 6/0/0
VLAN 7
10.1.7.28/27
Client 4
VLAN 6
10.1.7.192/26
Client 5

图8-1 总拓扑

HQ－GW 上只运行静态路由，并且由于全公司只有一个公网 IP 可供端口复用，全公司所有区域的内网用户需要通过同一个 IP 访问到 Internet。

⑤TELNET。

只有总部的主机能够 TELNET 到 HQ－CS－A。

⑥DHCP。

某些 VLAN 主机通过 DHCP 服务器获得 IP 地址。

（2）分支机构。

①两分支机构各划分两个 VLAN，并实现 VLAN 间通信。

②两分支机构在本地路由器上配置 DHCP 服务器，为分支机构内主机分配 IP 地址。

（3）网络互联。

①总部和分支 1 之间用专线 PPP 互联，运行 CHAP 验证，HQ－R 为主验证方。

②总部和分支 2 之间用专线 PPP 互联，运行 PAP 验证，HQ－R 为主验证方。

HQ－R 与 HQ－CS－A、HQ－CS－B 运行 OSPF，在骨干区域 Area 0 中，HQ－R 为 ABR 连接两分公司；HQ－CS－A 作为 ASBR，配置静态默认路由指向 HQ－GW，并发布默认路由到所有的 OSPF 区域中。

3. IP 地址规划

在本案例中，通过 VLSM 方式把 10.1.4.0/22 这个网络地址划分成了 n 个大小不等的子网，用于满足网络的需求。首先将 10.1.4.0/22 等分为两个子网，其中一个子网划分给 HQ－VLAN 4，另一个子网继续拆分，如图 8－2 所示。

（1）将 10.1.6.0/23 等分为两个子网，其中 10.1.6.0/24 划分给 HQ 除 VLAN 4 以外的部分，另一个子网 10.1.7.0/24 划分给 Branch，并继续拆分，如图 8－3 所示。

<table>
<tr><td>10.1.4.0/23
（HQ－VLAN 4）</td><td>剩余部分
10.1.6.0/23</td></tr>
</table>

图 8－2　IP 规划图－1

<table>
<tr><td rowspan="2">10.1.4.0/23
（HQ－VLAN 4）</td><td>HQ（除 VLAN 4 以外的部分）
10.1.6.0/24</td></tr>
<tr><td>10.1.7.0/24
（Branch 1 and Branch 2）</td></tr>
</table>

图 8－3　IP 规划图－2

（2）将 10.1.6.0/24 等分为四个子网，其中 10.1.6.0/26 划分给 VLAN 5，10.1.6.64/26 划分给服务器区域，10.1.6.128/26 预留，10.1.6.192/26 划分给 NM 和 Link，如图 8－4 所示。

<table>
<tr><td rowspan="3">10.1.4.0/23
（HQ－VLAN 4）</td><td>10.1.6.0/26
（VLAN 5）</td><td>10.1.6.64/26
（服务器区域）</td></tr>
<tr><td>10.1.6.128/26
（预留）</td><td>10.1.6.192/26
（网络管理、链路）</td></tr>
<tr><td colspan="2">10.1.7.0/24
（Branch 1 and Branch 2）</td></tr>
</table>

图 8－4　IP 规划图－3

（3）将 10. 1. 7. 0/24 等分为两个子网，其中 10. 1. 7. 0/25 分配给 Branch 1，10. 1. 7. 128/25 分配给 Branch 2，如图 8－5 所示。

10. 1. 4. 0/23 （HQ－VLAN 4）	10. 1. 6. 0/26 （VLAN 5）	10. 1. 6. 64/26 （服务器区域）
	10. 1. 6. 128/26 （预留）	10. 1. 6. 192/26 （NM、Link）
	10. 1. 7. 0/25 （Branch 1）	10. 1. 7. 128/25 （Branch 2）

图 8－5　IP 规划图－4

（4）再对灰色部分继续进行子网划分，全网的 IP 规划详情请参照表 8－1。

表 8－1　实验端口列表

设备	端口	描述	IP	对端设备	对端端口
B1－R	GE6/0/0	VLAN 2	二层 Access 端口	PC	
	GE6/0/1	VLAN 3	二层 Access 端口	PC	
	VLANIF 2	to VLAN 2	10. 1. 7. 1/26		
	VLANIF 3	to VLAN 3	10. 1. 7. 65/27		
	S1/0/0	to HQ－R	10. 1. 6. 234/30	HQ－R	S1/0/0
	LoopBack 0	测试端口	10. 1. 6. 212/32		
B2－R	GE6/0/0	VLAN 7	二层 Access 端口	PC	
	GE6/0/1	VLAN 6	二层 Access 端口	PC	
	VLANIF 7	to VLAN 7	10. 1. 7. 129/27		
	VLANIF 6	to VLAN 6	10. 1. 7. 193/26		
	S1/0/0	to HQ－R	10. 1. 6. 238/30	HQ－R	S1/0/1
	LoopBack 0	测试端口	10. 1. 6. 213/32		
HQ－R	S1/0/0	to B1－R	10. 1. 6. 233/30	B1－R	S1/0/0
	S1/0/1	to B2－R	10. 1. 6. 237/30	B2－R	S1/0/0
	GE0/0/0	to HQ－CS－A	10. 1. 6. 226/30	HQ－CS－A	E0/0/1 （VLANIF 101）
	GE0/0/1	to HQ－CS－B	10. 1. 6. 230/30	HC－CS－B	E0/0/1 （VLANIF 102）
	LoopBack 0	测试端口	10. 1. 6. 211/32		

续表

设备	端口	描述	IP	对端设备	对端端口
HQ - CS - A	GE0/0/1	VLAN 101	二层 Access 端口	HQ - R	G0/0/0
	GE0/0/9	to HQ - AS - 1	二层 Trunk 端口	HQ - AS - 1	E0/0/21
	GE0/0/10	to HQ - AS - 2	二层 Trunk 端口	HQ - AS - 2	E0/0/21
	GE0/0/18	VLAN 103	二层 Access 端口	HQ - GW	G0/0/0
	GE0/0/23	to HQ - CS - B	二层 Trunk 端口	HQ - CS - B	G0/0/23
	GE0/0/24	to HQ - CS - B	二层 Trunk 端口	HQ - CS - B	G0/0/24
	VLANIF 100	to VLAN 100	10. 1. 6. 245/30		
	VLANIF 101	to VLAN 101	10. 1. 6. 225/30		
	VLANIF 103	to VLAN 103	10. 1. 6. 241/30		
	VLANIF 4	to VLAN 4	10. 1. 4. 2/23		
	VLANIF 5	to VLAN 5	10. 1. 6. 2/26		
	VLAN 200	网络管理	10. 1. 6. 194/28		
	LoopBack 0	测试端口	10. 1. 6. 209/32	测试端口	
HQ - GW - 1	GE0/0/0	to HQ - CS - A	10. 1. 6. 242/30	HQ - CS - A	G0/0/18
	GE0/0/1	To Internet	202. 12. 34. 2/30	Internet	
HQ - CS - B	GE0/0/1	VLAN 102	二层 Access 端口	HQ - R	G0/0/1
	GE0/0/9	to HQ - AS - 1	二层 Trunk 端口	HQ - AS - 1	E0/0/22
	GE0/0/10	to HQ - AS - 2	二层 Trunk 端口	HQ - AS - 2	E0/0/22
	GE0/0/23	to HQ - CS - A	二层 Trunk 端口	HQ - CS - A	G0/0/23
	GE0/0/24	to HQ - CS - A	二层 Trunk 端口	HQ - CS - A	G0/0/24
	VLANIF 100	to VLAN 100	10. 1. 6. 246/30		
	VLANIF 102	to VLAN 102	10. 1. 6. 229/30		
	VLANIF 4	to VLAN 4	10. 1. 4. 3/23		
	VLANIF 5	to VLAN 5	10. 1. 6. 3/26		
	VLAN 200	网络管理	10. 1. 6. 193/28		
	LoopBack 0	测试端口	10. 1. 6. 210/32	测试端口	
HQ - AS - 1	E0/0/1	VLAN 4	二层 Access 端口	PC	
	E0/0/21	to HQ - CS - A	二层 Trunk 端口	HQ - CS - A	G0/0/9
	E0/0/22	to HQ - CS - B	二层 Trunk 端口	HQ - CS - B	G0/0/9
	VLAN 200	网络管理	10. 1. 6. 196/28		

续表

设备	端口	描述	IP	对端设备	对端端口
HQ－AS－2	E0/0/1	VLAN 4	二层 Access 端口	PC	
	E0/0/2	VLAN 5	二层 Access 端口	PC	
	E0/0/21	to HQ－CS－A	二层 Trunk 端口	HQ－CS－A	GE0/0/10
	E0/0/22	to HQ－CS－B	二层 Trunk 端口	HQ－CS－B	GE0/0/10
	VLAN 200	网络管理	10. 1. 6. 197/28		

8.1 任务一：链路聚合

8.1.1 任务描述

HQ－CS－A 和 HQ－CS－B 通过 LACP 协议将 GE0/0/23 与 GE0/0/24 接口捆绑成逻辑的一条链路，如图 8－6 所示。

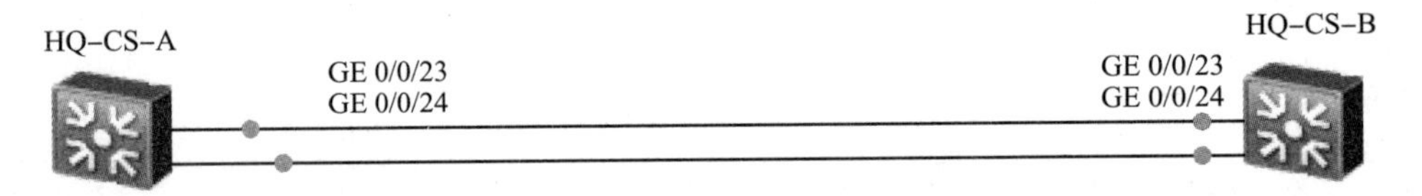

图 8－6 链路聚合配置

注意事项如下：

（1）每个 Eth－Trunk 接口下最多可以包含 8 个成员接口。

（2）成员接口不能配置任何业务和静态 MAC 地址。

（3）成员接口加入 Eth－Trunk 时，必须为缺省的 Hybrid 类型接口。

（4）Eth－Trunk 接口不能嵌套，即成员接口不能是 Eth－Trunk。

（5）一个以太网接口只能加入到一个 Eth－Trunk 接口，如果需要加入其他 Eth－Trunk 接口，必须先退出原来的 Eth－Trunk 接口。

（6）一个 Eth－Trunk 接口中的成员接口必须是同一类型。

（7）可以将不同接口板上的以太网接口加入到同一个 Eth－Trunk。

（8）如果本地设备使用了 Eth－Trunk，与成员接口直连的对端接口也必须捆绑为 Eth－Trunk 接口，两端才能正常通信。

（9）当成员接口的速率不一致时，实际使用中速率小的接口可能会出现拥塞，导致丢包。

（10）Eth－Trunk 接口两端的模式必须一致。

8.1.2 配置流程

链路聚合配置流程如图 8－7 所示。

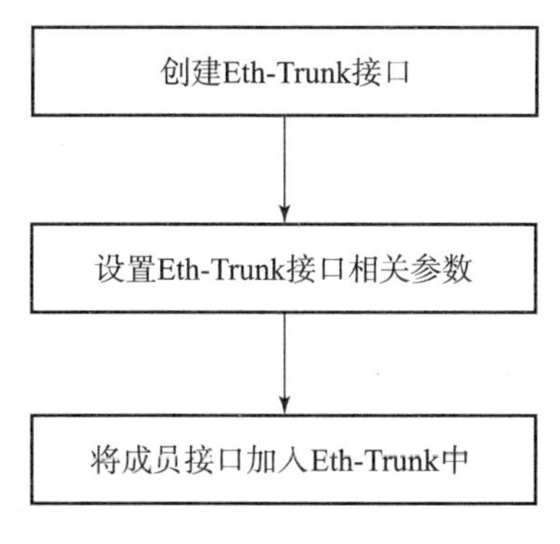

图 8－7　链路聚合配置流程

8.1.3　关键配置

```
[HQ-CS-A]interface Eth-Trunk 1
[HQ-CS-A-Eth-Trunk 1] mode lacp-static
[HQ-CS-A-Eth-Trunk 1]trunkport GigabitEthernet 0/0/23 to 0/0/24
```

```
[HQ-CS-B]interface Eth-Trunk 1
[HQ-CS-B-Eth-Trunk1] mode lacp-static
[HQ-CS-B-Eth-Trunk1]trunkport GigabitEthernet 0/0/23 to 0/0/24
```

通过 display eth－trunk 命令查看 GE0/0/23 与 GE0/0/24 的接口是否为 selected。

```
[HQ-CS-A]display eth-trunk 1
Eth-Trunk1's state information is:
Local:
LAG ID:1                     WotkingMode:STATIC
Preempt Delay:Disabled       Hash arithmetic:According to SIP-XOR-DIP
System Priority:32768        System ID:4c1f-cc92-c0b9
Least Active-linknumber:1    Max Active-linknumber:8
Operate status:up            Number Of Up Port In Trunk:2
--------------------------------------------------------------------------------
ActorPortName            Status     PortType  PortPri  PortNo  PortKey  PortState  Weight
GigabitEthernet0/0/23    Selected   1000TG    32768    24      401      10111100   1
GigabitEthernet0/0/24    Selected   1000TG    32768    25      401      10111100   1
```

```
Partner:
--------------------------------------------------------------------------------
ActorPortName            SysPri  SystemID         PortPri  PortNo  PortKey  PortState
GigabitEthernet0/0/23    32768   4c1f-ccbf-8195   32768    24      401      10111100
GigabitEthernet0/0/24    32768   4c1f-ccbf-8195   32768    25      401      10111100
```

8.2 任务二：VLAN 的配置

8.2.1 任务描述

按照表 8－2 规划 VLAN 以及端口类型，确保同一 VLAN 的设备之间可以互通。

表 8－2 IP 地址规划

设备	端口	描述	IP	对端设备	对端端口
B1－R	GE6/0/0	VLAN 2	二层 Access 端口	PC	
	GE6/0/1	VLAN 3	二层 Access 端口	PC	
	VLANIF 2	to VLAN 2	10.1.7.1/26		
	VLANIF 3	to VLAN 3	10.1.7.65/27		
	S1/0/0	to HQ－R	10.1.6.234/30	HQ－R	S1/0/0
	LoopBack 0	测试端口	10.1.6.212/32		
B2－R	GE6/0/0	VLAN 7	二层 Access 端口	PC	
	GE6/0/1	VLAN 6	二层 Access 端口	PC	
	VLANIF 7	to VLAN 7	10.1.7.129/27		
	VLANIF 6	to VLAN 6	10.1.7.193/26		
	S1/0/0	to HQ－R	10.1.6.238/30	HQ－R	S1/0/1
	LoopBack 0	测试端口	10.1.6.213/32		
HQ－R	S1/0/0	to B1－R	10.1.6.233/30	B1－R	S1/0/0
	S1/0/0	to B2－R	10.1.6.237/30	B2－R	S1/0/0
	GE0/0/0	to HQ－CS－A	10.1.6.226/30	HQ－CS－A	E0/0/1 (VLANIF101)
	GE0/0/1	to HQ－CS－B	10.1.6.230/30	HC－CS－B	E0/0/1 (VLANIF102)
	LoopBack 0	测试端口	10.1.6.211/32		

续表

设备	端口	描述	IP	对端设备	对端端口
HQ - CS - A	GE0/0/1	VLAN 101	二层 Access 端口	HQ - R	GE0/0/0
	GE0/0/9	to HQ - AS - 1	二层 Trunk 端口	HQ - AS - 1	E0/0/21
	GE0/0/10	to HQ - AS - 2	二层 Trunk 端口	HQ - AS - 2	E0/0/21
	GE0/0/18	VLAN 103	二层 Access 端口	HQ - GW	GE0/0/0
	GE0/0/23	to HQ - CS - B	二层 Trunk 端口	HQ - CS - B	GE0/0/23
	GE0/0/24	to HQ - CS - B	二层 Trunk 端口	HQ - CS - B	GE0/0/24
	VLANIF 100	to VLAN 100	10. 1. 6. 245/30		
	VLANIF 101	to VLAN 101	10. 1. 6. 225/30		
	VLANIF 103	to VLAN 103	10. 1. 6. 241/30		
	VLANIF 4	to VLAN 4	10. 1. 4. 2/23		
	VLANIF 5	to VLAN 5	10. 1. 6. 2/26		
	VLAN 200	网络管理	10. 1. 6. 194/28		
	LoopBack 0	测试端口	10. 1. 6. 209/32	测试端口	
HQ - CS - B	GE0/0/1	VLAN 102	二层 Access 端口	HQ - R	GE0/0/1
	GE0/0/9	to HQ - AS - 1	二层 Trunk 端口	HQ - AS - 1	E0/0/22
	GE0/0/10	to HQ - AS - 2	二层 Trunk 端口	HQ - AS - 2	E0/0/22
	GE0/0/23	to HQ - CS - A	二层 Trunk 端口	HQ - CS - A	GE0/0/23
	GE0/0/24	to HQ - CS - A	二层 Trunk 端口	HQ - CS - A	GE0/0/24
	VLANIF 100	to VLAN 100	10. 1. 6. 246/30		
	VLANIF 102	to VLAN 102	10. 1. 6. 229/30		
	VLANIF 4	to VLAN 4	10. 1. 4. 3/23		
	VLANIF 5	to VLAN 5	10. 1. 6. 3/26		
	VLAN 200	网络管理	10. 1. 6. 193/28		
	LoopBack 0	测试端口	10. 1. 6. 210/32	测试端口	
HQ - AS - 1	E0/0/1	VLAN 4	二层 Access 端口	PC	
	E0/0/21	to HQ - CS - A	二层 Trunk 端口	HQ - CS - A	GE0/0/9
	E0/0/22	to HQ - CS - B	二层 Trunk 端口	HQ - CS - B	GE0/0/9
	VLAN 200	网络管理	10. 1. 6. 196/28		

续表

设备	端口	描述	IP	对端设备	对端端口
HQ-AS-2	E0/0/1	VLAN 4	二层 Access 端口	PC	
	E0/0/2	VLAN 5	二层 Access 端口	PC	
	E0/0/21	to HQ-CS-A	二层 Trunk 端口	HQ-CS-A	GE0/0/10
	E0/0/22	to HQ-CS-B	二层 Trunk 端口	HQ-CS-B	GE0/0/10
	VLAN 200	网络管理	10.1.6.197/28		

注意事项如下：

（1）在华为交换机中接口缺省类型为 Hybrid。

（2）聚合端口配置 Trunk 时，Trunk 的配置在 Eth-Trunk 接口视图下，不需在成员端口下配置。

（3）确保同一区域内的交换设备的 VLAN 同步。

（4）Trunk 接口默认只允许 VLAN 1 的报文通过，需要手工放行其他 VLAN。

8.2.2 配置流程

VLAN 规划的配置流程如图 8-8 所示。

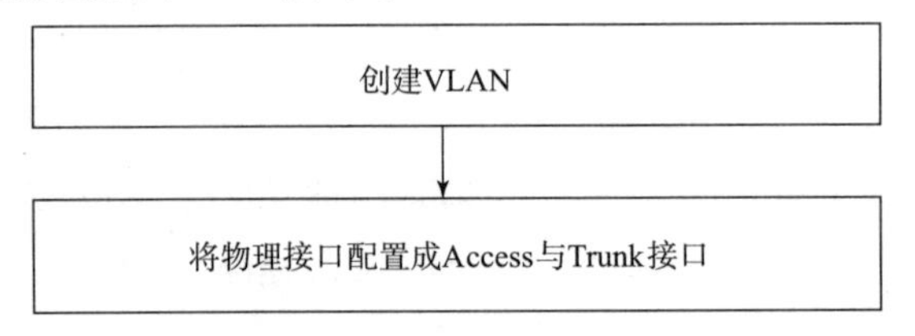

图 8-8 VLAN 规划的配置流程

8.2.3 关键配置

```
[B1-R]vlan batch 2 3

[B1-R]interface GigabitEthernet 6/0/0
[B1-R-GigabitEthernet6/0/0]port link-type access
[B1-R-GigabitEthernet6/0/0]port default vlan 2

[B1-R]interface GigabitEthernet 6/0/1
[B1-R-GigabitEthernet6/0/1]port link-type access
[B1-R-GigabitEthernet6/0/1]port default vlan 3

[B1-R]display port vlan
Port                    Link Type    PVID  Trunk  VLAN  List
--------------------------------------------------------------
GigabitEthernet6/0/0    access       2     -
GigabitEthernet6/0/1    access       3     -
```

```
[B2-R]vlan batch 6 7
[B2-R]interface GigabitEthernet 6/0/0
[B2-R-GigabitEthernet6/0/0]port link-type access
[B2-R-GigabitEthernet6/0/0]port default vlan 7

[B2-R]interface GigabitEthernet 6/0/1
[B2-R-GigabitEthernet6/0/1]port link-type access
[B2-R-GigabitEthernet6/0/1]port default vlan 6

[B2-R]display port vlan
Port                      Link Type    PVID  Trunk  VLAN  List
--------------------------------------------------------------------------
GigabitEthernet6/0/0      access       7     -
GigabitEthernet6/0/1      access       6     -
```

```
[HQ-CS-A]vlan batch 4 5 100 101 102 103 200

[HQ-CS-A]interface GigabitEthernet 0/0/1
[HQ-CS-A-GigabitEthernet0/0/1]port link-type access
[HQ-CS-A-GigabitEthernet0/0/1]port default vlan 101

[HQ-CS-A]interface GigabitEthernet 0/0/18
[HQ-CS-A-GigabitEthernet0/0/18]port link-type access
[HQ-CS-A-GigabitEthernet0/0/18]port default vlan 103

[HQ-CS-A]interface GigabitEthernet 0/0/9
[HQ-CS-A-GigabitEthernet0/0/9]port link-type trunk
[HQ-CS-A-GigabitEthernet0/0/9]port trunk allow-pass vlan all
[HQ-CS-A]interface GigabitEthernet 0/0/10
[HQ-CS-A-GigabitEthernet0/0/10]port link-type trunk
[HQ-CS-A-GigabitEthernet0/0/10]port trunk allow-pass vlan all

[HQ-CS-A]interface Eth-Trunk 1
[HQ-CS-A-Eth-Trunk1]port link-type trunk
[HQ-CS-A-Eth-Trunk1]port trunk allow-pass vlan all
[HQ-CS-A]display vlan
The total number of vlans is:8
--------------------------------------------------------------------------
U:Up;              D:Down;              TG:Tagged           UT:Untagged;
```

```
MP:Vlan - mapping;                  ST:Vlan - stacking
#:ProtocolTransparent - vlan;     * :Mangagement - vlan;
-------------------------------------------------------------------------------

VID  Type     Ports
-------------------------------------------------------------------------------
1    common  UT:GE0/0/2(D)     GE0/0/3(D)     GE0/0/4(D)     GE0/0/5(D)
                GE0/0/6(D)     GE0/0/7(D)     GE0/0/8(D)     GE0/0/9(U)
                GE0/0/10(D)    GE0/0/11(D)    GE0/0/12(D)    GE0/0/13(D)
                GE0/0/14(D)    GE0/0/15(D)    GE0/0/16(D)    GE0/0/17(D)
                GE0/0/19(D)    GE0/0/20(D)    GE0/0/21(D)    GE0/0/22(D)
                Eth - Trunk1(U)
4    common  TG:CE0/0/9(U)     CE0/0/10(U)    Eth - Trunk1(U)
5    common  TG:CE0/0/9(U)     CE0/0/10(U)    Eth - Trunk1(U)
100  common  TG:CE0/0/9(U)     CE0/0/10(U)    Eth - Trunk1(U)
101  common  UT:CE0/0/1(U)
             TG:CE0/0/9(U)     CE0/0/10(U)    Eth - Trunk1(U)
102  common  TG:CE0/0/9(U)     CE0/0/10(U)    Eth - Trunk1(U)
103  common  UT:CE0/0/18(U)
             TG:CE0/0/9(U)     CE0/0/10(U)    Eth - Trunk1(U)
200  common  TG:CE0/0/9(U)     CE0/0/10(U)    Eth - Trunk1(U)

VID   Status  Property   MAC - LRN  Statistics  Description
-------------------------------------------------------------------------------
1     enable  default    enable     disable     VLAN 0001
4     enable  default    enable     disable     VLAN 0004
5     enable  default    enable     disable     VLAN 0005
100   enable  default    enable     disable     VLAN 0100
101   enable  default    enable     disable     VLAN 0101
102   enable  default    enable     disable     VLAN 0102
103   enable  default    enable     disable     VLAN 0103
200   enable  default    enable     disable     VLAN 0200
```

```
[HQ - CS - B]vlan batch 4 5 100 101 102 103 200

[HQ - CS - B]interface GigabitEthernet 0/0/1
[HQ - CS - B - GigabitEthernet0/0/1]port link - type access
[HQ - CS - B - GigabitEthernet0/0/1]port default vlan 102

[HQ - CS - B]interface GigabitEthernet 0/0/9
```

```
[HQ-CS-B-GigabitEthernet0/0/9]port link-type trunk
[HQ-CS-B-GigabitEthernet0/0/9]port trunk allow-pass vlan all

[HQ-CS-B]interface GigabitEthernet 0/0/10
[HQ-CS-B-GigabitEthernet0/0/10]port link-type trunk
[HQ-CS-B-GigabitEthernet0/0/10]port trunk allow-pass vlan all

[HQ-CS-B]interface Eth-Trunk 1
[HQ-CS-B-Eth-Trunk1]port link-type trunk
[HQ-CS-B-Eth-Trunk1]port trunk allow-pass vlan all
```

```
[HQ-CS-B]display vlan
The total number of vlans is:8
--------------------------------------------------------------------------------
U:Up;              D:Down;              TG:Tagged          UT:Untagged;
MP:Vlan-mapping;                        ST:Vlan-stacking;
#:ProtocolTransparent-vlan;             *:Mangagement-vlan;
--------------------------------------------------------------------------------

VID  Type    Ports
--------------------------------------------------------------------------------
1    common  UT:GE0/0/2(D)    GE0/0/3(D)    GE0/0/4(D)    GE0/0/5(D)
                GE0/0/6(D)    GE0/0/7(D)    GE0/0/8(D)    GE0/0/9(U)
                GE0/0/10(D)   GE0/0/11(D)   GE0/0/12(D)   GE0/0/13(D)
                GE0/0/14(D)   GE0/0/15(D)   GE0/0/16(D)   GE0/0/17(D)
                GE0/0/18(D)   8GE0/0/19(D)  GE0/0/20(D)   GE0/0/21(D)
                GE0/0/22(D)   Eth-Trunk1(U)
4    common  TG:CE0/0/9(U)    CE0/0/10(U)   Eth-Trunk1(U)
5    common  TG:CE0/0/9(U)    CE0/0/10(U)   Eth-Trunk1(U)
100  common  TG:CE0/0/9(U)    CE0/0/10(U)   Eth-Trunk1(U)
101  common  UT:CE0/0/1(U)
             TG:CE0/0/9(U)    CE0/0/10(U)   Eth-Trunk1(U)
102  common  TG:CE0/0/9(U)    CE0/0/10(U)   Eth-Trunk1(U)
103  common  UT:CE0/0/18(U)
             TG:CE0/0/9(U)    CE0/0/10(U)   Eth-Trunk1(U)
200  common  TG:CE0/0/9(U)    CE0/0/10(U)   Eth-Trunk1(U)
VID   Status  Property    MAC LRN  Statistics  Description
--------------------------------------------------------------------------------
1     enable  default     enable   disable     VLAN 0001
4     enable  default     enable   disable     VLAN 0004
5     enable  default     enable   disable     VLAN 0005
```

```
100    enable    default    enable    disable    VLAN 0100
101    enable    default    enable    disable    VLAN 0101
102    enable    default    enable    disable    VLAN 0102
103    enable    default    enable    disable    VLAN 0103
200    enable    default    enable    disable    VLAN 0200
```

```
[HQ-CS-B]display port vlan
Port                        Link Type    PVID  Trunk  VLAN  List
-----------------------------------------------------------------
Eth-Trunk1                  Trunk        1     1-4094
GigabitEthernet0/0/1        access       102   -
GigabitEthernet0/0/2        hybrid       1     -
GigabitEthernet0/0/3        hybrid       1     -
GigabitEthernet0/0/4        hybrid       1     -
GigabitEthernet0/0/5        hybrid       1     -
GigabitEthernet0/0/6        hybrid       1     -
GigabitEthernet0/0/7        hybrid       1     -
GigabitEthernet0/0/8        hybrid       1     -
GigabitEthernet0/0/9        trunk        1     1-4094
GigabitEthernet0/0/10       trunk        1     1-4094
GigabitEthernet0/0/11       hybrid       1     -
GigabitEthernet0/0/12       hybrid       1     -
GigabitEthernet0/0/13       hybrid       1     -
GigabitEthernet0/0/14       hybrid       1     -
GigabitEthernet0/0/15       hybrid       1     -
GigabitEthernet0/0/16       hybrid       1     -
GigabitEthernet0/0/17       hybrid       1     -
GigabitEthernet0/0/18       hybrid       1     -
GigabitEthernet0/0/19       hybrid       1     -
GigabitEthernet0/0/20       hybrid       1     -
GigabitEthernet0/0/21       hybrid       1     -
GigabitEthernet0/0/22       hybrid       1     -
GigabitEthernet0/0/23       hybrid       1     -
GigabitEthernet0/0/24       hybrid       1     -
```

```
[HQ-AS-1]vlan batch 4 5 100 101 102 103 200

[HQ-AS-1]interface Ethernet 0/0/21
[HQ-AS-1-Ethernet0/0/21]port link-type trunk
```

```
[HQ-AS-1-Ethernet0/0/21]port trunk allow-pass vlan all

[HQ-AS-1]interface Ethernet 0/0/22
[HQ-AS-1-Ethernet0/0/22]port link-type trunk
[HQ-AS-1-Ethernet0/0/22]port trunk allow-pass vlan all

[HQ-AS-1]interface Ethernet 0/0/1
[HQ-AS-1-Ethernet0/0/1]port link-type access
[HQ-AS-1-Ethernet0/0/1]port default vlan 4
```

```
[HQ-AS-1]display vlan
The total number of vlans is:8
--------------------------------------------------------------------------------
U:Up;             D:Down;             TG:Tagged          UT:Untagged;
MP:Vlan-mapping;                      ST:Vlan-stacking
#:ProtocolTransparent-vlan;           *:Mangagement-vlan;
--------------------------------------------------------------------------------

VID  Type    Ports
--------------------------------------------------------------------------------
1    common  UT:Eth0/0/2(D)  Eth0/0/3(D)  Eth0/0/4(D)  Eth0/0/5(D)
                Eth0/0/6(D)  Eth0/0/7(D)  Eth0/0/8(D)  Eth0/0/9(D)
                Eth0/0/10(D) Eth0/0/11(D) Eth0/0/12(D) Eth0/0/13(D)
                Eth0/0/14(D) Eth0/0/15(D) Eth0/0/16(D) Eth0/0/17(D)
                Eth0/0/18(D) Eth0/0/19(D) Eth0/0/20(D) Eth0/0/21(D)
                Eth0/0/22(D) GE0/0/1(D)   GE0/0/2(D)
4    common  UT:Eth0/0/1(U)
             TG:Eth0/0/21(D) Eth0/0/22(D)
5    common  TG:Eth0/0/21(U) Eth0/0/22(U)
100  common  TG:Eth0/0/21(U) Eth0/0/22(U)
101  common  TG:Eth0/0/21(U) Eth0/0/22(U)
102  common  TG:Eth0/0/21(U) Eth0/0/22(U)
103  common  TG:Eth0/0/21(U) Eth0/0/22(U)
200  common  TG:Eth0/0/21(U) Eth0/0/22(U)

VID   Status  Property   MAC-LRN  Statistics  Description
--------------------------------------------------------------------------------
1     enable  default    enable   disable     VLAN 0001
4     enable  default    enable   disable     VLAN 0004
5     enable  default    enable   disable     VLAN 0005
100   enable  default    enable   disable     VLAN 0100
```

```
101    enable    default    enable    disable    VLAN 0101
102    enable    default    enable    disable    VLAN 0102
103    enable    default    enable    disable    VLAN 0103
200    enable    default    enable    disable    VLAN 0200
```

```
[HQ-AS-1]display port vlan
Port                        Link Type    PVID  Trunk  VLAN  List
-------------------------------------------------------------------------------
Ethernet0/0/1               access       4     -
Ethernet0/0/2               hybrid       1     -
Ethernet0/0/3               hybrid       1     -
Ethernet0/0/4               hybrid       1     -
Ethernet0/0/5               hybrid       1     -
Ethernet0/0/6               hybrid       1     -
Ethernet0/0/7               hybrid       1     -
Ethernet0/0/8               hybrid       1     -
Ethernet0/0/9               hybrid       1     -
Ethernet0/0/10              hybrid       1     -
Ethernet0/0/11              hybrid       1     -
Ethernet0/0/12              hybrid       1     -
Ethernet0/0/13              hybrid       1     -
Ethernet0/0/14              hybrid       1     -
Ethernet0/0/15              hybrid       1     -
Ethernet0/0/16              hybrid       1     -
Ethernet0/0/17              hybrid       1     -
Ethernet0/0/18              hybrid       1     -
Ethernet0/0/19              hybrid       1     -
Ethernet0/0/20              hybrid       1     -
Ethernet0/0/21              trunk        1     1-4094
Ethernet0/0/22              trunk        1     1-4094
GigabitEthernet0/0/1        hybrid       1     -
GigabitEthernet0/0/2        hybrid       1     -
```

```
[HQ-AS-2]vlan batch 4 5 100 101 102 103 200

[HQ-AS-2]interface Ethernet 0/0/21
[HQ-AS-2-Ethernet0/0/21]port link-type trunk
[HQ-AS-2-Ethernet0/0/21]port trunk allow-pass vlan all
```

```
[HQ-AS-2]interface Ethernet 0/0/22
```

```
[HQ-AS-2-Ethernet0/0/22]port link-type trunk
[HQ-AS-2-Ethernet0/0/22]port trunk allow-pass vlan all

[HQ-AS-2]interface Ethernet 0/0/1
[HQ-AS-2-Ethernet0/0/1]port link-type access
[HQ-AS-2-Ethernet0/0/1]port default vlan 4

[HQ-AS-2]interface Ethernet 0/0/2
[HQ-AS-2-Ethernet0/0/2]port link-type access
[HQ-AS-2-Ethernet0/0/2]port default vlan 5
```

```
[HQ-AS-2]display vlan
The total number of vlans is:8
--------------------------------------------------------------------------------
U:Up;            D:Down;            TG:Tagged        UT:Untagged;
MP:Vlan-mapping;                    ST:Vlan-stacking
#:ProtocolTransparent-vlan;         *:Mangagement-vlan;
--------------------------------------------------------------------------------

VID  Type    Ports
--------------------------------------------------------------------------------
1    common  UT:Eth0/0/3(D)   Eth0/0/4(D)   Eth0/0/5(D)   Eth0/0/6(D)
                Eth0/0/7(D)   Eth0/0/8(D)   Eth0/0/9(D)   Eth0/0/10(D)
                Eth0/0/11(D)  Eth0/0/12(D)  Eth0/0/13(D)  Eth0/0/14(D)
                Eth0/0/15(D)  Eth0/0/16(D)  Eth0/0/17(D)  Eth0/0/18(D)
                Eth0/0/19(D)  Eth0/0/20(D)  Eth0/0/21(D)  Eth0/0/22(D)
                GE0/0/1(D)    GE0/0/2(D)
4    common  UT:Eth0/0/1(U)
             TG:Eth0/0/21(D)  Eth0/0/22(D)
5    common  UT:Eth0/0/2(U)
             TG:Eth0/0/21(D)  Eth0/0/22(D)
100  common  TG:Eth0/0/21(U)  Eth0/0/22(U)
101  common  TG:Eth0/0/21(U)  Eth0/0/22(U)
102  common  TG:Eth0/0/21(U)  Eth0/0/22(U)
103  common  TG:Eth0/0/21(U)  Eth0/0/22(U)
200  common  TG:Eth0/0/21(U)  Eth0/0/22(U)

VID  Status  Property   MAC-LRN  Statistics  Description
--------------------------------------------------------------------------------
1    enable  default    enable   disable     VLAN 0001
4    enable  default    enable   disable     VLAN 0004
5    enable  default    enable   disable     VLAN 0005
```

```
[HQ-AS-2]display port vlan
Port                    Link Type    PVID  Trunk  VLAN  List
------------------------------------------------------------------
Ethernet0/0/1           access       4     -
Ethernet0/0/2           access       5     -
Ethernet0/0/3           hybrid       1     -
Ethernet0/0/4           hybrid       1     -
Ethernet0/0/5           hybrid       1     -
Ethernet0/0/6           hybrid       1     -
Ethernet0/0/7           hybrid       1     -
Ethernet0/0/8           hybrid       1     -
Ethernet0/0/9           hybrid       1     -
Ethernet0/0/10          hybrid       1     -
Ethernet0/0/11          hybrid       1     -
Ethernet0/0/12          hybrid       1     -
Ethernet0/0/13          hybrid       1     -
Ethernet0/0/14          hybrid       1     -
Ethernet0/0/15          hybrid       1     -
Ethernet0/0/16          hybrid       1     -
Ethernet0/0/17          hybrid       1     -
Ethernet0/0/18          hybrid       1     -
Ethernet0/0/19          hybrid       1     -
Ethernet0/0/20          hybrid       1     -
Ethernet0/0/21          trunk        1     1-4094
Ethernet0/0/22          trunk        1     1-4094
GigabitEthernet0/0/1    hybrid       1     -
GigabitEthernet0/0/2    hybrid       1     -
```

8.3 任务三：三层交换机实现 VLAN 间的路由

8.3.1 任务描述

按照表 8-3 配置图 8-9、图 8-10 和图 8-11 中 PC 的 IP 地址，并且完成 Headquarter、Branch 1 与 Branch 2 在各自区域内实现 VLAN 间互通。

表 8-3 IP 地址规划

主机	IP 地址	子网掩码	网关
Client 2	10.1.7.2	255.255.255.192	10.1.7.1
Client 3	10.1.7.66	255.255.255.224	10.1.7.65

续表

主机	IP 地址	子网掩码	网关
Client 4	10. 1. 7. 130	255. 255. 255. 224	10. 1. 7. 129
Client 5	10. 1. 7. 194	255. 255. 255. 192	10. 1. 7. 193
Client 6	DHCP	–	–
Client 7	10. 1. 4. 5	255. 255. 254. 0	10. 1. 4. 1
Client 8	10. 1. 6. 4	255. 255. 255. 192	10. 1. 6. 1

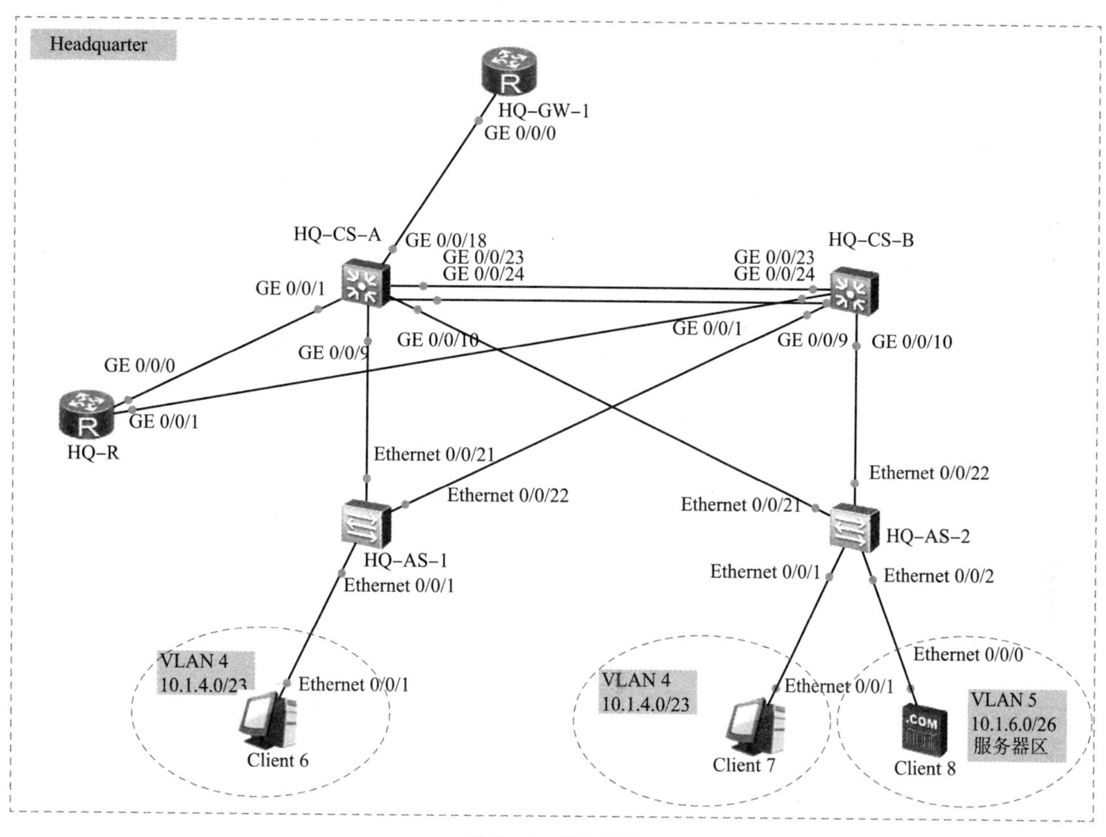

图 8 – 9　HQ 区域

注意事项如下：

由于 Branch 1 与 Branch 2 已经配置了相应的 VLANIF 接口，并且路由器本身具有三层路由功能，因此只需要将 VLANIF 接口配置对应的正确地址，就可以实现不同 VLAN 内的通信。

8.3.2　配置流程

VLAN 配置流程如图 8 – 12 所示。

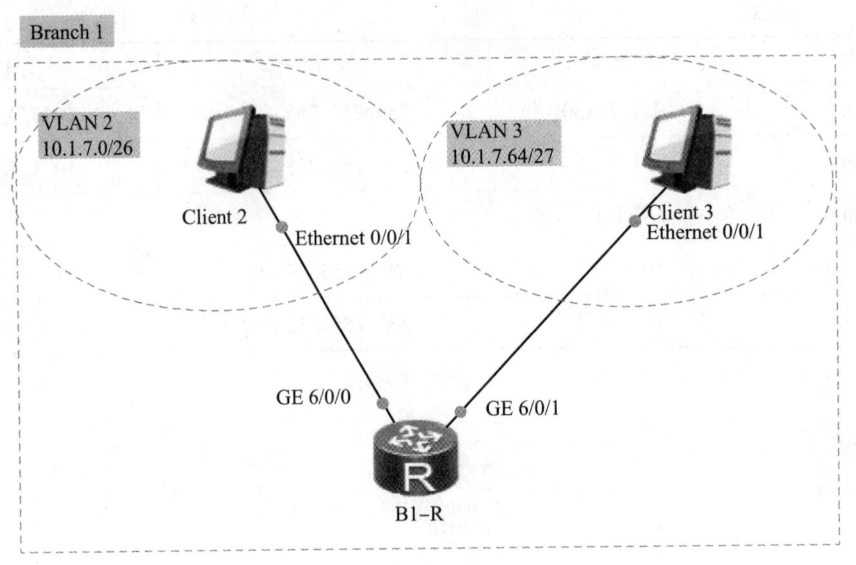

图 8-10　Branch 1 区域

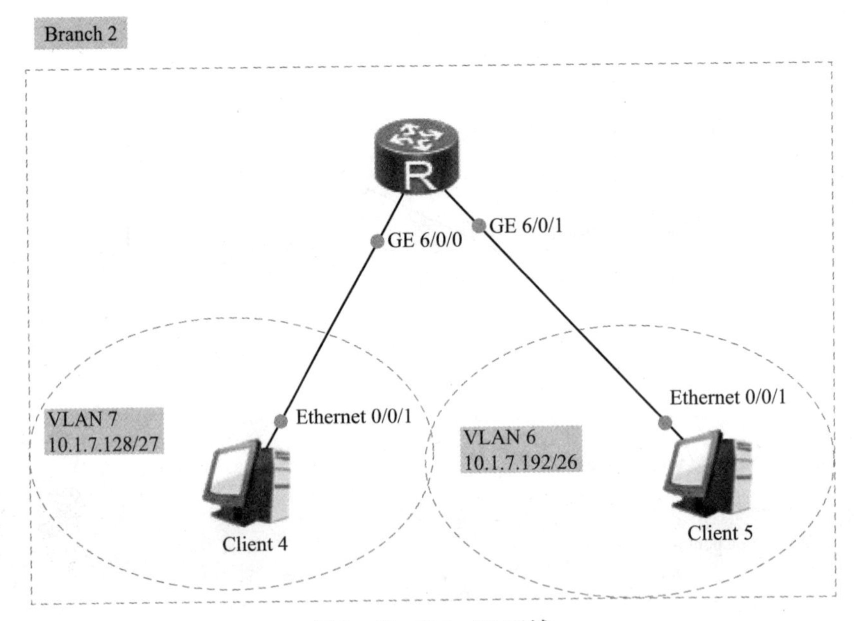

图 8-11　Branch2 区域

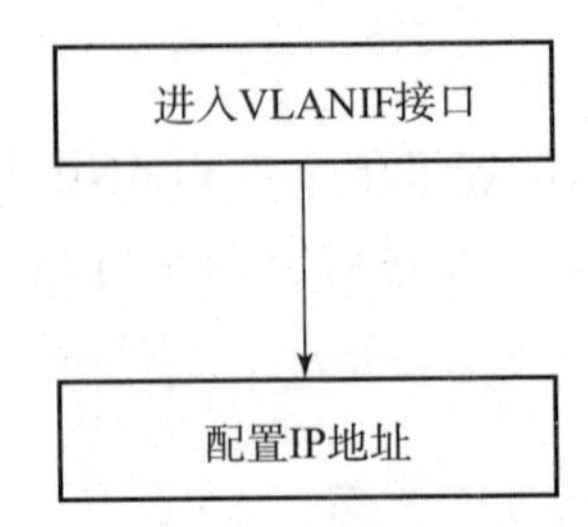

图 8-12　VLAN 配置流程

8.3.3 关键配置

（1）为 Client 分配地址，以 Client 2 为例（其他设备配置类似），如图 9－13 所示。

CLIENT 2

基础配置　命令行　组播　UDP发包工具

主机名：

MAC 地址：54-89-98-56-70-8C

IPv4 配置

◉静态　○DHCP　自动获取 DNS 服务器地址

IP 地址：10 . 1 . 7 . 2　DNS1：0 . 0 . 0 . 0

子网掩码：255 . 255 . 255 . 192　DNS2：0 . 0 . 0 . 0

网关：10 . 1 . 7 . 1

IPv6 配置

◉静态　○DHCPv6

IPv6 地址：::

前缀长度：128

IPv6 网关：::

应用

图 8－13　为 Client 分配地址

（2）通过 ipconfig 命令检测地址是否生效。

```
Welcome to use PC Simulator!

PC >ipconfig

Link local IPv6 address ........................ : fe80::5689:98ff:fe56:708c
IPv6 address ................................... : ::/128
IPv6 gateway ................................... : ::
IPv4 address ................................... : 10.1.7.2
Subnet mask .................................... : 225.225.255.192
Gateway ........................................ : 10.1.7.1
Physical address ............................... : 54-89-98-56-70-8C
DNS server ..................................... :

PC >
```

（3）为网络设备配置 VLANIF 接口地址，确保 PC 能够 ping 通自己的网关地址。

```
[B1 - R]interface Vlanif 2
[B1 - R - Vlanif 2]ip address 10.1.7.1 26

[B1 - R]interface Vlanif 3
[B1 - R - Vlanif 3]ip address 10.1.7.65 27
```

```
[B2 - R]interface Vlanif 7
[B2 - R - Vlanif 7]ip address 10.1.7.129 27

[B2 - R]interface Vlanif 6
[B2 - R - Vlanif 8]ip address 10.1.7.193 26
```

```
[HQ - CS - A]interface Vlanif 100
[HQ - CS - A - Vlanif 100]ip address 10.1.6.245 30

[HQ - CS - A]interface Vlanif 101
[HQ - CS - A - Vlanif 101]ip address 10.1.6.225 30

[HQ - CS - A]interface Vlanif 103
[HQ - CS - A - Vlanif 103]ip address 10.1.6.241 30

[HQ - CS - A]interface Vlanif 4
[HQ - CS - A - Vlanif 4]ip address 10.1.4.2 23

[HQ - CS - A]interface Vlanif 5
[HQ - CS - A - Vlanif 5]ip address 10.1.6.2 26

[HQ - CS - A]interface Vlanif 200
[HQ - CS - A - Vlanif 200]ip address 10.1.6.194 28

[HQ - CS - B]interface Vlanif 100
[HQ - CS - B - Vlanif 100]ip address 10.1.6.246 30

[HQ - CS - B]interface Vlanif 102
[HQ - CS - B - Vlanif 102]ip address 10.1.6.229 30

[HQ - CS - B]interface Vlanif 4
[HQ - CS - B - Vlanif 4]ip address 10.1.4.3 23
```

```
[HQ-CS-B]interface Vlanif 5
[HQ-CS-B-Vlanif 5]ip address 10.1.6.3 26

[HQ-CS-B]interface Vlanif 200
[HQ-CS-B-Vlanif 200]ip address 10.1.6.193 28

[HQ-AS-1]interface Vlanif 200
[HQ-AS-1-Vlanif 200]ip address 10.1.6.196 28

[HQ-AS-2]interface Vlanif 200
[HQ-AS-2-Vlanif 200]ip address 10.1.6.197 28
```

（4）在 PC 上用 ping 命令进行测试。

```
Welcome to use PC simulator!

PC>ping 10.1.7.1

Ping 10.1.7.1:32 data bytes,Press Ctrl_c to break
From 10.1.7.1:bytes=32 seq=1 ttl=255 time=32 ms
From 10.1.7.1:bytes=32 seq=2 ttl=255 time=15 ms

--- 10.1.7.1 ping statistics ---
  2 packet(s) transmitted
  2 packet(s) received
  0.00% packet loss
  round-trip min/avg/max=15/23/32 ms

PC>
```

8.4　任务四：STP 的配置

8.4.1　任务描述

Headquarter 中四台交换机通过运行 STP 来防止环路。

要求使用 RSTP，并且 HQ-CS-A 为网络中的根桥设备，HQ-CS-B 为网络中的备份根桥，如图 8-14 所示。

注意事项如下：

（1）在某些 VRP 版本中 STP 为关闭状态，需要手工开启（模拟器中默认开启）。

（2）模拟器中默认运行协议为 MSTP。

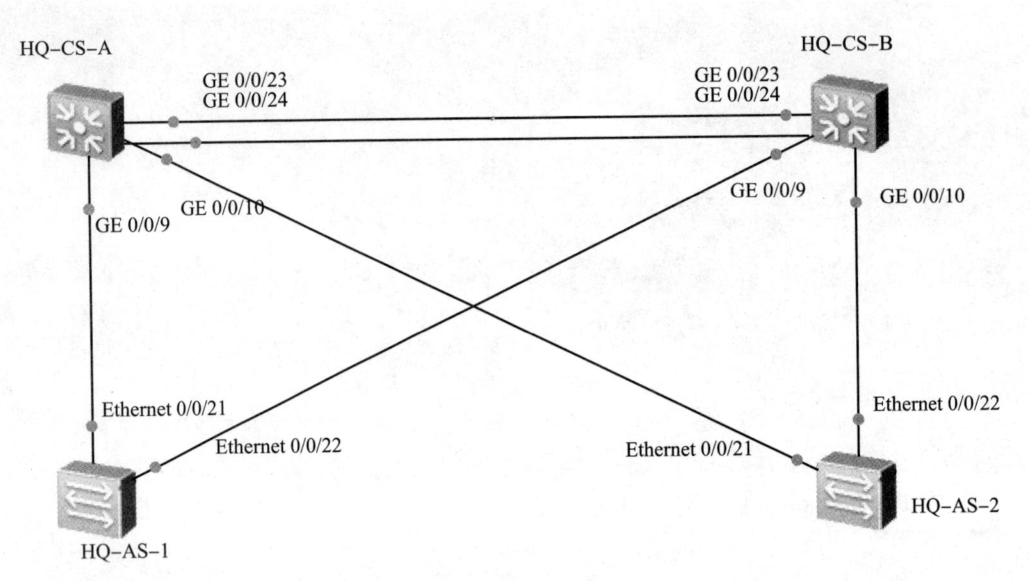

图 8 - 14　STP 配置

(3) 与 PC 相连的接口不需要运行 STP，建议配置为边缘端口以便快速转发。

8.4.2　配置流程

STP 配置流程如图 8 - 15 所示。

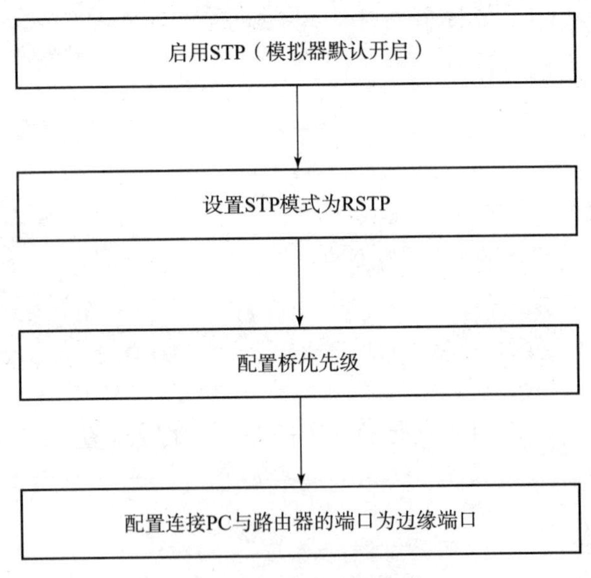

图 8 - 15　STP 配置流程

8.4.3　关键配置

(1) 四台交换机开启生成树，并且指定生成树模式为 RSTP，在模拟器里 STP 默认就是开启状态，所以第一条命令在模拟器中可以省略。

```
[HQ-CS-A]stp enable
[HQ-CS-A]stp mode rstp

[HQ-CS-B]stp enable
[HQ-CS-B]stp mode rstp

[HQ-AS-1]stp enable
[HQ-AS-1]stp mode rstp

[HQ-AS-2]stp enable
[HQ-AS-2]stp mode rstp
```

（2）调整优先级，设置 HQ-CS-A 为主根桥，HQ-CS-B 为备份根桥。

```
[HQ-CS-A]stp root primary

[HQ-CS-B]stp root secondary
```

（3）将连接 PC 的端口设置为边缘端口，以便网络的快速收敛。

```
[HQ-AS-1]interface e0/0/1
[HQ-AS-1-Ethernet0/0/1]stp edged-port enable

[HQ-AS-2]interface e0/0/1
[HQ-AS-2-Ethernet0/0/1]stp edged-port enable
[HQ-AS-2]interface e0/0/2
[HQ-AS-2-Ethernet0/0/2]stp edged-port enable
```

（4）查看生成树状态。

```
[HQ-CS-A]display stp brief
MSTID  Port                         Role  STP State     Protection
  0    GigabitEthernet0/0/1         DESI  FORWARDING      NONE
  0    GigabitEthernet0/0/9         DESI  FORWARDING      NONE
  0    GigabitEthernet0/0/10        DESI  FORWARDING      NONE
  0    GigabitEthernet0/0/18        DESI  FORWARDING      NONE
  0    Eth-Trunk1                   DESI  FORWARDING      NONE
```

```
[HQ-CS-B]display stp brief
MSTID  Port                         Role  STP State     Protection
  0    GigabitEthernet0/0/1         DESI  FORWARDING      NONE
  0    GigabitEthernet0/0/9         DESI  FORWARDING      NONE
  0    GigabitEthernet0/0/10        DESI  FORWARDING      NONE
  0    Eth-Trunk1                   ROOT  FORWARDING      NONE
```

```
[HQ-AS-1]display stp brief
MSTID  Port                    Role  STP State       Protection
  0    Ethernet0/0/1           DESI  FORWARDING         NONE
  0    Ethernet0/0/21          ROOT  FORWARDING         NONE
  0    Ethernet0/0/22          ALTE  FORWARDING         NONE
```

```
[HQ-AS-2]display stp brief
MSTID  Port                    Role  STP State       Protection
  0    Ethernet0/0/1           DESI  FORWARDING         NONE
  0    Ethernet0/0/2           DESI  FORWARDING         NONE
  0    Ethernet0/0/21          ROOT  FORWARDING         NONE
  0    Ethernet0/0/22          ALTE  DISCARDING         NONE
```

8.5 任务五：VRRP 的配置

8.5.1 任务描述

按照表 8－4 配置 VRRP 虚拟网关。

表 8－4 VRRP 地址分配

VRRP	HQ－CS－A	V－IP（GW）	HQ－CS－B
VLAN 4	10.1.4.2/23	10.1.4.1/23	10.1.4.3/23
VLAN 5	10.1.6.2/26	10.1.6.1/26	10.1.6.3/26
VLAN 200	10.1.6.194/28	10.1.6.195/28	10.1.6.193/28

配置 VRRP MD5 认证，使用密码“hwvrrp”。

注意事项如下：

（1）交换机的 VRRP 配置需要在 VLANIF 接口上进行。

（2）虚拟 IP 地址必须和当前接口 IP 地址处于同一网段。

（3）各备份组之间的虚拟 IP 地址不能重复。

（4）确保同一备份组的两端设备上配置相同的备份组 ID。

（5）不同接口之间的备份组可以重复使用，但是建议使用不同的备份组编号。

（6）VRRP 优先级配置范围为 1～254，默认值为 100，优先级高的设备成为 VRRP 的 Master。

（7）尽量确保生成树的根桥设备成为 VRRP 的 Master 设备，从而减少二层次优路径。

8.5.2 配置流程

VRRP 配置流程如图 8－16 所示。

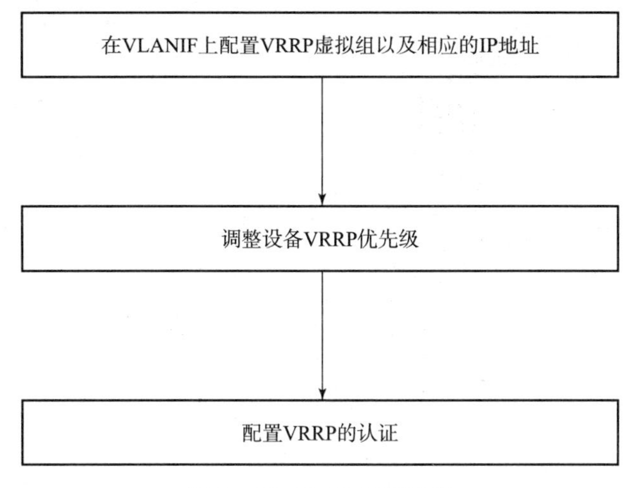

图 8－16　VRRP 配置流程

8.5.3　关键配置

（1）在核心交换机上配置 VRRP 虚拟组。

```
[HQ-CS-A]interface Vlanif 4
[HQ-CS-A-Vlanif 4]vrrp vrid 4 virtual-ip 10.1.4.1
[HQ-CS-A]interface Vlanif 5
[HQ-CS-A-Vlanif 5]vrrp vrid 5 virtual-ip 10.1.6.1
[HQ-CS-A]interface Vlanif 200
[HQ-CS-A-Vlanif 200]vrrp vrid 200 virtual-ip 10.1.6.195

[HQ-CS-B]interface Vlanif 4
[HQ-CS-B-Vlanif 4]vrrp vrid 4 virtual-ip 10.1.4.1
[HQ-CS-B]interface Vlanif 5
[HQ-CS-B-Vlanif 5]vrrp vrid 5 virtual-ip 10.1.6.1
[HQ-CS-B]interface Vlanif 200
[HQ-CS-B-Vlanif 200]vrrp vrid 200 virtual-ip 10.1.6.195
```

（2）调整 HQ－CS－A 设备的 VRRP 优先级，使其成为 Master 设备。

```
[HQ-CS-A]interface Vlanif 4
[HQ-CS-A-Vlanif 4]vrrp vrid 4 priority 120
[HQ-CS-A]interface Vlanif 5
[HQ-CS-A-Vlanif 5]vrrp vrid 5 priority 120
[HQ-CS-A]interface Vlanif 200
[HQ-CS-A-Vlanif 200]vrrp vrid 200 priority 120
```

（3）在 HQ－CS－A 和 HQ－CS－B 上配置 VRRP 的认证。

```
[HQ-CS-A]interface Vlanif 4
[HQ-CS-A-Vlanif 4]vrrp vrid 4 authentication-mode md5 hwvrrp
[HQ-CS-A]interface Vlanif 5
[HQ-CS-A-Vlanif 5]vrrp vrid 5 authentication-mode md5 hwvrrp
[HQ-CS-A]interface Vlanif 200
[HQ-CS-A-Vlanif 200]vrrp vrid 200 authentication-mode md5 hwvrrp
```

```
[HQ-CS-B]interface Vlanif 4
[HQ-CS-B-Vlanif 4]vrrp vrid 4 authentication-mode md5 hwvrrp
[HQ-CS-B]interface Vlanif 5
[HQ-CS-B-Vlanif 5]vrrp vrid 5 authentication-mode md5 hwvrrp
[HQ-CS-B]interface Vlanif 200
[HQ-CS-B-Vlanif 200]vrrp vrid 200 authentication-mode md5 hwvrrp
```

（4）对 VRRP 的状态进行检查。

HQ-CS-A 在所有的 VLAN 中均为 Master。

```
[HQ-CS-A]display vrrp brief
VRID      State       Interface            Type        Virtual IP
-----------------------------------------------------------------
4         Master      Vlanif4              Normal      10.1.4.1
5         Master      Vlanif5              Normal      10.1.6.1
200       Master      Vlanif200            Normal      10.1.6.195
-----------------------------------------------------------------
Total:3     Master:3      Backup:0      Non-active:0
```

HQ-CS-B 在所有的 VLAN 中均为 Backup。

```
[HQ-CS-B]display vrrp brief
VRID      State       Interface            Type        Virtual IP
-----------------------------------------------------------------
4         Backup      Vlanif4              Normal      10.1.4.1
5         Backup      Vlanif5              Normal      10.1.6.1
200       Backup      Vlanif200            Normal      10.1.6.195
-----------------------------------------------------------------
Total:3     Master:0      Backup:0      Non-active:0
```

（5）PC 7 与 PC 8 均可 ping 通自己的网关地址。

```
Welcome to use PC simulator!

PC>ping 10.1.4.1

Ping 10.1.4.1:32 data bytes,Press Ctrl_c to break
From 10.1.4.1:bytes=32 seq=1 ttl=255 time=63 ms
```

```
From 10.1.4.1:bytes =32 seq =2 ttl =255 time =31 ms
From 10.1.4.1:bytes =32 seq =3 ttl =255 time =31 ms
From 10.1.4.1:bytes =32 seq =4 ttl =255 time =47 ms
From 10.1.4.1:bytes =32 seq =5 ttl =255 time =32 ms

--- 10.1.4.1 ping statistics ---
  5 packet(s) transmitted
  5 packet(s) received
  0.00% packet loss
  round - trip min/avg/max =31/40/63 ms

PC >
```

```
Welcome to use PC simulator!

PC >ping 10.1.6.1

Ping 10.1.6.1:32 data bytes,Press Ctrl_c to break
From 10.1.6.1:bytes =32 seq =1 ttl =255 time =46 ms
From 10.1.6.1:bytes =32 seq =2 ttl =255 time =47 ms
From 10.1.6.1:bytes =32 seq =3 ttl =255 time =32 ms
From 10.1.6.1:bytes =32 seq =4 ttl =255 time =46 ms
From 10.1.6.1:bytes =32 seq =5 ttl =255 time =47 ms

--- 10.1.6.1 ping statistics ---
  5 packet(s) transmitted
  5 packet(s) received
  0.00% packet loss
  round - trip min/avg/max =32/43/47 ms

PC >
```

8.6　任务六：PPP 的配置

8.6.1　任务描述

HQ - R 与 B1 - R，B2 - R 互联的链路使用 PPP 链路。按照总需求中的 IP 地址规划，为互联的接口配置 IP 地址并实现基本的 IP 互通，如图 8 - 17 所示。

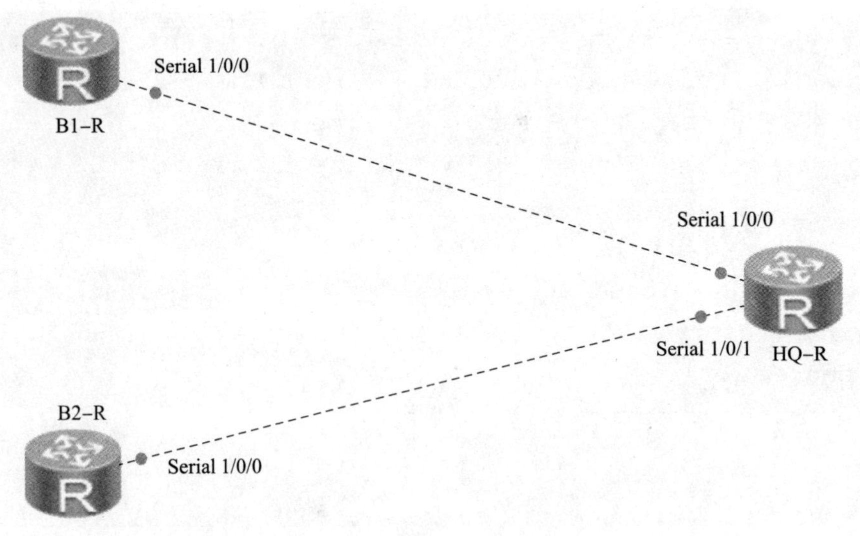

图 8-17　CHAP 与 PAP 配置

在两条 PPP 链路上启用 PPP 的认证，HQ-R 为认证端，B1-R、B2-R 为被认证端。

HQ-R 与 B1-R 之间使用 CHAP 认证，用户名为“chapuser”密码为“hwchap”。

HQ-R 与 B2-R 之间使用 PAP 认证，用户名为“papuser”密码为“hwpap”。

注意事项如下：

（1）使用 PPP 认证时，只有确保认证通过才能够让链路 Up。

（2）确保被认证方的用户名和密码信息要与认证方数据库中的一致。

（3）缺省情况下，系统存在两个域：“default”和“default_admin”。“default”为普通接入用户的缺省域，“default_admin”为管理员的缺省域。

（4）缺省情况下，域使用配置名为 default 的认证方案。

（5）配置完用户后要指定此用户服务类型为 PPP。

8.6.2　配置流程

PPP 配置流程如图 8-18 所示。

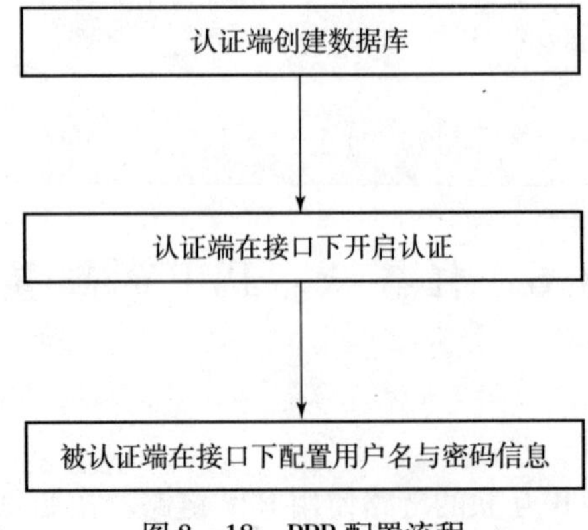

图 8-18　PPP 配置流程

8.6.3　关键配置

（1）为三台路由器互联的接口配置 IP 地址。

```
[HQ-R]interface s1/0/0
[HQ-R-Serial1/0/0]ip address 10.1.6.233 30

[HQ-R]interface s1/0/1
[HQ-R-Serial1/0/1]ip address 10.1.6.237 30

[B1-R]interface s1/0/0
[B1-R-Serial1/0/0]ip add 10.1.6.234 30

[B2-R]interface s1/0/0
[B2-R-Serial1/0/0]ip add 10.1.6.238 30
```

（2）在认证方 HQ-R 创建认证数据库。

```
[HQ-R]aaa
[HQ-R-aaa]local-user chapuser password cipher hwchap
[HQ-R-aaa]local-user chapuser service-type ppp
[HQ-R-aaa]local-user papuser password cipher hwpap
[HQ-R-aaa]local-user papuser service-type ppp
```

（3）在认证方 HQ-R 接口上开启相应的认证。

```
[HQ-R]interface s1/0/0
[HQ-R-Serial1/0/0]ppp authentication-mode chap

[HQ-R]interface s1/0/1
[HQ-R-Serial1/0/1]ppp authentication-mode pap
```

（4）在被认证方 B1-R 和 B2-R 上配置用户名和密钥。

```
[B1-R]interface s1/0/0
[B1-R-Serial1/0/0]ppp chap user chapuser
[B1-R-Serial1/0/0]ppp chap password cipher hwchap
[B2-R]int s1/0/0
[B2-R-Serial1/0/0]ppp pap local-user papuser password cipher hwpap
```

（5）通过 display interface s1/0/0 查看接口，确保物理层和协议层信息均为 UP，LCP 和 IPCP 均标记为 opened，并且双方能够 ping 通对方。

```
[HQ-R]display interface s1/0/0
Serial1/0/0 current state:UP
```

```
Line protocol current state: UP
Last line protocol up time:2016 -11 -24   01:54:42 UTC -08:00
Description:HUAWEI,AR Series,Serial1/0/0 Interface
Route Port,The Maximum Transmit Unit is 1500,Hold timer is 10(sec)
Internet Address is 10.1.6.233/30
Link layer protocol is PPP
LCP opened,IPCP opened
Last physical up time     :  2015 -11 -24   00:13:25   UTC -08:00
Last physical down time   :  2015 -11 -24   00:13:19   UTC -08:00
Current system time:2015 -11 -24   01:57:48 -08:00
Physical layer is synchronous,Virtualbaudrate is 64000 bps
Interface is DTE,Cable type is V11,Clock mode is TC
Last 300 seconds input rate 7 bytes/sec 56 bits/sec,0 packets/sec
Last 300 seconds output rate 2 bytes/sec 16 bits/sec,0 packets/sec

Input:1267 packets,40596 bytes
  Broadcast:            0,  Multicast:          0
  Errors:               0,  Runts:              0
  Giants:               0,  CRC:                0

  Alignments:           0,  Overruns:           0
  Dribbles:             0,  Aborts:             0
  No Buffers:           0,  Frame Error:        0

Output:1267 packets,15266 bytes
  Total Error:          0,  Overruns:           0
  Collisions:           0,  Deferred:           0
    Input bandwidth utilization  :   0%
    Output bandwidth utilization :   0%
```

8.7 任务七：OSPF 的配置

8.7.1 任务描述

按照总需求的 IP 规划表在 B1 - R、B2 - R、HQ - R、HQ - CS - A、HQ - CSB 五台设备上配置 LoopBack 测试地址与接口 IP 地址，并且按照图 8 - 19 配置基本的 OSPF，并满足下列需求：

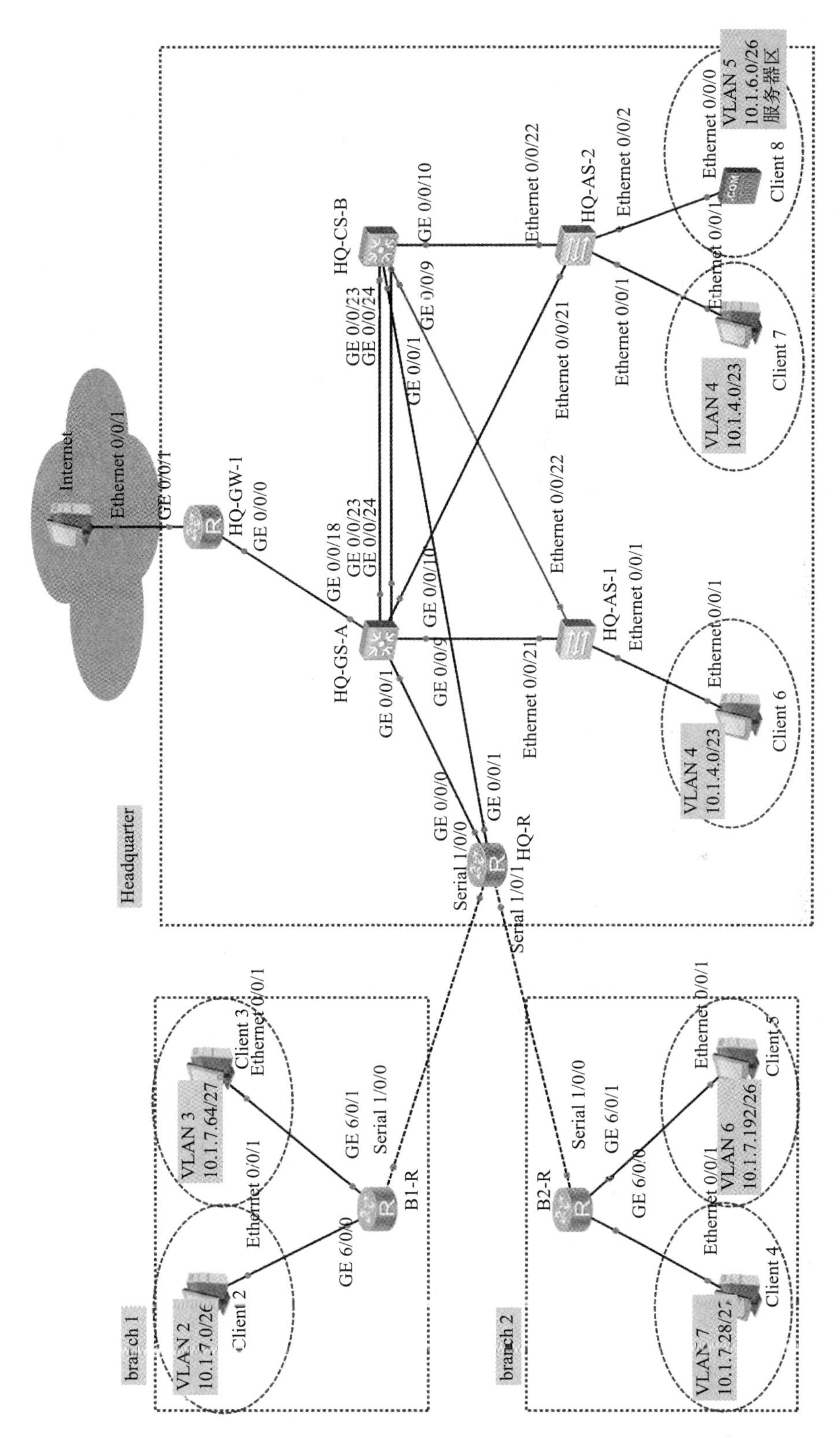

图8-19　OSPF区域规划

（1）OSPF 进程号为 100，手工指定 RID 为设备的 LoopBack 0 的地址。

（2）HQ－R 与 B1－R 之间的 PPP 链路属于区域 1。

（3）HQ－R 与 B2－R 之间的 PPP 链路属于区域 2。

（4）所有 PC 均不要收到 OSPF 的任何报文信息。

（5）HQ－CS－A 在 OSPF 进程中下放一条默认路由，用以访问外网。

注意事项如下：

（1）OSPF 中链路两端的区域 ID 确保一致，否则无法建立邻居关系。

（2）在 OSPF 网络规划时，有且只能有唯一的一个 OSPF 骨干区域（区域 0）。

（3）OSPF 非骨干区域必须与骨干区域相连。

（4）OSPF 网络中的 RID 必须唯一，不同设备的 RID 不能相同。

8.7.2 配置流程

OSPF 配置流程如图 8－20 所示。

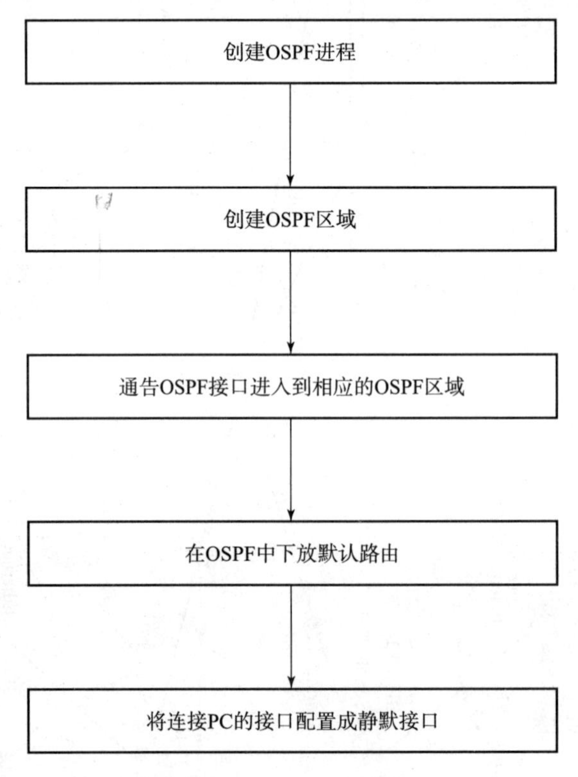

图 8－20　OSPF 配置流程

8.7.3 关键配置

（1）配置 LoopBack 0 接口地址。

```
[B1-R]interface LoopBack 0
[B1-R-LoopBack0]ip address 10.1.6.212 32

[B2-R]interface LoopBack 0
[B2-R-LoopBack 0]ip address 10.1.6.213 32

[HQ-R]interface LoopBack 0
[HQ-R-LoopBack 0]ip address 10.1.6.211 32
[HQ-R]interface g0/0/0
[HQ-R-GigabitEthernet0/0/0]ip address 10.1.6.226 30
[HQ-R]interface g0/0/1
[HQ-R-GigabitEthernet0/0/1]ip address 10.1.6.230 30

[HQ-CS-A]interface LoopBack 0
[HQ-CS-A-LoopBack 0]ip address 10.1.6.209 32

[HQ-CS-B]interface LoopBack 0
[HQ-CS-B-LoopBack 0]ip address 10.1.6.210 32

[HQ-GW-1]interface g0/0/0
[HQ-GW-1-GigabitEthernet0/0/0]ip address 10.1.6.242 30
[HQ-GW-1]interface g0/0/1
[HQ-GW-1-GigabitEthernet0/0/1]ip address 202.12.34.2 30
```

（2）配置 OSPF 进程。

```
[HQ-CS-A]ospf 1 router-id 10.1.6.209
[HQ-CS-A-ospf-1]area 0
[HQ-CS-A-ospf-1-area-0.0.0.0]network 10.1.4.2 0.0.0.0
[HQ-CS-A-ospf-1-area-0.0.0.0]network 10.1.6.2 0.0.0.0
[HQ-CS-A-ospf-1-area-0.0.0.0]network 10.1.6.245 0.0.0.0
[HQ-CS-A-ospf-1-area-0.0.0.0]network 10.1.6.225 0.0.0.0
[HQ-CS-A-ospf-1-area-0.0.0.0]network 10.1.6.241 0.0.0.0
[HQ-CS-A-ospf-1-area-0.0.0.0]network 10.1.6.194 0.0.0.0
```

```
[HQ-CS-B]ospf 1 router-id 10.1.6.210
[HQ-CS-B-ospf-1]area 0
[HQ-CS-B-ospf-1-area-0.0.0.0]network 10.1.4.3 0.0.0.0
[HQ-CS-B-ospf-1-area-0.0.0.0]network 10.1.6.3 0.0.0.0
[HQ-CS-B-ospf-1-area-0.0.0.0]network 10.1.6.246 0.0.0.0
```

```
[HQ-CS-B-ospf-1-area-0.0.0.0]network 10.1.6.229 0.0.0.0
[HQ-CS-B-ospf-1-area-0.0.0.0]network 10.1.6.193 0.0.0.0
```

```
[HQ-R]ospf 1 router-id 10.1.6.211
[HQ-R-ospf-1]area 0
[HQ-R-ospf-1-area-0.0.0.0]network 10.1.6.226 0.0.0.0
[HQ-R-ospf-1-area-0.0.0.0]network 10.1.6.230 0.0.0.0
[HQ-R-ospf-1]area 1
[HQ-R-ospf-1-area-0.0.0.1]network 10.1.6.233 0.0.0.0
[HQ-R-ospf-1]area 2
[HQ-R-ospf-1-area-0.0.0.2]network 10.1.6.237 0.0.0.0
```

```
[B1-R]ospf 1 router-id 10.1.6.212
[B1-R-ospf-1-area-0.0.0.1]network 10.1.6.212 0.0.0.0
[B1-R-ospf-1-area-0.0.0.1]network 10.1.6.234 0.0.0.0
[B1-R-ospf-1-area-0.0.0.1]network 10.1.7.1 0.0.0.0
[B1-R-ospf-1-area-0.0.0.1]network 10.1.7.65 0.0.0.0
```

（3）由于内网的设备不会有外网的明细路由条目，因此需要在 OSPF 区域内的网络出口设备上进行默认路由的下放。（注意：链路状态路由协议是无法使用引入静态路由的方式学习到默认路由的）

在 HQ-CS-A 上下放默认路由。

```
[HQ-CS-A]ospf 1
[HQ-CS-A-ospf-1]default-route-advertise always
```

（4）将与 PC 互联的接口设置成静默接口，确保 PC 不会收到 OSPF 的报文信息。

```
[HQ-CS-A]ospf 1
[HQ-CS-A-ospf-1]silent-interface Vlanif 4
[HQ-CS-A-ospf-1]silent-interface Vlanif 5

[HQ-CS-B]ospf 1
[HQ-CS-B-ospf-1]silent-interface Vlanif 4
[HQ-CS-B-ospf-1]silent-interface Vlanif 5

[B1-R]ospf 1
[B1-R-ospf-1]silent-interface Vlanif 2
[B1-R-ospf-1]silent-interface Vlanif 3

[B2-R]ospf 1
[B2-R-ospf-1]silent-interface Vlanif 6
```

```
[B2-R-ospf-1]silent-interface Vlanif 7
```

（5）通过 display ospf peer brief 命令查看 OSPF 邻居关系。

```
<HQ-R>display ospf peer brief
        OSPF Process 1 with Router ID 10.1.6.221
                 Peer Statistic Information
-------------------------------------------------------------------------
Area ID           Interface                    Neighbor ID        State
0.0.0.0           GigabitEtherner0/0/0         10.1.6.209         Full
0.0.0.0           GigabitEtherner0/0/1         10.1.6.210         Full
0.0.0.1           Serial1/0/0                  10.1.6.212         Full
0.0.0.2           Serial1/0/1                  10.1.6.213         Full
-------------------------------------------------------------------------
```

```
<B1-R>display ospf peer brief
        OSPF Process 1 with Router ID 10.1.6.212
                 Peer Statistic Information
-------------------------------------------------------------------------
Area ID           Interface                    Neighbor ID        State
0.0.0.1           Serial1/0/0                  10.1.6.211         Full
-------------------------------------------------------------------------
```

```
<B2-R>display ospf peer brief
        OSPF Process 1 with Router ID 10.1.6.213
                 Peer Statistic Information
-------------------------------------------------------------------------
Area ID           Interface                    Neighbor ID        State
0.0.0.2           Serial1/0/0                  10.1.6.211         Full
-------------------------------------------------------------------------
```

```
<HQ-CS-A>display ospf peer brief
        OSPF Process 1 with Router ID 10.1.6.209
                 Peer Statistic Information
-------------------------------------------------------------------------
Area ID           Interface                    Neighbor ID        State
0.0.0.0           Vlanif100                    10.1.6.210         Full
0.0.0.0           Vlanif101                    10.1.6.211         Full
0.0.0.0           Vlanif200                    10.1.6.210         Full
-------------------------------------------------------------------------
```

```
<HQ-CS-B>display ospf peer brief
        OSPF Process 1 with Router ID 10.1.6.210
                 Peer Statistic Information
-------------------------------------------------------------------------
Area ID           Interface                    Neighbor ID        State
0.0.0.0           Vlanif100                    10.1.6.209         Full
```

```
0.0.0.0      Vlanif102                    10.1.6.211        Full
0.0.0.0      Vlanif200                    10.1.6.209        Full
```

（6）通过 display ospf brief 命令查看静默接口。

```
<B1-R>display ospf brief
        OSPF Process 1 with Router ID 10.1.6.212
                 OSPF Protocol Information

RouterID:10.1.6.212       Border Router:
Multi-VPN-Instance is not enabled
Global DS-TE Mode:Non-Standard IETF Mode
Graceful-restart capability :  disabled
Helper support capability    :  not configured
Applications Supported:MPLS Traffic-Engineering
Spt-schedule-interval:max 10000ms,start 500ms,hold 1000ms
Default ASE parameters:Mertic:1 Tag:1 Type:2
Route Preference:10
ASE Route Preference:150
SPF Computation Count:11
RFC 1583 Compatible
Retransmission limitation is disabled
Area Count:1     Nssa Area Count:0
ExChange/Loading Neighbors:0
Process total up interface count:4
Process valid up interface count:3

Area:0.0.0.1        (MPLS TE not enabled)
Authtype:None      Area flag:Normal
SPF scheduled Count:10
ExChange/Loading Neighbors:0
Router ID conflict state:Normal
Area interface up count:4

Interface:10.1.7.1(Vlanif2)
Cost:1       State:DR       Type:Broadcast       MTU:1500
Priority:1
Designated Router:10.1.7.1
Backup Designated Router:0.0.0.0
```

```
Timers:Hello 10,Dead 40,Poll 120,Retransmit 5,Transmit Delay1
Silent interface,No hellos

Interface:10.1.7.65(Vlanif3)
Cost:1       State:DR       Type:Broadcast       MTU:1500
Priority:1
Designated Router:10.1.7.65
Backup Designated Router:0.0.0.0
Timers:Hello 10,Dead 40,Poll 120,Retransmit 5,Transmit Delay 1
Silent interface,No hellos

Interface:10.1.6.234(Serial1/0/0/0)→10.1.6.233
Cost:48       State:P-2-P       Type:P2P       MTU:1500
Timers:Hello 10,Dead 40,Poll 120,Retransmit 5,Transmit Delay 1

Interface:10.1.6.212(LoopBack0)
Cost:0       State:P-2-P       Type:P2P       MTU:1500
Timers:Hello 10,Dead 40,Poll 120,Retransmit 5,Transmit Delay 1
```

（7）在 HQ-R 设备上查看路由表，可以看到全网的路由信息。

```
<HQ-R>display ospf routing
      OSPF Process 1 with Router ID 10.1.6.211
            Routing Tables

Routing for Network
Destination      Cost    Type      NextHop      AdvRouter      Area
10.1.6.224/30    1       Transit   10.1.6.226   10.1.6.211     0.0.0.0
10.1.6.228/30    1       Transit   10.1.6.230   10.1.6.211     0.0.0.0
10.1.6.232/30    48      Stub      10.1.6.233   10.1.6.211     0.0.0.1
10.1.6.236/30    48      Stub      10.1.6.237   10.1.6.211     0.0.0.2
10.1.4.0/23      2       Stub      10.1.6.229   10.1.6.210     0.0.0.0
10.1.4.0/23      2       Stub      10.1.6.225   10.1.6.209     0.0.0.0
10.1.4.1/32      2       Stub      10.1.6.225   10.1.6.209     0.0.0.0
10.1.6.0/26      2       Stub      10.1.6.229   10.1.6.210     0.0.0.0
10.1.6.0/26      2       Stub      10.1.6.225   10.1.6.209     0.0.0.0
10.1.6.1/32      2       Stub      10.1.6.225   10.1.6.209     0.0.0.0
10.1.6.192/28    2       Transit   10.1.6.229   10.1.6.210     0.0.0.0
10.1.6.192/28    2       Transit   10.1.6.225   10.1.6.210     0.0.0.0
```

```
10.1.6.195/32     2       Stub       10.1.6.225     10.1.6.209     0.0.0.0
10.1.6.209/32     1       Stub       10.1.6.225     10.1.6.209     0.0.0.0
10.1.6.210/32     1       Stub       10.1.6.229     10.1.6.210     0.0.0.0
10.1.6.212/32     48      Stub       10.1.6.234     10.1.6.212     0.0.0.1
10.1.6.213/32     48      Stub       10.1.6.238     10.1.6.213     0.0.0.2
10.1.6.240/30     2       Stub       10.1.6.225     10.1.6.209     0.0.0.0
10.1.6.244/30     2       Transit    10.1.6.229     10.1.6.210     0.0.0.0
10.1.6.244/30     2       Transit    10.1.6.225     10.1.6.210     0.0.0.0
10.1.7.0/26       49      Stub       10.1.6.234     10.1.6.212     0.0.0.1
10.1.7.64/27      49      Stub       10.1.6.234     10.1.6.212     0.0.0.1
10.1.7.128/27     49      Stub       10.1.6.238     10.1.6.213     0.0.0.2
10.1.7.192/26     49      Stub       10.1.6.238     10.1.6.213     0.0.0.2

Routing for ASEs
Destination       Cost       Type       Tag    NextHop         AdvRouter
0.0.0.0/0         1          Type2      1      10.1.6.225      10.1.6.209

Total Nets:25
Intra Area:24   Inter Area:0    ASE:1  NSSA:0
```

8.8 任务八：静态路由的配置

8.8.1 任务描述

（1）在 HQ－CS－A 和 HQ－GW－1 上配置一条默认路由用以访问外网；

（2）在 HQ－GW－1 上配置一条 10.0.0.0/8 的静态路由用以访问内网，如图 8－21 所示。

注意事项如下：

在配置静态路由时，注意下一跳地址或出接口的正确性，用以确保数据包的争取转发。

8.8.2 配置流程

参见图 6－3 所示的配置流程。

8.8.3 关键配置

（1）HQ－GW－1 配置默认路由和静态路由。

```
[HQ-GW-1]ip route-static 10.0.0.0 8 10.1.6.241
[HQ-GW-1]ip route-static 0.0.0.0 0 202.12.34.1
```

（2）HQ－CS－A 配置默认路由。

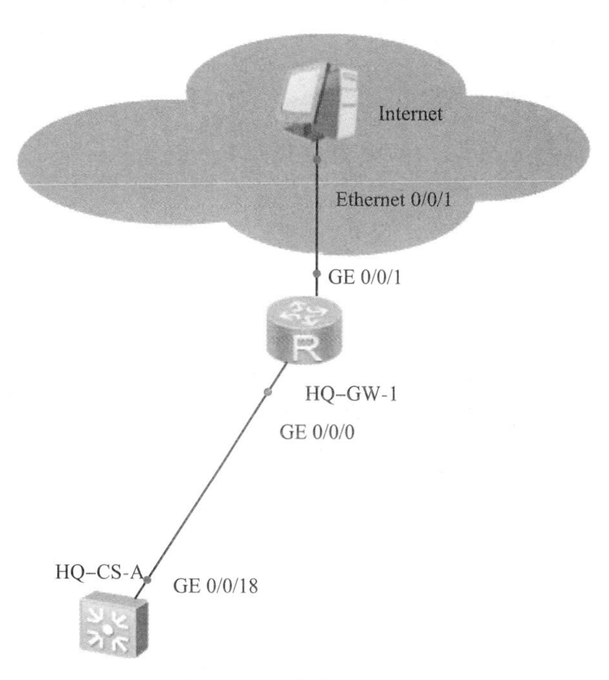

图 8－21　静态路由配置

```
[HQ-CS-A]ip route-static 0.0.0.0 0 10.1.6.242
```

（3）因为处于 Internet 的设备是不会有似网设备的路由信息的，所以模拟 Internet 的 PC 在这里只需要配置 IP 地址，不需要配置网关信息。

Internet 配置如下内容：

①IP 地址：202. 12. 34. 1；

②子网掩码：255. 255. 255. 0。

（4）检验：在网络内的任意路由器或者交换机设备上能够 ping 通 HQ－GW－1 的公网地址 202. 12. 34. 2 即可。

```
<B1-R>ping 202.12.34.2
PING 202.12.34.2:56  data bytes,Press CTRL_c to break
Reply from 202.12.34.2:bytes=56 sequence=1 ttl=253 time=50 ms
Reply from 202.12.34.2:bytes=56 sequence=2 ttl=253 time=60 ms
Reply from 202.12.34.2:bytes=56 sequence=3 ttl=253 time=40 ms
Reply from 202.12.34.2:bytes=56 sequence=4 ttl=253 time=40 ms
Reply from 202.12.34.2:bytes=56 sequence=5 ttl=253 time=40 ms
--- 202.12.34.2 ping statistics ---
 5 packet(s) transmitted
 5 packet(s) received
 0.00% packet loss
 round-trip min/avg/max=40/46/60 ms
```

8.9 任务九：PAT 的配置

8.9.1 任务描述

在 HQ - GW - 1 上通过 Easy IP 实现 PAT，确保网络内的设备能够 ping 通 Internet，如图 8 - 22 所示。

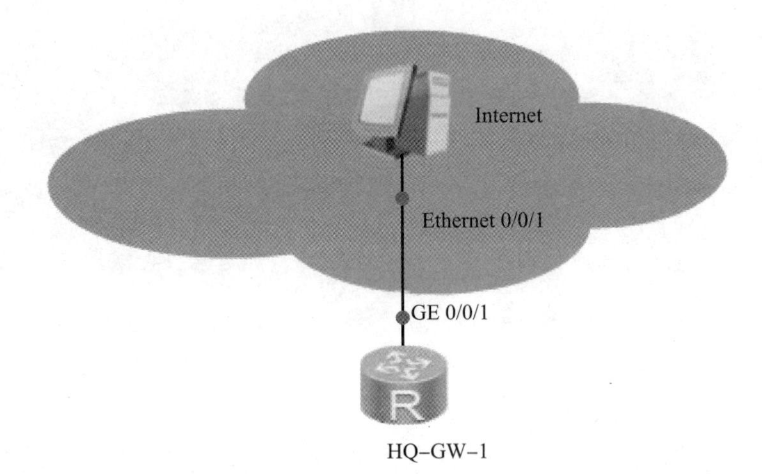

图 8 - 22　PAT 配置

注意事项如下：

①在配置 PAT 时需要注意抓去的内网地址是否精确。

②Easy IP 需要配置在网关设备的公网接口处。

8.9.2 配置流程

PAT 配置流程如图 8 - 23 所示。

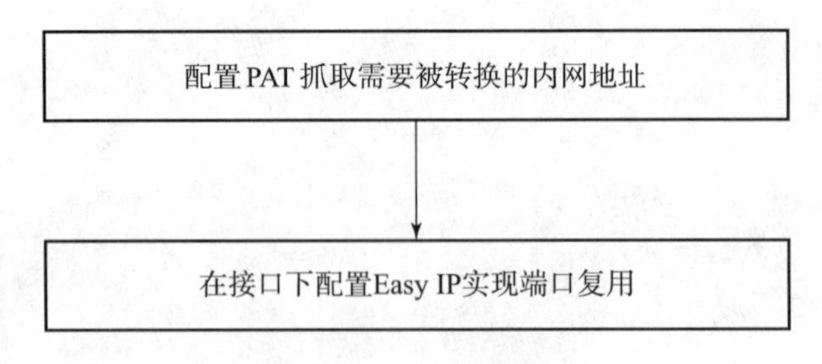

图 8 - 23　PAT 配置流程

8.9.3 关键配置

（1）抓取内网地址段信息。

```
[HQ-GW-1]acl 2000
[HQ-GW-1-acl-basic-2000]rule permit source 10.0.0.0 0.0.3.255
```

（2）在接口下配置 Easy IP。

```
[HQ-GW-1-GigabitEthernet0/0/0]int g0/0/1
[HQ-GW-1-GigabitEthernet0/0/1]nat outbound 2000
```

（3）在内网中的网络设备上确保能够 ping 通 Internet 设备（202.12.34.1）。

```
<B2-R>ping 202.12.34.1
PING 202.12.34.1:56  data bytes,press CTRL_c to break
Reply from 202.12.34.1:bytes=56 sequence=1 ttl=125 time=50 ms
Reply from 202.12.34.1:bytes=56 sequence=2 ttl=125 time=40 ms
Reply from 202.12.34.1:bytes=56 sequence=3 ttl=125 time=50 ms
Reply from 202.12.34.1:bytes=56 sequence=4 ttl=125 time=40 ms
Reply from 202.12.34.1:bytes=56 sequence=5 ttl=125 time=60 ms
--- 202.12.34.1 ping statistics ---
 5 packet(s) transmitted
 5 packet(s) received
 0.00% packet loss
 round-trip min/avg/max=40/48/60 ms
```

8.10　任务十：DHCP 的配置

8.10.1　任务描述

在 HQ 中，将 HQ-R 部署成 DHCP 服务器用以为 VLAN 4 的用户分配 IP 地址，确保 VLAN 4 的用户（Client 6）能够获得到 IP 地址，并且可以和网络内的设备通信，如图 8-24 所示。

注意事项如下：

（1）HQ-R 并没有直接连接到 VLAN 4 内部，所以在网络内应该将 Client 6 的网关设备配置成 DHCP 中继。

（2）因为 VLAN 4 内部在前面部署了 VRRP，所以 Client 6 的网关地址需要配置成 VRRP 的虚拟地址，并非交换设备的物理地址。

8.10.2　配置流程

（1）网关设备配置如图 8-25 所示。

（2）中继设备配置流程如图 8-26 所示。

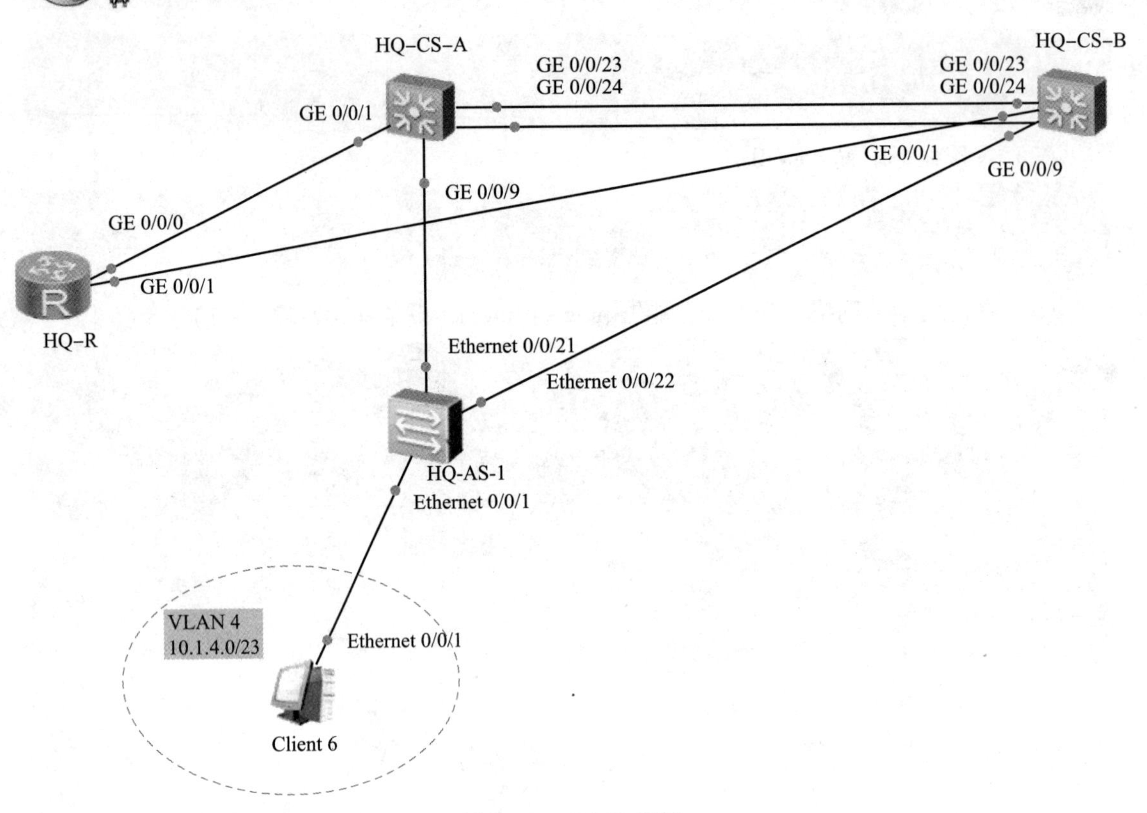

图 8－24　DHCP 配置

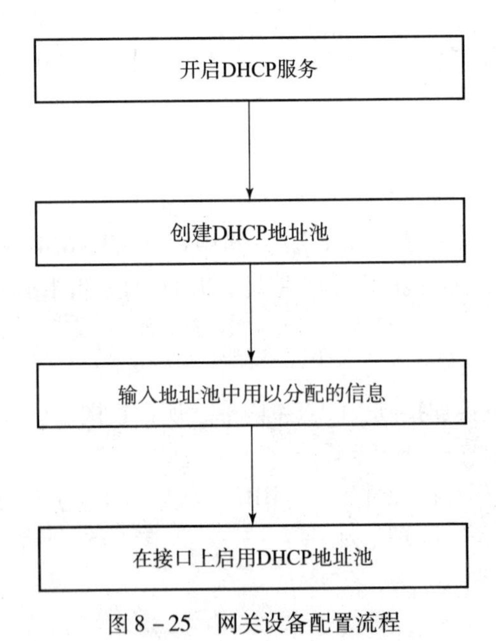

图 8－25　网关设备配置流程

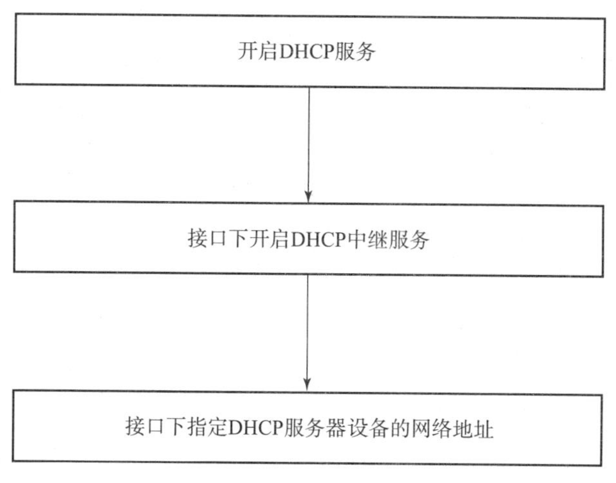

图 8－26　中继设备配置流程

8.10.3　关键配置

（1）将 HQ－R 配置成 DHCP 服务器。

```
[HQ-R] dhcp enable
[HQ-R] ip pool VLAN 4
[HQ-R-ip-pool-VLAN4] network 10.1.4.0 mask 255.255.254.0
[HQ-R-ip-pool-VLAN4] gateway-list 10.1.4.1
[HQ-R-GigabitEthernet0/0/0] dhcp select global
```

（2）将 HQ－CS－A 配置成 DHCP 中继设备。

```
[HQ-CS-A] dhcp enable
[HQ-CS-A] dhcp server group VLAN 4
[HQ-CS-A-dhcp-server-group-VLAN4] dhcp-server 10.1.6.211
[HQ-CS-A-Vlanif4] dhcp select relay
[HQ-CS-A-Vlanif4] dhcp relay server-select VLAN 4
```

（3）在 Client 6 上使用 DHCP 协议获取地址，并且确保能够 ping 通 Internet 设备。

```
PC>ipconfig

Link local IPv6 address ............................ : fe80::5689:98ff:fefa:40e2

IPv6 address ............................................ : ::/128
IPv6 gateway ............................................ : ::
IPv4 address ............................................ : 10.1.4.100
Subnet mask ................................................ : 225.225.254.0
Gateway ........................................................ : 10.1.4.1
Physical address ........................................ : 54-89-98-FA-40-E2
```

```
PC>ping 202.12.34.2
Ping 202.12.34.2:32  data bytes,Press Ctrl_c to break
From 202.12.34.2:bytes=32 seq=1 ttl=254 time=78 ms
From 202.12.34.2:bytes=32 seq=2 ttl=254 time=78 ms
From 202.12.34.2:bytes=32 seq=3 ttl=254 time=47 ms
From 202.12.34.2:bytes=32 seq=4 ttl=254 time=62 ms
From 202.12.34.2:bytes=32 seq=5 ttl=254 time=47 ms

--- 202.12.34.2 ping statistics ---
 5 packet(s) transmitted
 5 packet(s) received
 0.00% packet loss
 round-trip min/avg/max=47/62/78 ms
```

8.11 任务十一：TELNET 的配置

8.11.1 任务描述

在 HQ-CS-A 上配置 TELNET 协议，确保只有 VLAN 4 的设备能够通过用户名 hq-a 和密码 huawei 登录此设备，如图 8-27 所示。

注意事项如下：

(1) 配置 VTY 题目要求使用用户名认证，所以应该使用 AAA 认证方式创建用户。

(2) 根据 IP 地址规划需要创建合理的 ACL 来过滤掉非法的流量信息。

8.11.2 配置流程

TELNET 配置流程如图 8-28 所示。

8.11.3 关键配置

(1) 在 HQ-CS-A 中创建本地数据库。

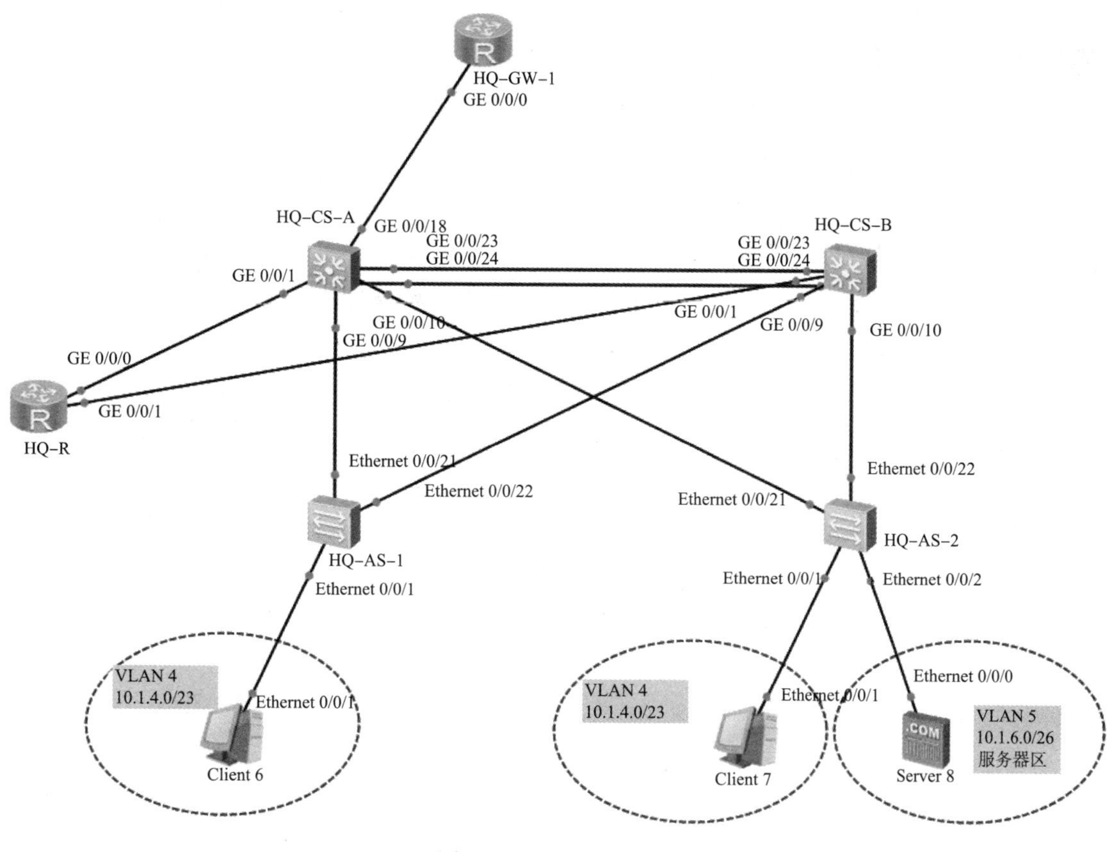

图 8－27　TELNET 配置

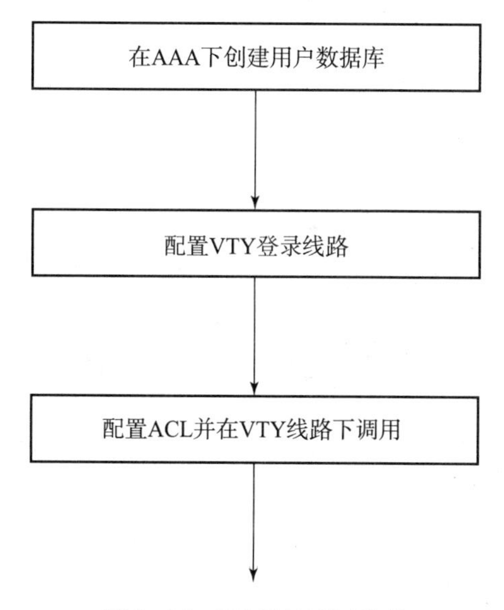

图 8－28　TELNET 配置流程

```
[HQ-CS-A]aaa
[HQ-CS-A-aaa]local-user hq-a password cipher huawei
[HQ-CS-A-aaa]local-user hq-a service-type telnet
```

（2）配置 VTY 线路的认证方式以及超时时间。

```
[HQ-CS-A]user-interface vty 0 4
[HQ-CS-A-ui-vty0-4]authentication-mode aaa
[HQ-CS-A-ui-vty0-4]user privilege level 15
```

（3）配置 ACL，并且在 VTY 线路下进行调用。

```
[HQ-CS-A]acl number 2000
[HQ-CS-A-acl-basic-2000]rule 0 permit source 10.1.4.0 0.0.1.255
[HQ-CS-A]user-interface vty 0 4
[HQ-CS-A-ui-vty0-4]acl 2000 inbound
[HQ-CS-ui-vty0-4]idle-timeout 5 0
```

（4）在 HQ-CS-B 上以 VLAN 4 的接口为源地址 TELNET 登录 HQ-CS-A，能够正常访问。

```
<HQ-CS-B>telnet -a  10.1.4.3  10.1.6.209
Trying  10.1.6.209...
Press CTRL+K to abort
Connected to 10.1.6.209...

Login authentication

Username:hq-a
Password:
Info:The max number of VTY users is 5,and the number
    of current VTY users on line is 1.
    The current login time is 2016-01-22  01:03:05.
<HQ-CS-A>system-view
Enter system view,return user view with Ctrl+Z.
<HQ-CS-A>
```

（5）在 HQ-CS-B 上以其他 VLAN 的接口为源地址 TELNET 登录 HQ-CS-A，不能访问。

```
<HQ-CS-B>telnet  10.1.6.209
Trying  10.1.6.209...
Press CTRL+K to abort
Error:Failed to connect to the remote host.
```